utb 8595

D1919690

Eine Arbeitsgemeinschaft der Verlage

Brill | Schöningh – Fink · Paderborn
Brill | Vandenhoeck & Ruprecht · Göttingen – Böhlau · Wien · Köln
Verlag Barbara Budrich · Opladen · Toronto
facultas · Wien
Haupt Verlag · Bern
Verlag Julius Klinkhardt · Bad Heilbrunn
Mohr Siebeck · Tübingen
Narr Francke Attempto Verlag – expert verlag · Tübingen
Psychiatrie Verlag · Köln
Ernst Reinhardt Verlag · München
transcript Verlag · Bielefeld
Verlag Eugen Ulmer · Stuttgart
UVK Verlag · München
Waxmann · Münster · New York
wbv Publikation · Bielefeld
Wochenschau Verlag · Frankfurt am Main

Prof. Dr. Jörg Wöltje lehrt an der Hochschule Karlsruhe – Technik und Wirtschaft – und ist Verfasser einer Vielzahl von Wirtschaftsbüchern.

Jörg Wöltje

Jahresabschluss Schritt für Schritt

Arbeitsbuch

6., überarbeitete Auflage

UVK Verlag · München

Dieses Arbeitsbuch enthält zu den hier abgedruckten Aufgaben weitere, die als Download zur Verfügung stehen. Ebenfalls können Sie sämtliche Lösungen hierzu herunterladen: https://files.narr.digital/9783825288273/Zusatzmaterial.zip

Umschlagabbildung: © bluestocking iStockphoto

Bibliografische Information der Deutschen Nationalbibliothek
Die Deutsche Nationalbibliothek verzeichnet diese Publikation in der Deutschen Nationalbibliografie; detaillierte bibliografische Daten sind im Internet über http://dnb.dnb.de abrufbar.

6., überarbeitete Auflage 2023
5., überarbeitete und erweiterte Auflage 2022
4., überarbeitete Auflage 2020
3., überarbeitete und erweiterte Auflage 2019
2., überarbeitete und erweiterte Auflage 2016
1. Auflage 2014

DOI: https://doi.org/10.36198/9783838588278

– ein Unternehmen der Narr Francke Attempto Verlag GmbH + Co. KG
Dischingerweg 5, D-72070 Tübingen

Internet: www.narr.de
eMail: info@narr.de

Einbandgestaltung: siegel konzeption | gestaltung
CPI books GmbH, Leck

utb-Nr. 8595
ISBN 978-3-8252-8827-3 (Print)
ISBN 978-3-8385-8827-8 (ePDF)
ISBN 978-3-8463-8827-3 (ePub)

MIX
Papier aus verantwortungsvollen Quellen
FSC® C083411
www.fsc.org

Vorwort

Vorwort zur 6. Auflage

Die von den Lesern sehr positiv aufgenommene Konzeption des Buches wurde beibehalten. Die sechste Auflage dieses Lehr- und Arbeitsbuches berücksichtigt neben Aktualisierungen, z. B. der ESRS-Nachhaltigkeitsbericht, auch die Überarbeitung verschiedener Kapitel sowie deren Ergänzung durch Tabellen und anschauliche Abbildungen. Dies betrifft bspw. Bewertungsvereinfachungsverfahren, Bewertungsmaßstäbe, Bilanzpolitik, Kennzahlen für die Bilanzanalyse und für den Nachhaltigkeitsbericht, Tabellen und Abbildungen.

Danken möchte ich wieder allen Leserinnen und Lesern für ihre Anmerkungen und Verbesserungsvorschläge sowie dem Verlagsleiter Herrn Dr. Jürgen Schechler für die äußerst angenehme Zusammenarbeit. Anregungen und Hinweise für die nächste Auflage nehme ich sehr gerne entgegen. Sie erreichen mich unter E-Mail: joerg.woeltje@t-online.de

Karlsruhe, im September 2023 Jörg Wöltje

Vorwort zur 5. Auflage

In der vorliegenden fünften Auflage wurde die aktuelle Rechtslage des HGB eingearbeitet. Ferner wurden detaillierte Ergänzungen sowie neue Beispiele, Übersichten und Abbildungen für das bessere Verständnis der Jahresabschlussthematik eingearbeitet. Die beiden Kapitel „Anhang" und „Lagebericht" wurden komplett überarbeitet, ergänzt und aktuelle Praxisbeispiele eingefügt. Ferner wurde das Kapitel „Nichtfinanzielle Berichterstattung" (Nachhaltigkeitsbericht) neu aufgenommen.

Danken möchte ich allen Leserinnen und Lesern für ihre Anmerkungen und Verbesserungsvorschläge sowie dem Verlagsleiter Herrn Dr. Jürgen Schechler für die kompetente und sehr gute Zusammenarbeit. Anregungen und Hinweise für die nächste Auflage nehme ich sehr gerne entgegen. Sie erreichen mich unter E-Mail: joerg.woeltje@t-online.de

Karlsruhe, im Februar 2022 Jörg Wöltje

Vorwort zur 4. Auflage

Die vierte Auflage des Buches wurde gründlich durchgesehen; es wurden kleine Änderungen, Aktualisierungen und Verbesserungen vorgenommen. Ergänzt wurden die Kapitel „Kapitalflussrechnung" und „Jahresabschlussanalyse".

Ich bedanke mich beim Lektor Herrn Dr. Jürgen Schechler für die kompetente und sehr gute Zusammenarbeit. Anregungen und Hinweise für die nächste Auflage nehme ich sehr gerne entgegen. Sie erreichen mich unter E-Mail: joerg.woeltje@t-online.de

Karlsruhe, im März 2020 Jörg Wöltje

Vorwort zur 3. Auflage

Um ein Unternehmen beurteilen, aber auch führen zu können, ist es sehr hilfreich, wenn man mit den aktuellen Bilanzierungsregeln vertraut ist. Daher wurde die dritte Auflage überarbeitet, ergänzt und auf den aktuellen Stand gebracht. Das Buch wurde zum besseren Verständnis der komplexen Materie um zusätzliche Abbildungen, Beispiele und Übungsaufgaben mit Lösungen ergänzt. Ansonsten wird das bewährte Konzept beibehalten.

Danken möchte ich wiederum allen Studierenden und Dozenten, für deren Verbesserungsvorschläge und beim Lektor des Verlags Herrn Dr. Jürgen Schechler für die hervorragende Zusammenarbeit.

Für Hinweise, Anregungen und Verbesserungsvorschläge bin ich immer sehr dankbar, daher bitte ich Sie, liebe Leserinnen und Leser, Ihre Hinweise direkt an mich zu richten (E-Mail: joerg.woeltje@t-online.de).

Herzlichen Dank im Voraus für Ihre Unterstützung sowie viel Freude und Erfolg beim Lernen.

Karlsruhe, im Dezember 2018 Jörg Wöltje

Vorwort zur 2. Auflage

Bei der zweiten erweiterten und überarbeiteten Auflage wurde das erfolgreiche didaktische Konzept des Arbeitsbuches beibehalten. Neben den Ergänzungen mit vertiefenden Beispielen, Erläuterungen, Schaubildern, Merksätzen und Übungen wurde das Buch um das **neue Kapitel Schritt 9 Lagebericht** erweitert. Außerdem wurde das am 23.07.2015 in Kraft getretene Bilanzrichtlinie-Umsetzungsgesetz (BilRUG) integriert.

Die wichtigsten Änderungen des BilRUG sind beispielsweise:

- die Anhebung der monetären Schwellenwerte für die Klassifikation der Größenklassen von Kapitalgesellschaften und haftungsbeschränkte Personenhandelsgesellschaften,
- Ausweitung der Umsatzerlöse zulasten der sonstigen betrieblichen Erträge,
- die Streichung der außerordentlichen Posten, d. h. der Wegfall des Ausweises außerordentlicher Aufwendungen und Erträge aus der GuV-Gliederung gemäß § 275 HGB,
- die Festlegung der Nutzungsdauer von 10 Jahren für selbst erstellte immaterielle Vermögensgegenstände des Anlagevermögens bzw. den Geschäfts- oder Firmenwert, wenn keine verlässliche Schätzung möglich ist,
- Wegfall des Nachtragsberichts im Lagebericht zugunsten einer Anhangangabe, und
- Veränderungen/Ergänzungen bei den Angabepflichten im Anhang.

Bedanken möchte ich mich wieder bei meinen Studierenden für die positive Aufnahme der 1. Auflage sowie deren zahlreiche Hinweise und Anregungen, ohne die eine kontinuierliche Verbesserung der Verständlichkeit einzelner Inhalte nicht möglich wäre. Ferner bedanke ich mich bei meinen Kollegen Prof. Dr. Hendrik Kunz und Prof. Edgar Tritschler für die wertvollen Hinweise und deren Unterstützung. Herrn Dr. Jürgen Schechler vom UVK-Verlag danke ich für die sehr gute Zusammenarbeit.

Über Anregungen, konstruktive Kritik und Verbesserungsvorschläge würde ich mich auch zukünftig sehr freuen, daher bitte ich Sie, liebe Leserinnen und Leser, Ihre Hinweise direkt an mich zu richten (E-Mail: joerg.woeltje@t-online.de).

Herzlichen Dank im Voraus für Ihre Unterstützung sowie viel Freude und Erfolg beim Lernen.

Karlsruhe, im Oktober 2015 Jörg Wöltje

Vorwort zur 1. Auflage

Liebe Leserinnen und Leser,

der Jahresabschluss hat für jedes Unternehmen eine sehr große Bedeutung. Er besteht mindestens aus einer Bilanz und einer Gewinn- und Verlustrechnung und dient dazu, der Unternehmensleitung einen klaren Einblick in die Vermögens-, Finanz- und Ertragslage des Unternehmens zu gewähren.

Ferner ermöglicht der Jahresabschluss auch Gläubigern, Anteilseignern, Investoren oder anderen Interessenten, sich einen Überblick über die wirtschaftliche Lage eines Unternehmens zu machen. Der Jahresabschluss zeigt den Analysten, wie erfolgreich ein Unternehmen gewirtschaftet hat. Aus diesem Grund ist es so wichtig, dass man einen Jahresabschluss lesen und verstehen kann.

Um einen Jahresabschluss beurteilen zu können, ist es sehr wichtig, zu wissen, welche Möglichkeiten es beispielsweise gibt, den Vermögensausweis und den Gewinn zu beeinflussen. Daher wird in diesem Buch besonders auf die Posten der Bilanz sowie der Gewinn- und Verlustrechnung eingegangen. Denn um den richtigen Wert eines Postens in der Bilanz anzusetzen (= bilanzieren), ist es nicht nur wichtig, die Vermögensgegenstände und Schulden nach ihren verschiedenen Arten aufzuteilen, sondern auch zu bestimmen, wann und wo sie mit welchem Wert ausgewiesen werden müssen. Ziel dieses Lehr- und Arbeitsbuches ist es, die Grundlagen des Jahresabschlusses, aber auch die Bilanzpolitik und die Jahresabschlussanalyse verständlich, spannend und übersichtlich zu erläutern.

Dieses Lehr- und Arbeitsbuch eignet sich für Studierende an Universitäten, Hochschulen und Akademien, aber auch für das Selbststudium und die Weiterbildung. Das vorliegende Buch vermittelt in verständlicher und übersichtlicher Weise die Grundkenntnisse der Bilanzierung, der Bewertung, der Bilanzpolitik und der Jahresabschlussanalyse. Nachdem Sie das Buch gelesen haben, werden Sie in der Lage sein, eine Bilanz zu lesen und zu analysieren.

Bei diesem Lehr- und Arbeitsbuch wurde besonderer Wert auf die Didaktik gelegt.

- Die Lernziele werden zu Beginn eines jeden Kapitels beschrieben.
- Mithilfe von Übersichtsschaubildern, Ablaufdiagrammen, Zusammenfassungen und Merksätzen wird das Lernen erleichtert und das Einprägen des Lernstoffes gefördert.
- Es gibt zahlreiche Beispiele und sehr viele Übungsaufgaben zur optimalen Lernerfolgssicherung und zur Kontrolle des Lernerfolgs – sowohl im Buch integriert als auch online unter www.uvk-lucius.de/schritt-fuer-schritt.
- Die Lösungen zu allen Übungsaufgaben finden Sie ebenfalls online unter www.uvk-lucius.de/schritt-fuer-schritt.

Bedanken möchte ich mich bei meinen Studierenden der Studiengänge „International Management“ und „Wirtschaftsingenieurwesen“ an der Hochschule Karlsruhe für ihre wertvollen Hinweise und Anregungen. Ferner bedanke ich mich bei Maren Braun, Claudius Buchberger, Michaela Göggel, Nadja Hösel und Marius Krämer für ihre Unterstützung. Herrn Dr. Jürgen Schechler vom UVK-Verlag danke ich für die tolle Zusammenarbeit.

Da ich für Anregungen und Verbesserungsvorschläge immer sehr dankbar bin, möchte ich Sie, liebe Leserinnen und Leser bitten, Ihre Hinweise direkt an mich zu richten (E-Mail: joerg.woeltje @t-online.de).

Vielen Dank im Voraus für Ihre Unterstützung sowie viel Freude und Erfolg beim Lernen.

Karlsruhe, im Oktober 2014 Jörg Wöltje

Inhaltsübersicht

Inhalt

Abkürzungsverzeichnis

€	Euro
A	Aktiva
a. F.	alte Fassung
AB	Anfangsbestand
Abs.	Absatz
AfA	Absetzung für Abnutzung
AfaA	Absetzung für außergewöhnliche Abnutzung
AfS	Absetzung für Substanzverringerung
AG	Aktiengesellschaft
AHK	Anschaffungs- oder Herstellungskosten
AK	Anschaffungskosten
AktG	Aktiengesetz
aLuL	aus Lieferungen und Leistungen
ANK	Anschaffungsnebenkosten
AO	Abgabenordnung
ARAP	aktiver Rechnungsabgrenzungsposten
Art.	Artikel
AV	Anlagevermögen
AW	Anschaffungswert
BA	Bundesanzeiger
BB	Der Betriebs-Berater (Zeitschrift)
BBK	Zeitschrift für Buchführung, Bilanzierung, Kostenrechnung (Zeitschrift)
BetrAVG	Gesetz zur Verbesserung der betrieblichen Altersversorgung (Betriebsrentengesetz – BetrAVG)
BewG	Bewertungsgesetz
BFH	Bundesfinanzhof
BGA	Betriebs- und Geschäftsausstattung
BGB	Bürgerliches Gesetzbuch
bgN	betriebsgewöhnliche Nutzungsdauer
BilKoG	Bilanzkontrollgesetz (2004)
BilMoG	Bilanzrechtsmodernisierungsgesetz (2009)
BilReG	Bilanzrechtsreformgesetz (2004)
BilRUG	Bilanzrichtlinie-Umsetzungsgesetz (2015)
BiRiLiG	Bilanzrichtliniengesetz (1985)
BMF	Bundesministerium der Finanzen
BMG	Bemessungsgrundlage
BMJV	Bundesministerium der Justiz und für Verbraucherschutz
BMWK	Bundesministerium für Wirtschaft und Klimaschutz
BStBl	Bundessteuerblatt
BV	Bestandsveränderung oder Betriebsvermögen
BWA	Betriebswirtschaftliche Auswertung
CAPM	Capital Asset Pricing Model
CF	Cashflow
Co.	Compagnie (Kompanie i.S.v. Gesellschaft)

CO_2	Kohlenstoffdioxid
CRA	Chancen-Risiken-Analyse
CSR	Corporate Social Responsibility
CSRD	Corporate Sustainability Reporting Directive
CSR-RUG	CSR-Richtlinie-Umsetzungsgesetz
CVA	Cash Value Added
DATEV	Datenverarbeitungsorganisation des steuerberatenden Berufes in der Bundesrepublik Deutschland eG
DAX	Deutscher Aktienindex
DB	Der Betrieb (Zeitschrift)
DCF	Discounted Cashflow
DCGK	Deutscher Corporate Governance Kodex
DNK	Deutscher Nachhaltigkeitsindex
DRS	Deutsche Rechnungslegungs Standards
DRSC	Deutsches Rechnungslegungs Standards Committee e.V. (www.drsc.de)
DSR	Deutscher Standardisierungsrat
DVFA	Deutsche Vereinigung für Finanzanalyse und Asset Management GmbH
DVFA/SG	Deutsche Vereinigung für Finanzanalyse und Anlageberatung/Schmalenbach-Gesellschaft e.V.
e. K.	eingetragener Kaufmann
EAT	Earnings after Taxes
EB	Endbestand, Eröffnungsbilanz
eBAnz	elektronischer Bundesanzeiger
EBIT	Earnings Before Interest and Taxes
EBITDA	Earnings Before Interest, Taxes, Depreciation and Amortization
EBK	Eröffnungsbilanzkonto
EBT	Earnings Before Taxes
EDV	elektronische Datenverarbeitung
EE-Steuern	Steuern vom Einkommen und Ertrag
EFFAS	European Federation of Financial Analysts Societies
eG	eingetragene Genossenschaft
EGHGB	Einführungsgesetz zum HGB
EK	Eigenkapital
ERP	Enterprise Ressource Planning
ESEF	European Single Electronic Format
ESG	Environmental, Social & Governance (Umwelt, Soziales und Unternhmensführung)
ESRS	European Sustainability Reporting Standards
ESt	Einkommensteuer
EStÄR	Einkommensteuer-Änderungsrichtlinien
EStDV	Einkommensteuer-Durchführungsverordnung
EStG	Einkommensteuergesetz
EStH	amtliches Einkommenssteuerhandbuch
EStH	Einkommensteuer-Hinweise
EStR	Einkommensteuer-Richtlinien
EU	Europäische Union
EUR	Euro
EUSt	Einfuhrumsatzsteuer
EVA	Economic Value Added
F&E	Forschung und Entwicklung

f. oder ff.	folgende oder fortfolgende
FE	Fertige Erzeugnisse
FEK	Fertigungseinzelkosten/Fertigungslöhne
FGK	Fertigungsgemeinkosten
Fhz	Fahrzeug
Fibu	Finanzbuchhaltung
Fifo	First in first out
FK	Fremdkapital
GAAP	Generally Accepted Accounting Principles
GbR	Gesellschaft bürgerlichen Rechts
GenG	Genossenschaftsgesetz
GewSt	Gewerbesteuer
GewStG	Gewerbesteuergesetz
GJ	Geschäftsjahr
GKR	Gemeinschaftskontenrahmen der Deutschen Industrie
GKV	Gesamtkostenverfahren
GmbH	Gesellschaft mit begrenzter Haftung
GmbHG	GmbH-Gesetz
GMZ	Grundmietzeit
GoB	Grundsätze ordnungsmäßiger Buchführung
GRI	Global Reporting Initiative
GrStG	Grundsteuergesetz
GuV	Gewinn- und Verlustrechnung
GWG	geringwertige Wirtschaftsgüter
H	Haben
HB	Handelsbilanz
HFA	Hauptfachausschuss des Instituts der Wirtschaftsprüfer
HGB	Handelsgesetzbuch
Hi	Hilfsstoffe
Hifo	Highest in first out
HK	Herstellungskosten
HR	Handelsregister
HRefG	Handelsreformgesetz
IAS	International Accounting Standard(s)
IASB	International Accounting Standards Board
IASC	International Accounting Standards Committee
IDW	Institut der Wirtschaftsprüfer in Deutschland e.V.
i_{EK}	Zinssatz der Eigenkapitalgeber
IFRS	International Financial Reporting Standards
IIRC	International Integrated Reporting Council
IKR	Industriekontenrahmen
InsO	Insolvenzordnung
ISA	International Standard on Auditing
ISSB	International Sustainability Board
IT	Informationstechnologie
JA	Jahresabschluss
JÜ	Jahresüberschuss
kalk.	kalkulatorisch
KapAEG	Kapitalaufnahmeerleichterungsgesetz

KapCoRiLiG	Kapitalgesellschaften- und Co-Richtlinie-Gesetz
KapESt	Kapitalertragsteuer
KapG	Kapitalgesellschaft(en)
KFR	Kapitalflussrechnung
KfzSt	Kraftfahrzeugsteuer
KG	Kommanditgesellschaft
KGaA	Kommanditgesellschaft auf Aktien
KiSt	Kirchensteuer
KLR	Kosten- und Leistungsrechnung
KonTraG	Gesetz zur Kontrolle und Transparenz im Unternehmensbereich
KSt	Körperschaftsteuer
KStG	Körperschaftssteuergesetz
LG	Leasinggeber
Lifo	Last in first out
LN	Leasingnehmer
LSt	Lohnsteuer
LStDV	Lohnsteuerdurchführungsverordnung
MDAX	Midcap-DAX
ME	Mengeneinheit
MEK	Materialeinzelkosten
MGK	Materialgemeinkosten
MicoBilG	Kleinstkapitalgesellschaften-Bilanzrechtsänderungsgesetz
Mio.	Million
Mrd.	Milliarde
MWh	Megawattstunde
MwSt.	Mehrwertsteuer
ND	Nutzungsdauer
NFRD	Non-Financial Reporting Directive
NWP	Niederstwertprinzip
OECD	Organisation for Economic Cooperation and Development
OFC	operative Cashflow
OHG	Offene Handelsgesellschaft
P	Passiva
p. a.	per anno
PHG	Personenhandelsgesellschaften
PRAP	Passiver Rechnungsabgrenzungsposten
PublG	Publizitätsgesetz
PWB	Pauschalwertberichtigung
RAP	Rechnungsabgrenzungsposten
RBW	Restbuchwert
Reg-E	Regierungsentwurf
Rewe	Rechnungswesen
RHB	Roh-, Hilfs- und Betriebsstoffe
Ro	Rohstoffe
ROCE	Return on Capital Employed
RW	Restwert, Resterlös
S	Soll
SA	Securities Act
SAV	Sachanlagevermögen

SB	Schlussbestand, Schlussbilanz
SBK	Schlussbilanzkonto
SE	Societas Europaea (Rechtsform)
SEC	Securities and Exchange Commission
SFAS	Statement of Financial Accounting Standards
SK	Selbstkosten
SKR	Spezialkontenrahmen
SolZ	Solidaritätszuschlag
St.	Stück
StB	Steuerbilanz
Std.	Stunde
T€	Tausend Euro
TecDAX	Technologie-DAX
UFE	Unfertige Erzeugnisse
UG	Unternehmergesellschaft (haftungsbeschränkt)
THG	Treibhausgase
UKV	Umsatzkostenverfahren
US GAAP	United States-Generally Accepted Accounting Principles
USt	Umsatzsteuer
UStG	Umsatzsteuergesetz
UV	Umlaufvermögen
vBP	vereidigter Buchprüfer
VermBG	Vermögensbildungsgesetz
VG	Vermögensgegenstand
VJ	Vorjahr
VK	Vertriebskosten
VSt	Vorsteuer
VtGKZ	Vertriebsgemeinkostenzuschlagssatz
VvGKZ	Verwaltungsgemeinkostenzuschlagssatz
vwL	vermögenswirksame Leistungen
WACC	Weighted Average Cost of Capital
WEK	Wareneinkaufskonto
WP	Wirtschaftsprüfer
WPG	Wirtschaftsprüfungsgesellschaft
WVK	Warenverkaufskonto
XBRL	eXtensible Business Reporting Language
XHTML	Extensible Hypertext Markup Language

Schritt 1: Funktionen, Adressaten und Ziele des Jahresabschlusses

Lernziele

Nachdem Sie das erste Kapitel bearbeitet haben, werden Sie über die Funktionen des Jahresabschlusses Bescheid wissen und die folgenden Fragestellungen beantworten können:

- Was ist ein Jahresabschluss und welche Ziele können damit verfolgt werden?
- Aus welchen Bestandteilen besteht ein Jahresabschluss?
- Was verbirgt sich hinter den folgenden Begriffen wie z. B. Bilanz, Gewinn- und Verlustrechnung (GuV), Anhang, Kapitalflussrechnung, Eigenkapitalspiegel und Lagebericht?
- Für wen ist der Jahresabschluss bestimmt?
- Welche Insolvenzgründe gibt es?

1.1 Funktionen des Jahresabschlusses

Der handelsrechtliche Jahresabschluss hat vor allem drei Funktionen zu erfüllen:

- **Dokumentationsfunktion:** Gemäß § 238 Abs. 1 Satz 1 HGB ist jeder Kaufmann verpflichtet, Bücher zu führen und in diesen seine Handelsgeschäfte und die Lage seines Vermögens nach den Grundsätzen ordnungsmäßiger Buchführung ersichtlich zu machen. Unter dem Begriff „ordnungsmäßige Buchführung" versteht man im Allgemeinen die planmäßige und lückenlose, inhalts- und wertmäßige Aufzeichnung aller Geschäftsvorfälle eines Unternehmens. Der Jahresabschluss gibt eine verbindliche Auskunft über die Vermögens-, Finanz- und Ertragslage des Unternehmens.
- **Zahlungsbemessungsfunktion:** Der handelsrechtliche Jahresabschluss dient in erster Linie zur Ermittlung des ausschüttbaren Gewinns, wobei dem Gläubigerschutz besonders Rechnung getragen wird. Die Eigenkapitalgeber erhoffen sich möglichst hohe Gewinne, die ausgeschüttet werden können. Dagegen erwarten die Fremdkapitalgeber neben der Rückzahlung des ausgeliehenen Kapitals eine angemessene Verzinsung und die Mitarbeiter, die am Erfolg des Unternehmens beteiligt sind, möchten eine angemessene Tantieme. Der Staat möchte in Form von Ertragssteuern (Einkommensteuer, Körperschaftssteuer und Gewerbesteuer) möglichst hohe Steuereinnahmen erzielen. Das Ergebnis (Gewinn oder Verlust) wird mithilfe der Gewinn- und Verlustrechnung (GuV) ermittelt.
- **Informations- und Rechenschaftsfunktion:** Informationen sind immer erforderlich, um Entscheidungen innerhalb oder außerhalb eines Unternehmens treffen zu können. Diese Funktion muss den unterschiedlichen Interessenlagen der einzelnen, an einem Unternehmen beteiligten Adressaten gerecht werden. Für das Management und die an der Geschäftsführung beteiligten Anteilseigner, als interne Adressaten, dient der Jahresabschluss als Selbstinformation bzgl. der Finanz-, Vermögens- und Ertragslage eines Unternehmens. Das Management benötigt Informationen für die interne Kontrolle betrieblicher Prozesse sowie die Planung und Steuerung zukünftiger betrieblicher Prozesse. Bei den externen Adressaten unterscheiden wir zwischen den Gläubigern (Fremdkapitalgebern), den Anteilseignern (Eigenkapitalgebern), die nicht an der

Geschäftsführung beteiligt sind, und der interessierten Öffentlichkeit (z. B. bei Großkonzernen). Die Gläubiger (z. B. Kreditgeber, Lieferanten und Arbeitnehmer, aber auch der Staat als Fiskus) benötigen Informationen darüber, ob sie mit einer termin- und betragsgerechten Begleichung ihrer Zahlungsansprüche rechnen können. Die folgende Abbildung zeigt Ihnen die Funktionen des Jahresabschlusses.

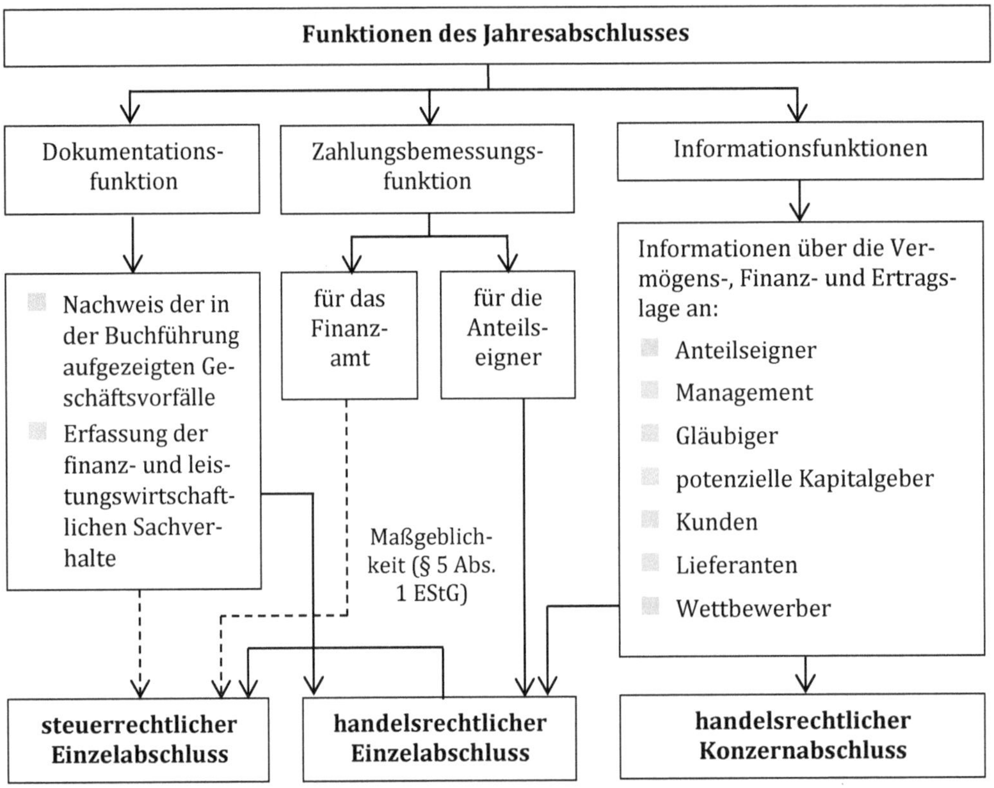

Abb. 1.1: Funktionen des Jahresabschlusses

1.2 Adressaten des Jahresabschlusses

Der handelsrechtliche Jahresabschluss stellt Informationen über die wirtschaftliche Lage des Unternehmens bereit. Dabei orientiert sich die handelsrechtliche Rechnungslegung an den gesetzlichen Vorgaben und den Grundsätzen ordnungsmäßiger Buchführung und Bilanzierung. Der Jahresabschluss sollte auch die Anforderungen der zahlreichen unterschiedlichen Adressaten berücksichtigen, wie die folgende Abbildung 1.2 verdeutlicht.

Die Adressaten sollten in der Lage sein, den Jahresabschluss eines Unternehmens zu verstehen und nach Möglichkeit auch zu interpretieren, vor allem dann, wenn man z. B. als zukünftiger Investor Aktien von einem Unternehmen erwerben möchte. Sehr häufig sind Schlagzeilen in der Wirtschaftspresse zu lesen, wie z. B.:

- FAZ vom 28.08.2020: „Wirecard mit 2,8 Milliarden Euro überschuldet“
- FAZ vom 10.01.2022: „MV-Werften melden Insolvenz an“
- WirtschaftsWoche vom 21.07.2021: „Daimler macht 3,7 Mrd. Euro Gewinn und senkt Prognose zum Absatz“

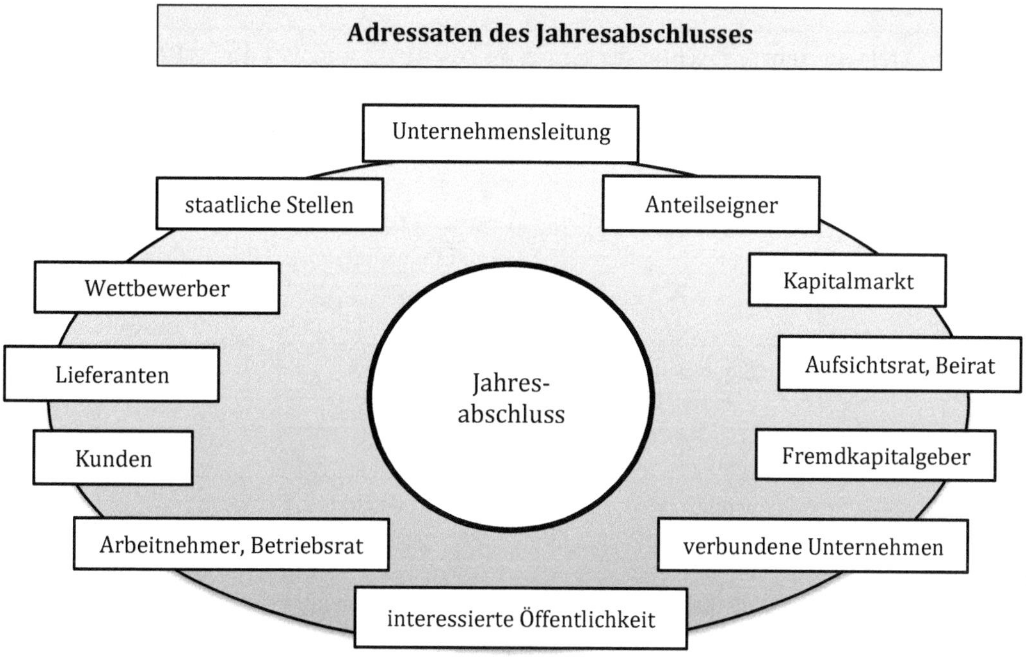

Abb. 1.2: Adressaten des Jahresabschlusses

Für die Beurteilung der Ertragskraft eines Unternehmens wird ein Gewinnmaßstab, z. B. der Jahresüberschuss (= Gewinn nach Steuern) oder das EBIT (Earnings Before Interest and Taxes = Gewinn vor Zinsen und Steuern) benötigt. Das unternehmerische Handeln bzgl. der Ertragskraft eines Unternehmens ist positiv zu beurteilen, wenn z. B.:

- der Jahresüberschuss (Gewinn nach Steuern) bzw. das EBT (Earnings Before Taxes) positiv sind sowie eine gewisse Mindesthöhe erreicht haben und außerdem
- die Eigenkapitalrentabilität nach Steuern = $\frac{\text{Jahresüberschuss}}{\text{durchschnittliches Eigenkapital}} \times 100$ höher als das vorgegebene Verzinsungsziel der Eigenkapitalgeber (i_{EK}) oder
- die vorgegebene EBIT-Marge = $\frac{\text{EBIT}}{\text{Umsatzerlöse}} \times 100$ erreicht worden ist.

In diesem Zusammenhang sollten Analysten aber auch überprüfen, ob irgendwelche bilanzpolitischen Maßnahmen das Ergebnis (Gewinn/Verlust) erhöht oder verringert haben.

Leser bzw. Analysten von Jahresabschlüssen sollten auch folgende Fragen beantworten können:

- Woran kann man ein insolvenzgefährdetes Unternehmen erkennen?

Damit Unternehmen dauerhaft existieren können, müssen sie rentabel arbeiten, d. h. nachhaltige Gewinne erwirtschaften und ihren Zahlungsverpflichtungen zu jedem Zeitpunkt nachkommen. Dies bedeutet, dass die Unternehmen stets liquide sein müssen.

1.3 Ziele des Jahresabschlusses

Die folgende Abbildung zeigt die Ziele des handelsrechtlichen Jahresabschlusses.

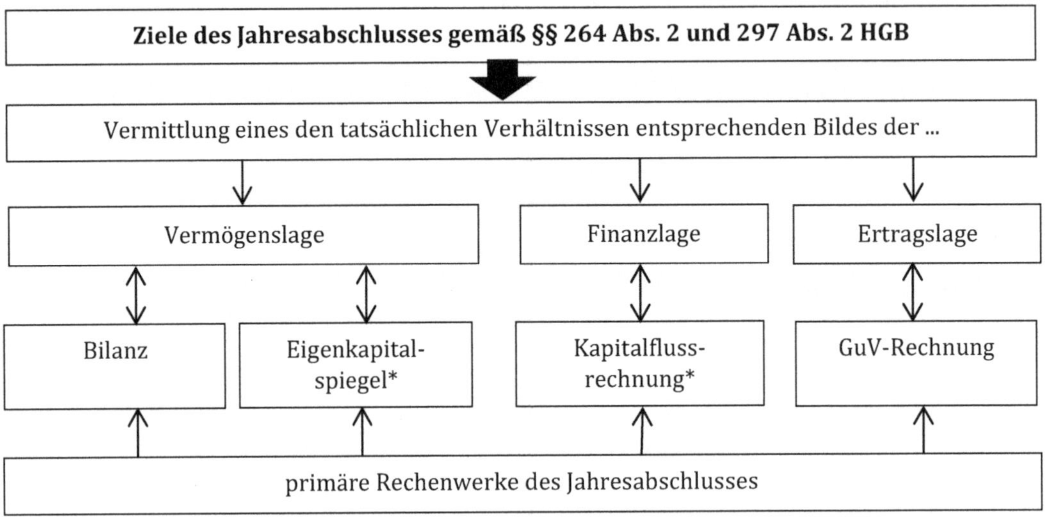

* Der Eigenkapitalspiegel und die Kapitalflussrechnung sind Pflichtbestandteile des Jahresabschlusses von kapitalmarktorientierten Kapitalgesellschaften gemäß § 264 Abs. 1 Satz 2 HGB und von Konzernen gemäß § 297 Abs. 1 HGB.

Abb. 1.3: Ziele des Jahresabschlusses

Mithilfe des Jahresabschlusses können Sie die Vermögens-, Finanz- und Ertragslage eines Unternehmens beurteilen:

- Für die **Beurteilung der Vermögenslage** ist eine isolierte Betrachtung der Vermögensseite (Aktiva) der Bilanz mit den Vermögensgegenständen nicht ausreichend. Vielmehr muss auch die Kapitalseite (Passiva) der Bilanz miteinbezogen werden, d. h. es werden Informationen über die Höhe, die Quellen und die Zusammensetzung des Kapitals nach der Rechtsstellung der Kapitalgeber (Fremdkapital- oder Eigenkapitalgeber) sowie über die Dauer der Kapitalüberlassungsfristen und der eingeräumten Sicherheiten benötigt. Ferner sind auch Informationen über nicht bilanzierungsfähige Vermögensgegenstände, Bürgschaften und Eigentumsvorbehalten notwendig, um die Vermögenslage eines Unternehmens beurteilen zu können. Hierzu sollten die Angaben im Anhang des Jahresabschlusses kritisch betrachtet werden.
- Die **Finanzlage** vermittelt Kenntnisse über die Finanzierung und die Liquidität eines Unternehmens. Die Passiva, d. h. die Kapitalseite der Bilanz gibt Auskunft über die Finanzierung des Unternehmens. Für die Beurteilung der Finanzlage und die so wichtige Liquiditätslage ist aber auch die Aktivseite der Bilanz miteinzubeziehen. Denn die Zahlungsfähigkeit eines Unternehmens muss zu jedem Zeitpunkt gewährleistet sein, damit ein Unternehmen weiter bestehen kann. Eine drohende oder bestehende Zahlungsunfähigkeit würde zur Eröffnung des Insolvenzverfahrens (vgl. §§ 17 bis 19 InsO) führen.
- Ein Einblick in die **Ertragslage** ist neben der Vermögens- und Finanzlage für die Jahresabschluss-Adressaten von großer Bedeutung. Neben der Darstellung der absoluten Höhe des ausgewiesenen Erfolgs (Gewinn oder Verlust) des bzw. der vergangenen Geschäftsjahre ist vor allem die Struktur der Aufwendungen und Erträge von Bedeutung. Dabei muss unbedingt unterschieden werden, ob es sich bei den ausgewiesenen Erfolgen um betriebliche Tätigkeiten oder um betriebsfremde Aktivitäten handelt. Des Weiteren sollte analysiert werden, ob es sich um regelmäßige oder nur um einmalig erzielte Erfolge handelt.

Schritt 2: Grundlagen und Bestandteile des Jahresabschlusses

Lernziele

In diesem Kapitel lernen Sie die Bestandteile des Jahresabschlusses der Kapitalgesellschaften, d. h. Bilanz, GuV, Anhang, Lagebericht und zusätzlich bei kapitalmarktorientierten Kapitalgesellschaften den Eigenkapitalspiegel und die Kapitalflussrechnung kennen. Darüber hinaus wird auf die einzelnen Posten der Bilanz näher eingegangen.

- Was ist der Jahresabschluss und was beinhaltet er?
- Welche Funktionen erfüllt der Jahresabschluss?
- Welche gesetzlichen Vorschriften finden Anwendung bei der Erstellung des Jahresabschlusses?
- Welche Pflichtbestandteile umfasst der Jahresabschluss?
- Für wen ist der Jahresabschluss bestimmt?
- Welche Arten von Angaben im Anhang dienen dem Ziel der Informationsvermittlung?
- Was versteht man unter einer Kapitalflussrechnung?
- Welche zentralen Inhalte weist der Lagebericht aus?
- Welche Kriterien bestehen bzgl. der Prüfungs- und Offenlegungspflicht?
- Welchen Einfluss haben die Betriebsgrößenmerkmale und die Rechtsform auf den Umfang des Jahresabschlusses?

2.1 Einführung

Mit Ausnahme der kleingewerbetreibenden Einzelkaufleute ist gemäß § 242 HGB jeder Kaufmann verpflichtet, zum Geschäftsjahresende einen Jahresabschluss (Bilanz mit Gewinn- und Verlustrechnung) zu erstellen. Einzelkaufleute sind von der handelsrechtlichen Buchführungs- und Bilanzierungspflicht befreit, wenn sie an den Abschlussstichtagen von zwei aufeinanderfolgenden Geschäftsjahren nicht mehr als 600.000 € Umsatzerlöse und jeweils 60.000 € Jahresüberschuss ausweisen. Stattdessen genügt eine Einnahmen-Überschuss-Rechnung.

Die zentralen Rechnungslegungsnormen des Handelsrechts befinden sich im Dritten Buch des HGB. Das Dritte Buch des HGB ist in sechs Abschnitte gegliedert:

1. Abschnitt: Die Vorschriften für alle Kaufleute (§§ 238–263 HGB) enthalten die Grundlagen für alle Rechtsformen:
   - Buchführung, Inventar (§§ 238–241a HGB)
   - Eröffnungsbilanz, Jahresabschluss
     - Allgemeine Vorschriften (§§ 242–245 HGB)
     - Ansatzvorschriften (§§ 246–251 HGB)
     - Bewertungsvorschriften (§§ 252–263 HGB)

2. Abschnitt: Die ergänzenden Vorschriften für Kapitalgesellschaften sowie haftungsbeschränkte Personenhandelsgesellschaften (PHG) (§§ 264–335 HGB) enthalten Angaben zu:

	■ Jahresabschluss und Lagebericht (§§ 264–335a HGB) ■ Konzernabschluss (§§ 290–315a HGB) ■ Prüfung (§§ 316–324a HGB) ■ Verordnungsermächtigung (§ 330 HGB) ■ Straf- und Bußgeldvorschriften, Zwangsgelder (§§ 331–335b HGB)
3. Abschnitt	Ergänzende Vorschriften für eingetragene Genossenschaften (§§ 336–339 HGB)
4. Abschnitt	Ergänzende Vorschriften für Unternehmen bestimmter Geschäftszweige (§§ 340–341 HGB)
5. Abschnitt	Privates Rechnungslegungsgremium, Rechnungslegungsbeirat (§§ 342, 342a HGB)
6. Abschnitt	Prüfstelle für Rechnungslegung (§§ 342b–342e HGB)

Grundsätze ordnungsmäßiger Buchführung

Bei den „Grundsätzen ordnungsmäßiger Buchführung (GoB)" handelt es sich um einen unbestimmten Rechtsbegriff, da diese im Handelsrecht (z. B. § 238 HGB) nur teilweise definiert sind. Sie stellen allgemeine durch die Wissenschaft und durch die Praxis entwickelte sowie anerkannte Regeln über das Führen von Handelsbüchern und der Jahresabschlusserstellung dar.[1] Diese Grundsätze sind teilweise in Gesetzen niedergeschrieben und teils durch die Rechtsprechung festgelegt worden.

2.2 Systematisierung der Rechnungslegungsgrundsätze

Rechnungslegungsgrundsätze sind für das Verständnis eines Jahresabschlusses von maßgeblicher Bedeutung.

2.2.1 Die Rahmengrundsätze

Die Rahmengrundsätze enthalten allgemeine Formulierungen. Damit soll gewährleistet werden, dass die Darstellung der wirtschaftlichen Lage eines Unternehmens die geforderte Informationsvermittlung erfüllt. Zu den Rahmengrundsätzen gehören:

- **Generalnorm für Kapitalgesellschaften** (§ 264 Abs. 2 HGB): Der Jahresabschluss einer Kapitalgesellschaft hat ein den tatsächlichen Verhältnissen entsprechendes Bild der Vermögens-, Finanz- und Ertragslage zu vermitteln.
- **Grundsatz der Richtigkeit und Willkürfreiheit** (239 Abs. 2 HGB): Der Grundsatz der Richtigkeit fordert, dass der Jahresabschluss aus dem richtigen Zahlenmaterial unter Beachtung der GoBs erstellt wurde. Der Jahresabschluss muss von einem sachverständigen Dritten überprüft werden können. Daneben fordert die Willkürfreiheit, dass bei Schätzungen diejenigen Annahmen zugrunde gelegt werden, die der Bilanzierende nach seiner persönlichen Einschätzung am wahrscheinlichsten hält, damit es zu keinen Bilanzmanipulationen kommt.
- **Grundsatz der Klarheit und Übersichtlichkeit** (§ 243 Abs. 2 HGB): Dieser Grundsatz beinhaltet eine klare und eindeutige Bezeichnung sowie die hinreichende Aufgliederung der Posten in der Bilanz und in der Gewinn- und Verlustrechnung. Es gilt das Bruttoprinzip, d. h.,

[1] Bornhofen, M. & Bornhofen, M. C.: Buchführung 2, 2021, S. 24.

Forderungen und Verbindlichkeiten der Bilanz sowie Aufwendungen und Erträge der GuV dürfen nicht gegenseitig verrechnet, d. h. saldiert werden. Ferner muss sich ein sachverständiger Dritter innerhalb einer angemessenen Zeit einen Überblick über die wirtschaftliche Lage eines Unternehmens verschaffen können.

- **Grundsatz der Bilanzidentität** (§ 252 Abs. 1 Nr. 1 HGB): Die Schlussbilanz des vorhergehenden Geschäftsjahres muss formell und materiell mit der Eröffnungsbilanz des aktuellen Geschäftsjahres übereinstimmen.
- **Grundsatz der Ansatz- und Bewertungsstetigkeit** (§ 252 Abs. 1 Nr. 6) (Vergleichbarkeit): Die wirtschaftliche Lage eines Unternehmens kann nur dann korrekt beurteilt werden, wenn die Informationen über ein Unternehmen zu verschiedenen Zeitpunkten vergleichbar sind. Der Stetigkeitsgrundsatz verlangt die Vergleichbarkeit und umfasst folgende Ausprägungen des Stetigkeitsprinzips:

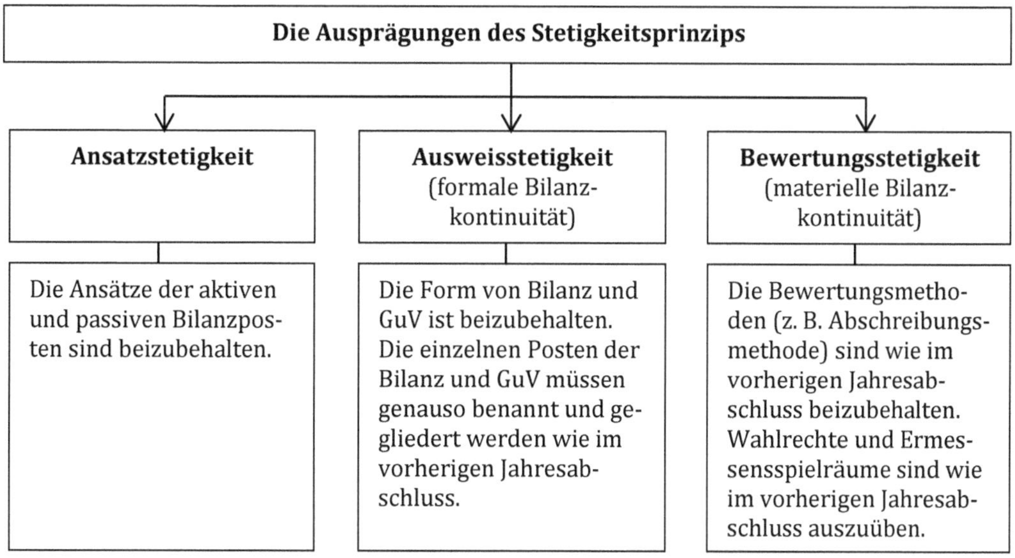

Abb. 2.1: Ausprägungen des Stetigkeitsprinzips

- **Grundsatz der Vollständigkeit** (§ 246 Abs. 2 HGB): Es müssen alle buchungspflichtigen Geschäftsvorfälle in der Buchführung und dem Jahresabschluss erfasst werden. Der Vollständigkeitsgrundsatz wird ergänzt durch das Stichtagsprinzip, in dem die betrieblichen Sachverhalte zu einem bestimmten Zeitpunkt (Abschlussstichtag) darzustellen sind.

2.2.2 Die Systemgrundsätze

Sie haben die Aufgabe dafür zu sorgen, dass die Einheitlichkeit, die Folgerichtigkeit und die einheitliche Bezugsbasis der GoBs gewährleistet sind. Die Systemgrundsätze umfassen:

- **Grundsatz der Fortführung der Unternehmenstätigkeit** (Going-Concern-Prinzip) (§ 252 Abs. 1 Nr. 2 HGB): Bei der Bewertung der Vermögensgegenstände und Schulden ist im Jahresabschluss von der Fortführung der Unternehmenstätigkeit auszugehen.
  Ausnahmen: Auflösung des Unternehmens durch Schließung oder Insolvenz.
- **Grundsatz der Pagatorik**: In der Bilanz dürfen nur Vermögensgegenstände und Schulden angesetzt werden, die letztendlich auf Zahlungsvorgänge zurückzuführen sind. Kalkulatorische Kosten dürfen somit im Jahresabschluss nicht angesetzt werden.

- **Grundsatz der Einzelbewertung**: Gemäß § 253 Abs. 1 Nr. 3 HGB sind die in der Bilanz enthaltenen Vermögensgegenstände und Schulden grundsätzlich einzeln zu bewerten. In Ausnahmefällen kann aus Gründen der Wirtschaftlichkeit vom Grundsatz der Einzelbewertung abgewichen werden. Zu den Bewertungsvereinfachungsverfahren gehören die gesetzlich zugelassene Gruppenbewertung, Sammelbewertung, mittels Verbrauchsfolgefiktionen (Lifo, Fifo), Festbewertung, Pauschalwertberichtigung auf Forderungen und die Pauschalrückstellung.
- **Grundsatz der Vorsicht** (§ 252 Abs. 1 Nr. 4 HGB): Das Vorsichtsprinzip ist das dominierende Prinzip im Handelsrecht. Im Interesse der Gläubiger sollte die Rechnungslegung vorsichtig durchgeführt werden. Das bedeutet, dass die Vermögensgegenstände eher niedriger und die Schulden eher höher anzusetzen sind, um keine zu optimistische wirtschaftliche Lage des Unternehmens darzustellen und um überhöhte Gewinnausschüttungen zu verhindern. Das Vorsichtsprinzip konkretisiert sich im **Realisationsprinzip**, d. h. Gewinne dürfen nur berücksichtigt werden, wenn sie am Abschlussstichtag realisiert sind, sowie im **Imparitätsprinzip.** Gemäß dem **Imparitätsprinzip** müssen bereits vorhersehbare Verluste, die noch nicht eingetreten sind, im Jahresabschluss berücksichtigt werden.

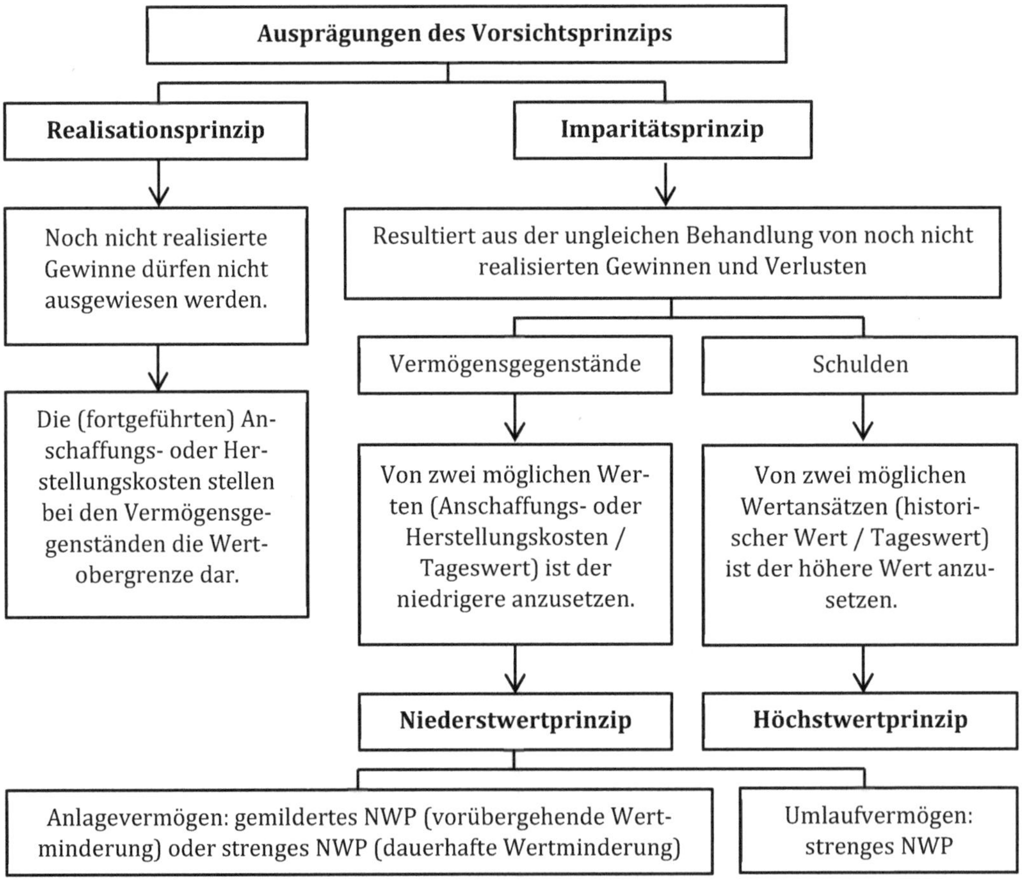

Abb. 2.2: Konkretisierung des Vorsichtsprinzips

Bitte beachten Sie:

Kurzfristige Fremdwährungsforderungen und -verbindlichkeiten sind handelsrechtlich mit dem **Devisenkassamittelkurs** zum Abschlussstichtag ohne Berücksichtigung der Wertobergrenze bzw. des Realisationsprinzips zu bewerten.

2.2.3 Abgrenzungsgrundsätze

Sie legen fest, in welcher Periode die Wertänderungen zu erfassen sind. Unter dem Oberbegriff „Abgrenzungsgrundsätze" werden die folgenden Prinzipien zusammengefasst[2]:

- **Grundsatz der sachlichen Abgrenzung**: Die durch die Leistungserstellung verursachten Nettovermögensminderungen sind als Aufwand der Periode zuzurechnen, in der auch die sachlich zugehörigen Leistungen (Nettovermögensmehrungen) als Ertrag realisiert werden.
- **Grundsatz der zeitlichen Abgrenzung**: Es sind alle zeitraumbezogen anfallenden Nettovermögensänderungen (Aufwendungen und Erträge) pro rata temporis, d. h. zeitproportional zu periodisieren. Das bedeutet, zeitraumbezogene Ausgaben und Einnahmen sind zeitanteilig, d. h. verhältnismäßig als Aufwendungen oder Erträge auf die jeweiligen Geschäftsjahre aufzuteilen, zu denen sie wirtschaftlich gehören.[3]
- **Realisationsprinzip**: Gewinne dürfen erst dann ausgewiesen werden, wenn sie durch den Verkauf realisiert sind (§ 252 Abs. 1 Nr. 4 HGB). Ein Erlös aus dem Verkauf gilt erst zu dem Zeitpunkt als realisiert, wenn die Lieferung vollzogen ist bzw. die Dienstleistung beendet ist, d. h. zum Zeitpunkt des Gefahrenübergangs. Noch nicht abgesetzte Güter dürfen höchstens mit den Anschaffungs- oder Herstellungskosten bewertet werden.
- **Imparitätsprinzip**: Im Vergleich zur Behandlung der Gewinne müssen gemäß dem Imparitätsprinzip noch nicht realisierte Verluste sofort GuV-wirksam erfasst werden, auch wenn die Leistung noch nicht erbracht oder der Leistungszeitraum noch nicht abgeschlossen ist. Das Imparitätsprinzip hat zwei Ausprägungen: Für die Bewertung der Vermögensgegenstände gilt das Niederstwertprinzip und für die Bewertung der Schulden gilt das Höchstwertprinzip.

Übungsaufgabe 2.1: Realisationsprinzip

Die IMMO AG hat vor 30 Jahren in der Innenstadt von Karlsruhe ein unbebautes Grundstück für umgerechnet 220.000 € erworben. Es besteht die Absicht und die Möglichkeit, das Grundstück im folgenden Geschäftsjahr zu veräußern. Laut eines Immobiliengutachtens hat das Grundstück einen Wert von 1.920.000 €. Beim Verkauf würde die IMMO AG einen Gewinn in Höhe von 1.700.000 € erzielen. Mit welchem Wert darf die IMMO AG das Grundstück in der Bilanz des abgelaufenen Geschäftsjahres maximal ausweisen? Begründen Sie den Wertansatz in der Bilanz.

Nutzen Sie die hier vorgegebenen Zeilen.

Die Lösung finden Sie online.

Übungsaufgabe 2.2

Diese Aufgabe und die Lösung finden Sie online.

---

[2] Coenenberg, A. G. et al.: Jahresabschluss und Jahresabschlussanalyse, 2018, S. 43 ff.

[3] Bitz, M. et al.: Der Jahresabschluss, 2014, S. 228.

2.3 Die Bestandteile des Jahresabschlusses

Der Begriff des **Jahresabschlusses** ist im 3. Buch des HGB (§§ 238–342e HGB) für Einzelkaufleute/ Personengesellschaften und Kapitalgesellschaften mit unterschiedlichen Inhalten belegt:

- In § 242 Abs. 3 HGB heißt es: „Die Bilanz und die Gewinn- und Verlustrechnung bilden den Jahresabschluss." Hiernach umfasst der Jahresabschluss nur zwei Bestandteile. Dieser Umfang gilt jedoch nur für Einzelunternehmen und Personengesellschaften (GbR, OHG, KG, Partnerschaftsgesellschaft).
- Für **Kapitalgesellschaften** fordert § 264 Abs. 1 HGB ausdrücklich, dass der Jahresabschluss um einen **Anhang** zu erweitern ist, der mit der Bilanz und Gewinn- und Verlustrechnung eine Einheit bildet. Des Weiteren müssen mittelgroße und große Kapitalgesellschaften einen **Lagebericht** aufstellen.
- **Kapitalmarktorientierte Kapitalgesellschaften** haben den Jahresabschluss (§ 264 Abs. 1 Satz 1 HGB) zusätzlich um eine **Kapitalflussrechnung** und einen **Eigenkapitalspiegel** zu erweitern. Diese bilden zusammen mit der Bilanz, Gewinn- und Verlustrechnung eine Einheit. Sie können den Jahresabschluss um einen Segmentbericht erweitern. **Kapitalmarktorientiert** (§ 264d HGB) ist eine Kapitalgesellschaft, wenn sie Wertpapiere (Aktien oder Schuldverschreibungen/Anleihen) begeben hat, die zum Handel an einem organisierten Markt (Börse) innerhalb der EU zugelassen sind.
- Seit dem Inkrafttreten des Kapitalgesellschaften- und Co-Richtlinien-Gesetzes (KapCoRiLiG) ist für die von Personengesellschaften anzuwendenden Rechnungslegungsvorschriften die Ausgestaltung der Haftungsverhältnisse entscheidend.

Der Umfang des Jahresabschlusses ist abhängig von der Rechtsform der Unternehmen und davon, ob es sich um einen Einzel- oder einen Konzernabschluss handelt, wie die folgende Abbildung 2.3 zeigt.

<table>
<tr><th colspan="7">Bestandteile des Jahresabschlusses</th></tr>
<tr><th colspan="7">Rechnungslegungsinstrumente</th></tr>
<tr><td>Bilanz</td><td>Gewinn- und Verlust-rechnung</td><td>Anhang</td><td>Lagebericht</td><td>Eigen-kapital-spiegel</td><td>Kapital-fluss-rechnung</td><td>Segment-bericht-erstattung</td></tr>
<tr><td colspan="2">alle Kaufleute, Personenhandelsgesellschaften und Kleinstkapitalgesellschaften</td><td colspan="5"></td></tr>
<tr><td colspan="3">kleine Kapitalgesellschaften</td><td colspan="4"></td></tr>
<tr><td colspan="4">mittelgroße und große Kapitalgesellschaften sowie haftungsbeschränkte Personenhandelsgesellschaften (z. B. GmbH & Co. KG)</td><td colspan="3"></td></tr>
<tr><td colspan="6">kapitalmarktorientierte Kapitalgesellschaften
Konzernabschluss nicht kapitalmarktorientierter Unternehmen</td><td></td></tr>
<tr><td colspan="7">Konzernabschluss börsennotierter Unternehmen nach IFRS</td></tr>
<tr><td colspan="7">„Informationsabschluss" optional zusätzlich als IFRS-Einzelabschluss</td></tr>
</table>

Abb. 2.3: Bestandteile des HGB-Jahresabschlusses

Der **Jahresabschluss** der **mittelgroßen** und **großen Kapitalgesellschaften** sowie der haftungsbeschränkten Personengesellschaften wird durch den sogenannten **Lagebericht** ergänzt. Während der Anhang einen integralen Bestandteil des Jahresabschlusses bei den mittelgroßen und großen Kapitalgesellschaften darstellt, bildet der Lagebericht lediglich einen ergänzenden Bestandteil.

Der Jahresabschluss umfasst bei mittelgroßen und großen Kapitalgesellschaften mindestens die folgenden Rechnungslegungselemente:

Bilanz	Sie stellt die Vermögensgegenstände, das Eigenkapital, die Schulden sowie die Rechnungsabgrenzungsposten (und die latenten Steuern) eines Unternehmens systematisch dar.
Gewinn- und Verlustrechnung (GuV)	In der GuV werden die im Geschäftsjahr entstandenen und in Gruppen zusammengefassten Aufwendungen und Erträge unsaldiert gegenübergestellt und so das Jahresergebnis, d. h. der Jahresüberschuss bzw. der Jahresfehlbetrag ermittelt.
Anhang	Der Anhang erläutert die quantitativen Angaben der Bilanz und der GuV-Rechnung. Er bildet mit ihnen eine Einheit. Ferner werden im Anhang einzelne Bilanz- und GuV-Posten aufgegliedert.
Lagebericht	Der Lagebericht dient mit seinen spezifischen Angaben zum besseren Verständnis des Geschäftsverlaufs und zur Lage des Unternehmens. Ferner wird über die aktuelle Lage eines Unternehmens sowie seiner Zukunftsaussichten (Chancen und Risiken) berichtet.

Abb. 2.4: Rechnungslegungselemente bei mittelgroßen und großen Kapitalgesellschaften

Die folgende Übersicht zeigt Ihnen die Behandlung der Personengesellschaften bei der Rechnungslegung nach dem Handelsrecht.

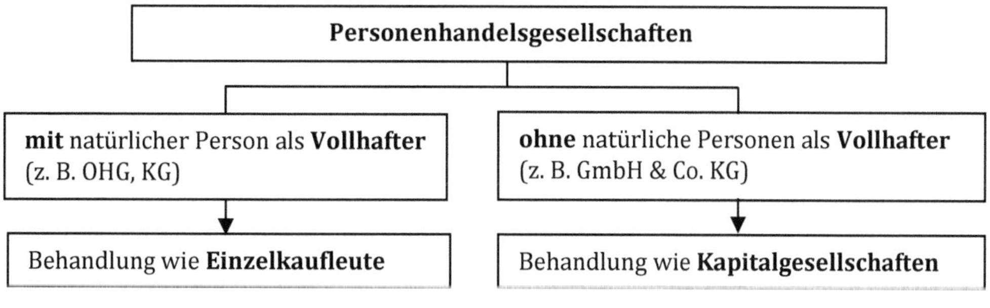

Abb. 2.5: Behandlung der Personengesellschaften

2.3.1 Weitere Elemente der Finanzberichterstattung

Kapitalmarktorientierte Kapitalgesellschaften müssen ihren handelsrechtlichen Jahresabschluss zusätzlich um eine Kapitalflussrechnung und einen Eigenkapitalspiegel ergänzen.

Kapitalflussrechnung (Bestandteil eines Konzernabschlusses)	Alle in einer Periode angefallenen und nach Bereichen gegliederten Ein- und Auszahlungen werden in der Kapitalflussrechnung dargestellt. Es werden die Liquiditätslage und das zukünftige Liquiditätspotenzial eines Unternehmens gezeigt.

Eigenkapitalspiegel (Bestandteil eines Konzernabschlusses)	Der Eigenkapitalspiegel zeigt die Gründe für die Eigenkapitalveränderung (z. B. durch Gewinn/Verlust, Kapitalrücklage, Gewinnrücklagen etc.) innerhalb einer Periode.
Segmentberichterstattung (Bestandteil eines Konzernabschlusses)	In der Segmentberichterstattung werden die Informationen des Jahresabschlusses nach bestimmten Kriterien (z. B. nach Geschäftsbereichen oder Regionen) aufgegliedert. Es werden die Chancen und Risiken in den einzelnen Geschäftsbereichen eines Konzerns aufgezeigt.

Abb. 2.6: Zusätzliche Elemente der Finanzberichtserstattung

2.3.2 Zusammenhänge der primären Rechenwerke des Jahresabschlusses

Die folgende Abbildung 2.7 zeigt die Zusammenhänge zwischen den einzelnen Rechenwerken.

Der Jahresabschluss liefert Informationen über:

- die Vermögens- und Kapitalstruktur in der Bilanz,
- die Ertragslage in der Gewinn- und Verlustrechnung (GuV), und
- die Finanzlage in der Kapitalflussrechnung.

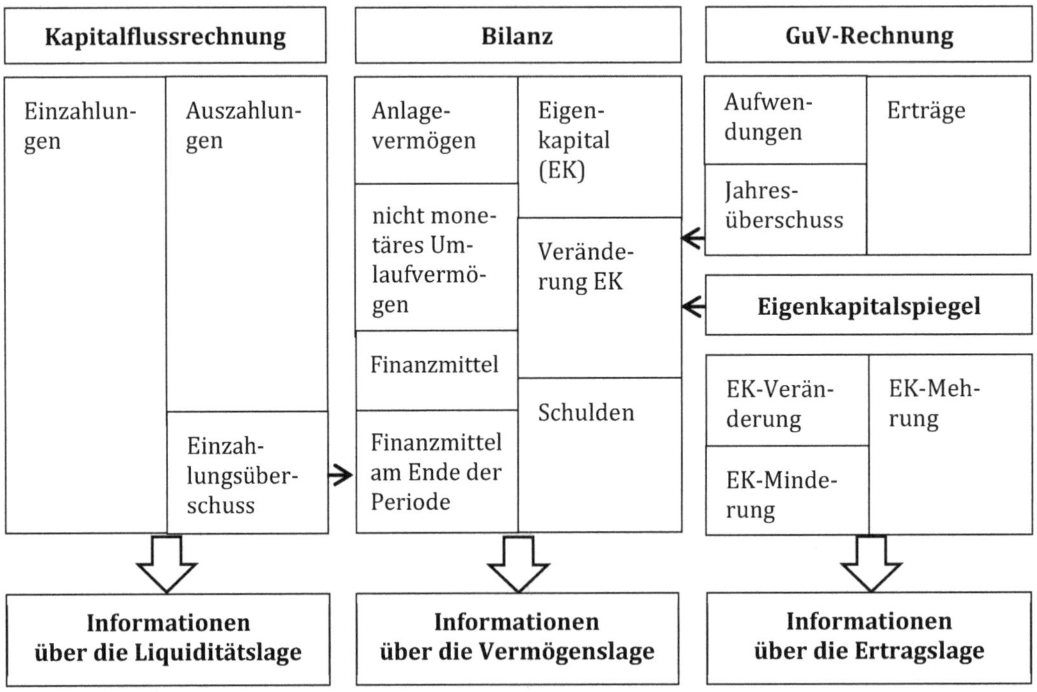

Abb. 2.7: Zusammenhang zwischen Bilanz, GuV, Kapitalflussrechnung und Eigenkapitalspiegel

2.3.3 Konzernabschluss und Konzernlagebericht

Der Konzernabschluss besteht nach § 297 Abs. 1 HGB aus der Konzernbilanz, der Konzern-Gewinn- und Verlustrechnung, dem Konzernanhang, der Kapitalflussrechnung und dem Eigenkapitalspiegel. Er kann um eine Segmentberichterstattung erweitert werden.

Gemäß § 297 Abs. 2 HGB ist der Konzernabschluss klar und übersichtlich aufzustellen. Er hat unter Beachtung der Grundsätze ordnungsmäßiger Buchführung ein den tatsächlichen Verhältnissen entsprechendes Bild der Vermögens-, Finanz- und Ertragslage des Konzerns zu vermitteln.

Durch das **Bilanzrechtsreformgesetz** (BilReG) haben sich in Bezug auf die Konzernrechnungslegung und den Konzernabschluss sowie den Konzernlagebericht folgende wesentliche Änderungen ergeben:

- Kapitalmarktorientierte Mutterunternehmen müssen nach § 315a HGB seit 2005 einen Konzernabschluss nach internationalen Rechnungslegungsvorschriften gemäß IFRS aufstellen.
- Für alle anderen Mutterunternehmen gilt, dass sie freiwillig einen befreienden Konzernabschluss nach internationalen Rechnungslegungsvorschriften gemäß IFRS aufstellen können, d. h., in diesem Fall müssen sie keinen Konzernabschluss nach HGB aufstellen.

Die Jahresabschlüsse der einzelnen deutschen Konzernunternehmen müssen dagegen weiterhin nach den allgemeinen deutschen Rechnungslegungsvorschriften aufgestellt werden.

In der **Kapitalflussrechnung** werden Informationen über die Zahlungsströme sowie die Zahlungsmittelbestände eines Unternehmens vermittelt. Darüber hinaus wird dargestellt, wie das Unternehmen finanzielle Überschüsse erwirtschaftet hat und welche zahlungswirksamen Investitions- und Finanzierungsmaßnahmen vorgenommen wurden.

Der **Konzerneigenkapitalspiegel** soll zur Verbesserung des Informationswertes des Konzernabschlusses eine detaillierte Darstellung des komplexen Konzerneigenkapitals liefern. Dazu wird zum einen die Entwicklung des Eigenkapitals für das Mutterunternehmen und die Minderheitsgesellschafter gesondert dargestellt, zum anderen wird das in der Gewinn- und Verlustrechnung ermittelte Jahresergebnis, ebenfalls gesondert für das Mutterunternehmen und die Minderheitsgesellschafter, auf ein Konzerngesamtergebnis übergeleitet.

Mit der **Segmentberichterstattung** sollen externen Jahresabschlussadressaten Informationen über die wesentlichen Geschäftsfelder eines Unternehmens bzw. eines Konzerns gegeben werden, um einen besseren Einblick in die Vermögens-, Finanz- und Ertragslage sowie eine zutreffendere Einschätzung der Chancen und Risiken der unterschiedlichen Geschäftsfelder zu ermöglichen. Ein Segment ist definiert als Teil eines Unternehmens, das im Rahmen seiner Geschäftstätigkeit potenziell oder tatsächlich Umsatzerlöse generiert und regelmäßig vom Management zur Beurteilung der wirtschaftlichen Lage überwacht wird. Die Unterscheidung im Unternehmen erfolgt in produktorientierte und geografische Segmente.

Für die berichtspflichtigen Segmente und Sammelsegmente sind folgende Angaben zu machen:

- Segmentumsatzerlöse,
- Segmentergebnis und, wenn darin enthalten:
  - Abschreibungen,
  - andere nicht zahlungswirksame Posten,
  - Ergebnisbeiträge aus Beteiligungen an assoziierten Unternehmen,
  - Erträge aus sonstigen Beteiligungen,
- Segmentvermögen einschließlich Beteiligungen,
- Investitionen in das langfristige Segmentvermögen,
- Segmentschulden.

Eigene Notizen

Schritt 3: Bilanz

Lernziele

In diesem Kapitel lernen Sie den Aufbau, den Inhalt und die Struktur der Bilanz kennen. Ferner werden Ihnen die Unterschiede zwischen der Handels- und der Steuerbilanz bewusst. Des Weiteren werden Sie die Posten innerhalb der Bilanz verstehen und erläutern können sowie die Antworten auf folgende Fragestellungen kennen:

- Nach welchen Kriterien ist eine Bilanz gegliedert?
- Welche Bilanzarten gibt es?
- Welche Bilanztheorien gibt es?
- Welche Posten (Vermögen/Schulden) werden in der Bilanz aufgenommen?
- Wie kann man den Bilanzgewinn/Bilanzverlust ermitteln?
- Wie entstehen stille Reserven?

3.1 Einführung

Die **Bilanz** als Teil des Jahresabschlusses ist eine Gegenüberstellung der an einem Bilanzstichtag (z. B. dem 31.12.01) vorhandenen, nach bestimmten Grundsätzen bewerteten und in Gruppen zusammengefassten

- Vermögensgegenstände **(Aktiva)**,
- Kapital, mit dem Fremdkapital und der Saldogröße Eigenkapital **(Passiva)**.

Sie **stellt** am Ende eines Geschäftsjahres **Vermögen und Kapital** bzw. **Aktiva und Passiva** eines Unternehmens **gegenüber**. Die **Passivseite** der Bilanz zeigt die **Herkunft** der finanziellen Mittel in einem Unternehmen. Die **Aktivseite** enthält das Vermögen, d. h. die **Mittelverwendung**, und zeigt die Investitionen. Die Grundlage für die Bilanz bildet die Inventur mit einer körperlichen und buchmäßigen Bestandsaufnahme des Vermögens und der Schulden.

Bei der Bilanz unterscheidet man zwischen der **Handelsbilanz**, diese wird nach den handelsrechtlichen Vorschriften gemäß §§ 238 ff. HGB erstellt, und der **Steuerbilanz**, die den steuerrechtlichen Vorschriften entspricht. Die Gliederung der Bilanz nach der Kontoform hat das Aussehen wie unten (Abb. 3.1).

Die Gliederung der Bilanz dient der Klarheit und der übersichtlichen Darstellung aller in der Bilanz enthaltenen Informationen. Ein einheitliches System der Gliederung dient nicht nur dem Vergleich der Bilanzen innerhalb eines Unternehmens, sondern auch dem Vergleich der Bilanzen unterschiedlicher Unternehmen. Dabei werden die Aktiva (Vermögensgegenstände) entsprechend dem Grad ihrer üblichen Bindungsdauer (Liquidierbarkeit) und die Passiva entsprechend ihrer Fälligkeit (Überlassungsdauer) gegliedert.

Aktiva	Verkürzte Bilanzgliederung		Passiva
A.	Anlagevermögen	A.	Eigenkapital
	I. Immaterielle Vermögensgegenstände		I. Gezeichnetes Kapital
	II. Sachanlagen		II. Kapitalrücklage
	III. Finanzanlagen		III. Gewinnrücklagen
B.	Umlaufvermögen		IV. Gewinnvortrag
	I. Vorräte		V. Jahresüberschuss/-fehlbetrag
	II. Forderungen und sonstige Vermögensgegenstände		(bei Personengesellschaften mit natürlicher Person als Vollhafter gegliedert nach Vollhafter und Teilhafter)
	III. Wertpapiere	B.	Rückstellungen
	IV. Kassenbestand, Bundesbankguthaben, Guthaben bei Kreditinstituten und Schecks	C.	Verbindlichkeiten
C.	Rechnungsabgrenzungsposten	D.	Rechnungsabgrenzungsposten
D.	Aktive latente Steuern	E.	Passive latente Steuern
E.	Aktiver Unterschiedsbetrag aus der Vermögensverrechnung		
	Bilanzsumme		**Bilanzsumme**

Abb. 3.1: Verkürzte Bilanzgliederung gemäß § 266 Satz 3 HGB in Verbindung mit § 267 Abs. 1 HGB

Damit soll annähernd deutlich gemacht werden,

- in welcher zeitlichen Folge die Aktiva durch den üblichen Umsatzprozess wieder zu Geld umgewandelt werden können, und
- in welcher zeitlichen Folge die einzelnen Kapitalteile dem Betrieb wieder entzogen werden können.

Für Einzelkaufleute und Personengesellschaften sind die Grundsätze ordnungsmäßiger Buchführung (GoB) die Richtschnur für die Bilanzgliederung (§ 243 Abs. 1 HGB). Für Kapitalgesellschaften und publizitätspflichtige Unternehmen sieht das Handelsrecht die Gliederung nach § 266 HGB vor. Die Tiefe der Gliederung hängt dabei zusätzlich von der Größe des Unternehmens ab (siehe Kapitel 13.1).

Übungsaufgabe 3.1: Aufstellen einer Bilanz

Stellen Sie anhand der folgenden Angaben die Bilanz für die Lenktechnik Max Muster e. K. auf und ordnen Sie die Vermögens- und Kapitalposten entsprechend der Bilanzgliederung nach § 266 HGB. Alle Angaben sind in T€.

	Jahr 02	Jahr 01
Rohstoffe	1.300	920
Rückstellungen	530	500
Kassenbestand	40	30
Grundstücke und Gebäude	4.000	4.200
Forderungen aLuL	980	890
Fuhrpark	280	260

Verbindlichkeiten aLuL	800	700
technische Anlagen und Maschinen	1.200	1.150
Betriebsstoffe	150	120
Bankguthaben	740	710
fertige Erzeugnisse	650	550
Hypothekenschulden	1.800	1.600
Darlehensschulden	3.800	3.900
kurzfristige Bankschulden	300	350
Betriebs- und Geschäftsausstattung	400	390
Hilfsstoffe	350	300

Nutzen Sie bitte die nachfolgende Tabelle.

Aktiva		Bilanz Max Muster e. K. zum 31.12.02					Passiva
		02	01			02	01
A.	Anlagevermögen			A.	Eigenkapital		
					Fremdkapital		
B.	Umlaufvermögen						

Die Lösung finden Sie online.

3.2 Bilanzarten

Es gibt verschiedene Merkmale, nach denen Bilanzen kategorisiert werden können:

- nach der Häufigkeit der Bilanzerstellung,
- nach dem Adressatenkreis und dem Bilanzierungsanlass,
- nach der gesetzlichen Bestimmung zur Bilanzerstellung.

Die folgende Tabelle stellt die Gruppierung der oben genannten drei Merkmale und die dazugehörigen Bilanzarten dar.

<table>
<tr><th>Merkmal</th><th colspan="9">Bilanzarten</th></tr>
<tr><td rowspan="2">Häufigkeit der Bilanzerstellung</td><td colspan="3">laufende Bilanzen</td><td colspan="6">Sonderbilanzen</td></tr>
<tr><td>Monatsbilanz</td><td>Quartalsbilanz</td><td>Jahresbilanz</td><td>Gründungsbilanz</td><td>Umwandlungsbilanz</td><td>Fusionsbilanz</td><td>Auseinandersetzungsbilanz</td><td>Sanierungsbilanz</td><td>Insolvenzbilanz</td></tr>
<tr><td rowspan="2">Adressatenkreis und Bilanzierungsanlass</td><td colspan="6">externe Bilanzen</td><td colspan="3">interne Bilanzen</td></tr>
<tr><td colspan="3">gesetzlich vorgeschriebene Bilanzen</td><td colspan="3">vertraglich vereinbarte Bilanzen</td><td colspan="3">freiwillig erstellte Bilanzen</td></tr>
<tr><td rowspan="2">gesetzlich vorgeschriebene Bilanzen</td><td colspan="3">laufende Bilanzen</td><td colspan="6" rowspan="2">Sonderbilanzen
wie oben</td></tr>
<tr><td colspan="2">Handelsbilanz</td><td>Steuerbilanz</td></tr>
</table>

Abb. 3.2: Bilanzarten[4]

Zu den laufenden Bilanzen, die auch als **ordentliche Bilanzen** bezeichnet werden, gehören die Monats-, die Quartals- und die Jahresbilanz. Die Jahresbilanz ist die wichtigste und am häufigsten verwendete Bilanzart. Sonderbilanzen werden auch als **außerordentliche Bilanzen** bezeichnet, da sie, wie z. B. die Gründungsbilanz, nur einmalig und nicht für jede Periode erstellt werden.[5]

3.3 Handelsbilanz und Steuerbilanz im Vergleich

Handels- und Steuerbilanz können übereinstimmen, sie müssen es aber nicht. Falls beide Bilanzen übereinstimmen, so spricht man von einer **Einheitsbilanz**.

3.3.1 Die Handelsbilanz

Die **Handelsbilanz** ist eine Bilanz, deren Vorschriften aus dem Handelsrecht hervorgehen. Sie wird jährlich aufgestellt und dient einerseits als Erfolgsbilanz, um das Bilanzergebnis, also den

[4] Vgl. Wöhe, G. et al.: Einführung in die Allgemeine Betriebswirtschaftslehre, 2020, S. 648.

[5] Vgl. ebd., S. 647.

Bilanzgewinn oder den Bilanzverlust, einer Periode auszuweisen. Zum anderen weist sie als Vermögensbilanz das Vermögen, Eigen- und Fremdkapital aus.

Das Bilanzergebnis wird mithilfe des Jahresergebnisses, das entweder als Jahresüberschuss oder als Jahresfehlbetrag vorliegt, ermittelt. Ein Jahresüberschuss entsteht, wenn die Erträge die Aufwendungen während einer Rechnungslegungsperiode übersteigen. Dementsprechend gilt, dass ein Jahresfehlbetrag aus einem Überschuss an Aufwendungen gegenüber den Erträgen hervorgeht.[6]

Das **Bilanzergebnis** wird folgendermaßen ermittelt:

	Jahresüberschuss bzw. Jahresfehlbetrag
+	Gewinnvortrag aus dem Vorjahr
-	Verlustvortrag aus dem Vorjahr
+	Entnahme aus der Kapitalrücklage zum Ausgleich
+	Entnahme aus Gewinnrücklagen a) aus der gesetzlichen Rücklage b) aus der Rücklage für Anteile an dem herrschenden oder mit Mehrheit beteiligten Unternehmen c) aus satzungsmäßigen Rücklagen d) aus anderen Gewinnrücklagen
-	Einstellungen in Gewinnrücklagen a) in die gesetzliche Rücklage b) in die Rücklage für Anteile an dem herrschenden oder mit Mehrheit beteiligten Unternehmen c) in satzungsmäßige Rücklagen d) in andere Gewinnrücklagen
=	**Bilanzergebnis (Bilanzgewinn bzw. Bilanzverlust)**

Abb. 3.3: Ermittlung des Bilanzgewinns bzw. des Bilanzverlusts

Der **Bilanzgewinn** ist der Restgewinn des Jahresüberschusses, der nicht in die Gewinnrücklagen eingestellt wurde. Er wird von der Hauptversammlung oder Gesellschafterversammlung den Anteilseignern zur Ausschüttung vorgeschlagen.

3.3.2 Die Steuerbilanz

Die **Steuerbilanz** wird nach steuerrechtlichen Vorschriften gemäß § 60 Abs. 2 EStDV erstellt und dient der Ermittlung der Steuerlast für das Finanzamt. Die Aufgabe der Steuerbilanz besteht darin, gemäß § 5 Abs. 1 EStG den steuerrechtlichen Gewinn, oder anders ausgedrückt: das zu versteuernde Einkommen, mithilfe der ertragsteuerlichen Grundlagen zu ermitteln. Zur Gruppe der **Ertragsteuern** gehören die Einkommensteuer (ESt), die Körperschaftsteuer (KSt) und die Gewerbesteuer (GewSt).

[6] Vgl. Falterbaum, H. et al.: Buchführung und Bilanz, 2020, S. 1575.

Laut § 4 Abs. 1 Satz 1 EStG berechnet sich der Gewinn/Verlust wie folgt:

	Betriebsvermögen am Ende des Wirtschaftsjahres
-	Betriebsvermögen am Ende des vorangegangenen Wirtschaftsjahres
+	Entnahmen
-	Einlagen
=	**Gewinn oder Verlust**

Abb. 3.4: Steuerrechtliche Gewinnermittlung nach § 4 Abs. 1 Satz EStG

Die Handels- und Steuerbilanz sind in Deutschland eng miteinander verbunden. Dies ergibt sich aus dem **Maßgeblichkeitsprinzip** nach § 5 Abs. 1 Satz 1 EStG, welches besagt, dass die meisten Wertansätze der Handelsbilanz auch für die Steuerbilanz gelten.[7]

Abweichungen zwischen der Handels- und der Steuerbilanz entstehen vor allem deshalb, weil die steuerrechtlichen Bilanzierungs- und Bewertungsvorschriften oft weniger Spielraum zulassen als die handelsrechtlichen Vorschriften. Diese strengeren Regelungen in der Steuerbilanz stammen daher, dass der steuerrechtliche Jahresabschluss andere Ziele verfolgt als der handelsrechtliche Jahresabschluss. Da die Handelsbilanz vor allem die Aufgabe der Transparenz eines Unternehmens und des Informationsflusses zwischen Unternehmen und Außenstehenden erfüllt, werden bei der Aufstellung einige Ermessensspielräume zugelassen. Der steuerrechtliche Jahresabschluss hingegen hat sich an die allgemein geltenden Besteuerungsprinzipien zu halten. Die beiden Prinzipien **Gleichmäßigkeit der Besteuerung und Prinzip der objektivierten Gewinnermittlung** besagen einerseits, dass für gleiche Wirtschaftssubjekte immer die gleichen Besteuerungsgrundlagen gelten, und andererseits, dass dem Bilanzierenden so wenig Freiraum wie möglich zugestanden wird. Das soll verhindern, dass der Steuerpflichtige die Möglichkeit hat, seine Steuerbelastung zeitlich zu verschieben. Durch diese Vorbehalte kommt es meist zu höheren bzw. zeitlich früheren Gewinnen in der Steuerbilanz als in der Handelsbilanz.[8] Das soll anhand des nächsten Beispiels veranschaulicht werden.

Beispiel[9]: Handelsbilanzielle und steuerbilanzielle Gewinnermittlung

Die Life-Tech GmbH erwirbt am 02.01.2023 eine neue Maschine für 100.000 € zzgl. 19 % USt. Die Nutzungsdauer beträgt voraussichtlich 10 Jahre. Ein Restverkaufserlös wird am Ende der Nutzungsdauer nicht erwartet. Die Maschine soll handelsrechtlich jährlich um 25 % des jeweiligen Restbuchwertes (geometrisch-degressiv) abgeschrieben werden. Ohne Berücksichtigung der Abschreibungen betrug der Gewinn 200.000 €.

Wie hoch ist sowohl der handelsrechtliche als auch der steuerrechtliche Jahresüberschuss?

Lösung: Im Steuerrecht ist ab dem Jahr 2023 die geometrische-degressive Abschreibung nicht mehr zulässig. Hieraus folgt, dass die Maschine linear über 10 Jahre abgeschrieben und die Anschaffungskosten in Höhe von 100.000 € gleichmäßig auf die Nutzungsdauer verteilt werden. Somit muss gemäß § 60 Abs. 2 EStDV die Steuerbilanz korrigiert werden.

---

[7] Vgl. Hayn, S. et al.: HGB und Steuerbilanz im Vergleich – Synoptische Darstellung von Handels- und Steuerbilanzrecht, 2012, S. 11.

[8] Vgl. Heno, R.: Jahresabschluss nach Handelsrecht, Steuerrecht und internationalen Standards (IFRS), 2018, S. 34.

[9] Vgl. ebd. S. 34ff.

	Handelsrecht			Steuerrecht	
	vorläufiger Gewinn	200.000 €		vorläufiger Gewinn	200.000 €
-	degressive Abschreibung (25 %)	- 25.000 €	-	lineare Abschreibung (10 %)	- 10.000 €
=	handelsrechtlicher Gewinn (Ausweis in der GuV)	= 175.000 €	=	steuerrechtlicher Gewinn	= 190.000 €
	Wertansatz Handelsbilanz (100 T€ - 25 T€ = 75 T€)	75.000 €		Wertansatz Steuerbilanz (100 T€ - 10 T€ = 90 T€)	90.000 €
				steuerlicher Mehrgewinn	**15.000 €**

Weichen Handels- und Steuerbilanz in ihren Regelungen nicht voneinander ab, ist es möglich, eine sogenannte **Einheitsbilanz** zu erstellen. Das bedeutet, dass die Handelsbilanz parallel auch als Steuerbilanz dient. Die Einheitsbilanz ist vor allem für kleine und mittelständische Unternehmen von Vorteil, da zusätzliche Kosten für die Erstellung der Steuerbilanz entfallen und auf diese Weise der Aufwand für eine doppelte Bewertung vermieden werden kann. Dies ist aber nur möglich, wenn die Bilanzierung in der Handelsbilanz unter Beachtung der steuerrechtlichen Vorschriften erfolgt, soweit dies zulässig ist.[10]

3.4 Bilanztheorien

Aus der Betriebswirtschaftslehre gehen verschiedene Bilanztheorien hervor, die den Zweck der Bilanzen erklären sollen. Die Bilanztheorien beschäftigen sich mit dem Inhalt, der Aufgabe und der Ausgestaltung des Jahresabschlusses. Obwohl diese Theorien oder Auffassungen nicht unbedingt maßgeblich für die praxisrelevante Bilanz im Rechtssinne sind, beeinflussen sie die Gesetzgebung, Rechtsfortbildung und Rechtsanwendung. Das ist vor allem der Fall, wenn die Zwecksetzungen einer Bilanz gesetzlich und betriebswirtschaftlich übereinstimmen oder Gesetzeslücken geschlossen werden sollen.[11]

Die **statische**, **dynamische** und **organische** Bilanzauffassung stellen die drei klassischen Bilanztheorien dar.

3.4.1 Statische Bilanzauffassung

Die statische Bilanztheorie besagt, dass die Aufgabe der Bilanz primär darin liegt, das Reinvermögen (Vermögen minus Schulden) eines Unternehmens, überwiegend im Interesse der Gläubiger, zu einem bestimmten Bilanzstichtag zu ermitteln. Daher werden nur selbstständige Vermögensbestandteile und Schulden in der Bilanz ausgewiesen, die außerdem eindeutig zu bewerten sind. Die Vermögensbestandteile werden mit den Anschaffungs- oder Herstellungskosten bzw. mit dem niedrigeren beizulegenden Wert bewertet. Für die Vermögensgegenstände gilt das Niederstwertprinzip. Die Schulden sind mit ihrem Erfüllungsbetrag am Bilanzstichtag anzusetzen, hier gilt das Höchstwertprinzip.

Ziel der statischen Bilanz ist vor allem die Vermögensbestandsermittlung. Die Vermögensmehrung innerhalb einer Periode wird als Gewinn bezeichnet.

---

[10] Vgl. Falterbaum, H. et al.: Buchführung und Bilanz, 2020, S. 366.

[11] Vgl. Federmann, R. u. Müller, S.: Bilanzierung nach Handelsrecht, Steuerrecht und FRS, 2018, S. 148.

3.4.2 Dynamische Bilanzauffassung

Im Gegensatz zur statischen Bilanztheorie liegt das Ziel der dynamischen Bilanztheorie darin, den Erfolg eines Unternehmens zu analysieren. Der Jahresabschluss stellt nach der dynamischen Bilanztheorie eine Zeitraumrechnung dar. Der Erfolg wird definiert als Differenzbetrag zwischen Ertrag und Aufwand.[12] Aufwendungen ergeben sich innerhalb eines Geschäftsjahres durch den Verbrauch von Gütern und Dienstleistungen (z. B. durch Abschreibungen, Materialverbrauch, Löhne und Gehälter, Zinsen etc.). Der Ertrag (z. B. Umsatzerlöse, Mieterträge, Zuschreibungen, Zinserträge etc.) steht dem Aufwand gegenüber und bezeichnet den Wertezuwachs, den ein Unternehmen innerhalb einer Periode erzielt.

Die Aufstellung der Bilanz findet über die verursachungsgerechte Periodenzurechnung von Einnahmen und Ausgaben statt. Dies erfolgt durch die Erfassung künftiger Aufwendungen und Einnahmen auf der Aktivseite sowie künftiger Ausgaben und Erträge auf der Passivseite.[13]

Die dynamische Bilanzauffassung folgt dem Prinzip der Verursachung. Es ist von größter Bedeutung, dass die Ausgaben und Einnahmen zeitlich korrekt zugeordnet werden. Auch Rückstellungen, dies sind ungewisse Verpflichtungen, folgen dem Verursachungsprinzip, d. h. sie werden in dem Jahr erfasst, in dem sie zustande gekommen sind. Sie werden, anders als bei der statischen Bilanztheorie, auch dann erfasst, wenn zum Zeitpunkt des Stichtags noch keine Verbindlichkeit besteht. Bei der dynamischen Bilanzauffassung werden Rechnungsabgrenzungsposten nicht vernachlässigt. Sie werden auch dann erfasst, wenn sie keine Verpflichtung darstellen. Ein Beispiel hierfür sind bezahlte Kfz-Steuern, die auch in der folgenden Periode wieder anfallen.[14]

Beispiel[15]: Statische und dynamische Bilanzauffassung

Eine Bauunternehmung verpflichtet sich, alle Mängel, die innerhalb von fünf Jahren nach Fertigung auftreten, zu reparieren. Bis zum Bilanzstichtag wurden noch keine Fehler gemeldet.

Lösung: Da bisher keine Verbindlichkeit besteht und auch nach den GoB keine erwartet werden kann, darf nach der **statischen** Bilanzauffassung keine Rückstellung gebildet werden.

Für die **dynamische** Bilanztheorie gilt jedoch das Verursachungsprinzip. D. h. die eventuell später anfallenden Kosten müssen dem Herstellungsjahr, durch einen Rückstellungsposten auf der Passivseite, zugeordnet werden.

3.4.3 Organische Bilanzauffassung

Mit der **organischen** Bilanzauffassung werden das Vermögen und der Erfolg eines Unternehmens ermittelt. Hauptmerkmal dieser Bilanztheorie ist die Berücksichtigung der Verbindung zwischen dem Unternehmen und der volkswirtschaftlichen Geldwertänderung. Daher ist für die Bewertung und die Abschreibungen der Wiederbeschaffungswert am Bilanzstichtag maßgeblich. So sollen Geldwertschwankungen aus der Bilanz beseitigt werden. Das Ergebnis ist dann der Unterschiedsbetrag zwischen dem, jeweils nach Wiederbeschaffungskosten bewerteten Anfangs- und Endvermögen.[16] Mithilfe dieser Theorie sollen **Scheingewinne** verhindert werden. Scheingewinne entstehen, wenn der Geldwert sinkt und die Wiederbeschaffungskosten, für z. B. Vorräte, steigen. Das bedeutet, dass der Wert der Ware zwar nominal gestiegen ist, real, oder anders ausgedrückt: substanziell, aber gleich geblieben oder sogar gesunken ist.

---

[12] Vgl. Falterbaum, H. et al.: Buchführung und Bilanz, 2020, S. 368.

[13] Vgl. Federmann, R. u. Müller, S.: Bilanzierung nach Handelsrecht, Steuerrecht und IFRS, 2018, S. 149.

[14] Vgl. Falterbaum, H. et al.: Buchführung und Bilanz, 2020, S. 368 f.

[15] Vgl. ebd., S. 369.

[16] Vgl. ebd., S. 369.

Beispiel: Scheingewinn

Ein Unternehmen hat 1.000 Stück Fertigerzeugnisse mit einem Wert von 15,00 € pro Stück auf Lager, welche zu einem Preis von insgesamt 23.000 € abgesetzt werden. Die Wiederbeschaffungskosten betragen am Bilanzstichtag aber 18,40 € pro Stück = 18.400 €. Wie hoch ist hier der Gewinn oder Verlust, der ausgewiesen werden kann?

Lösung: Durch die Veräußerung der Ware hat sich ein Scheingewinn in Höhe von 8.000 € ergeben (23.000 € - 15.000 € = 8.000 €), durch die Preiserhöhung bzw. die Geldwertminderung ist aber substanziell ein Verlust von 3.400 € (18.400 € - 15.000 € = 3.400 €) entstanden.

3.5 Ausgewählte Posten des Anlagevermögens

Zum Anlagevermögen gehören alle Vermögensgegenstände, die dazu bestimmt sind, dauernd, d. h. in der Regel länger als 12 Monate dem Geschäftsbetrieb des Unternehmens zu dienen und die technische Betriebsbereitschaft zu sichern (§ 247 Abs. 2 HGB). Das Anlagevermögen besteht aus immateriellen Vermögensgegenständen, Sach- und Finanzanlagen.

3.5.1 Immaterielle Vermögensgegenstände

Diese sind nicht materiell, d. h., sie sind nicht körperlich fassbar, und stellen keine finanziellen Vermögensgegenstände dar. Es handelt sich bei ihnen überwiegend um Wissen, Rechte, rechtsähnliche Werte und sonstige Vorteile; siehe folgende Abbildung:

Rechte	rechtsähnliche Werte	sonstige Vorteile
• Markenrechte • Patente • Gebrauchsmuster • Urheberrechte • Lizenzen	• Nutzungsrechte • Konzessionen • Wettbewerbsrechte • Vertriebsrechte • Vorkaufsrechte	• Geheimverfahren • Fertigungsverfahren

Abb. 3.5: Beispiele für immaterielle Vermögensgegenstände

Bei den immateriellen Vermögensgegenständen besteht:

- eine Aktivierungs**pflicht** für **entgeltlich erworbene** immaterielle Vermögensgegenstände sowie für selbst geschaffenes immaterielles Umlaufvermögen, und
- ein Aktivierungs**wahlrecht** für **selbst geschaffene** immaterielle Vermögensgegenstände des **Anlage**vermögens (§ 248 Abs. 2 HGB), wenn sie einzeln verwertbar sind, sei es durch Veräußerung oder anderweitig (beispielsweise durch Verarbeitung, Verbrauch oder Nutzungsüberlassung[17]). Um eine Ausschüttung solcher Beträge auszuschließen, wurde in § 268 Abs. 8 HGB eine Ausschüttungssperre eingebaut, wonach das Volumen selbst erstellter immaterieller Vermögensgegenstände abzüglich der dafür gebildeten passiven latenten Steuern nicht ausschüttbar ist.

Für selbsterstelltes immaterielles Vermögen gilt gemäß §§ 248 und 255 Abs. 2a HGB Folgendes:

[17] Referentenentwurf zum Bilanzrechtsmodernisierungsgesetz.

Ansatzverbot für:

- Aufwendungen für die Gründung eines Unternehmens
- Aufwendungen für die Beschaffung des Eigenkapitals
- Aufwendungen für den Abschluss von Versicherungsverträgen
- selbst erstellte Marken, Drucktitel, Verlagsrechte, Kundenlisten, vergleichbare immaterielle Vermögensgegenstände des Anlagevermögens (§ 248 Abs. 2 Satz 2 HGB)
- Forschungs- und Vertriebskosten (§ 255 Abs. 2 Satz 4 HGB)
- Ausgaben, bei denen sich die Zwecke Forschung und Entwicklung nicht verlässlich voneinander unterscheiden lassen (§ 255 Abs. 2a Satz 4 HGB)

Ansatzpflicht für:

- entgeltlich erworbene immaterielle Rechte (z. B. Konzessionen, gewerbliche Schutzrechte)
- entgeltlich erworbenen Geschäfts- oder Firmenwert (§ 246 Abs. 1 Satz 4 HGB)
- selbst geschaffenes immaterielles Umlaufvermögen (z. B. Software zum Verkauf an Dritte bestimmt, Forschungstätigkeit im Auftrag nach Weisung und Rechnung Dritter)

Ansatzwahlrecht für:

- Ausgaben von Entwicklungskosten, d. h. Anwendung der Forschungsergebnisse

3.5.1.1 Selbst geschaffene gewerbliche Schutzrechte und ähnliche Rechte und Werte

Hierbei handelt es sich um immaterielle Vermögensgegenstände, die das Unternehmen nicht entgeltlich von Dritten erworben, sondern selbst hergestellt hat. Typische Beispiele für solche immateriellen Vermögensgegenstände sind selbst erstellte Entwicklungsprozesse, Produktionsverfahren und Software. Die Aktivierung beschränkt sich auf die angefallenen Herstellungsaufwendungen während der Entwicklungsphase. Kosten für die Forschung dürfen nach § 255 Abs. 2 Satz 4 HGB nicht aktiviert werden.

Oftmals sind Forschung und Entwicklung nur sehr schwer voneinander abzugrenzen, z. B. wenn Forschung und Entwicklung nicht nacheinander, sondern parallel laufen. Ist eine Unterscheidung zwischen Forschung- und Entwicklungskosten nicht möglich, besteht gemäß § 255 Abs. 2a Satz 4 HGB ein **Aktivierungsverbot**. Die angefallenen Kosten sind dann als Aufwendungen in der Gewinn- und Verlustrechnung erfolgswirksam zu verbuchen.

Merke

Handelsrechtlich besteht für selbst erstellte immaterielle Vermögensgegenstände des Anlagevermögens ein Aktivierungswahlrecht. Steuerrechtlich besteht aber ein Aktivierungsverbot.

Übungsaufgabe 3.2

Diese Aufgabe und die Lösung finden Sie online.

3.5.1.2 Entgeltlich erworbene Konzessionen, gewerbliche Schutzrechte und ähnliche Rechte und Werte sowie Lizenzen an solchen Rechten

Entgeltlich erworbene immaterielle Vermögensgegenstände sind Güter, die nicht vom Unternehmen selbst erstellt wurden, sondern durch Geld oder andere Tauschgeschäfte und Gegenleistungen angeschafft wurden.[18] Das betrifft nach § 266 Abs. 2 HGB vor allem entgeltlich erworbene Konzessionen, gewerbliche Schutzrechte und ähnliche Rechte und Werte:

- **Konzessionen** sind Genehmigungen von Behörden zur Ausübung eines konzessionspflichtigen Gewerbes oder zur Nutzung von öffentlichen Sachen, z. B. Mineralgewinnungs- und Bergbaurechte, Energieversorgungsrechte, Wassernutzungsrechte, Schankerlaubnis in Gaststätten und Verkehrskonzessionen etc.
- Die **gewerblichen Schutzrechte** und ähnliche Rechte und Werte schützen die technisch verwertbare geistige Leistung. Zu den gewerblichen Schutzrechten gehören z. B. Patente, Lizenzen, Urheberrechte, Nutzungsrechte, Warenzeichen, EDV-Software, ungeschützte Erfindungen, Know-how, Kundenkartei, Archive, Erfindungen, Rezepturen, Brenn- und Baurechte etc.

3.5.1.3 Geschäfts- oder Firmenwert

Beim **Geschäfts- oder Firmenwert** unterscheidet man zwischen zwei Arten: dem **derivativen** und dem **originären Geschäfts- oder Firmenwert**. Als **derivativ** wird der entgeltlich erworbene Geschäfts- oder Firmenwert (auch Goodwill genannt) bezeichnet. Er stellt die Differenz zwischen dem gezahlten Kaufpreis für ein Unternehmen und dessen Substanzwert dar.

Es besteht sowohl handels- als auch steuerrechtlich eine Aktivierungs**pflicht** für den **derivativen** Geschäfts- oder Firmenwert, der z. B. aus einem Unternehmenskauf oder einer Verschmelzung resultiert. Der derivative Geschäfts- oder Firmenwert wurde handelsrechtlich, im Wege einer Fiktion, zum zeitlich begrenzt nutzbaren Vermögensgegenstand erhoben, der zwingend zu aktivieren und planmäßig über seine individuelle betriebliche Nutzungsdauer abzuschreiben ist (§ 246 Abs. 1 Satz 4 HGB). Für die planmäßige Abschreibung besteht eine Nutzungsdauer von zehn Jahren, falls die Nutzungsdauer nicht zuverlässig bestimmt werden kann. Kapitalgesellschaften und haftungsbeschränkten Personengesellschaften haben in allen Fällen im Anhang die Abschreibungsdauer zu erläutern (§ 285 Nr. 13 HGB). Zusätzlich zur planmäßigen Abschreibung ist der derivative Geschäfts- oder Firmenwert, bei Vorliegen der entsprechenden Tatbestandsmerkmale, außerplanmäßig abzuschreiben. In Vorjahren vorgenommene außerplanmäßige Abschreibungen auf den derivativen Geschäfts- oder Firmenwert sind beizubehalten, auch wenn die Gründe für die Abschreibung nicht mehr bestehen (Wertaufholungsverbot gemäß § 253 Abs. 5 Satz 2 HGB).

In der **Steuerbilanz** besteht ebenfalls eine **Aktivierungspflicht**, aber der Abschreibungszeitraum beträgt exakt 15 Jahre. Wird der derivative Geschäfts- oder Firmenwert handelsrechtlich über einen kürzeren Zeitraum abgeschrieben als steuerlich, sind latente Steuern zu bilden.

Der vom Unternehmen selbstgeschaffene, sogenannte **originäre** Geschäfts- oder Firmenwert **darf nicht aktiviert** werden.

3.5.1.4 Geleistete Anzahlungen

Mit „geleisteten Anzahlungen" sind Vorauszahlungen für den Erwerb eines immateriellen Vermögensgegenstandes gemeint. Sie sind in einem gesonderten Bilanzposten auszuweisen, obwohl sie Forderungen gegenüber dem Lieferanten oder Geschäftspartner darstellen. Diese spezielle Aufteilung dient einer besseren Übersicht. Sobald die immateriellen Gegenstände auf das Unternehmen übergegangen sind, findet eine Umbuchung von den geleisteten Anzahlungen auf das jeweilige andere Vermögenskonto statt.

---

[18] Vgl. Federmann, R. u. Müller, S.: Bilanzierung nach Handelsrecht, Steuerrecht und IFRS, 2018, S. 331 ff.

3.5.2 Sachanlagen

Sachanlagen sind physisch greifbare Vermögensgegenstände, die entweder keiner ständigen Wertminderung unterliegen (z. B. Grundstücke) oder deren Werte durch Nutzung und im Zeitablauf kontinuierlich abnehmen (z. B. Maschinen, Fahrzeuge, Gebäude und BGA).

3.5.2.1 Grundstücke, grundstücksgleiche Rechte und Bauten einschl. der Bauten auf fremden Grundstücken

Dieser Posten umfasst die unbeweglichen Sachanlagen. Steuerrechtlich spricht man vom Posten des Grund und Bodens. Dazu gehören:

- **Grundstücke:** Hier ist eine festgelegte Fläche des Grund und Bodens gemeint. Man unterscheidet zwischen bebautem und unbebautem Grund und Boden, der im Eigentum des Unternehmens steht. Grundstücke gehören zu den nicht abnutzbaren Vermögensgegenständen, weshalb sie keiner planmäßigen Abschreibung unterliegen.
- **Grundstücksgleiche Rechte:** Dies sind dingliche Rechte, die im BGB den Vorschriften über Grundstücke unterliegen[19], wie z. B. Erbbaurecht, Bergwerkseigentum, Dauerwohn- und Nutzungsrecht.
- **Bauten:** Zu den Bauten zählen Gebäude und (unselbstständige) Gebäudeteile, die in einem einheitlichen Nutzungszusammenhang mit dem Gebäude stehen, wie z. B. Heizungs-, Beleuchtungs-, Lüftungsanlagen, Zuleitungen, Rolltreppen, Installationen (wenn sie wirtschaftlich als Teil des Gebäudes anzusehen sind und keine Betriebsvorrichtungen darstellen).
- **Andere Bauten:** Sie dienen besonderen Zwecken und sind gesondert zu aktivieren, wie z. B. Straßen, Parkplätze, Brücken, Eisenbahnanlagen, Hafenanlagen etc.
- **Bauten auf fremden Grundstücken:** wenn die Bebauung auf einem gemieteten bzw. gepachteten Grundstück erfolgt.

3.5.2.2 Technische Anlagen und Maschinen

Der nächste Posten der Sachanlagen heißt **technische Anlagen und Maschinen**. Dieser umfasst „diejenigen Vermögensgegenstände des Anlagevermögens, die unmittelbar dem betrieblichen Leistungserstellungsprozess dienen."[20] D. h. diese Vermögensgegenstände werden für den Produktionsprozess benötigt. Sie können wie folgt unterschieden werden:

- **Technische Anlagen:** z. B. Hochöfen, Tanks, Anlagen der chemischen Industrie, Kraftwerke, Transportanlagen, Krananlagen etc.
- **Maschinen:** z. B. Werkzeugmaschinen, Bohr-, Dreh-, Fräs-, Schleif- und Stanzmaschinen, Setz- und Druckmaschinen, Bagger, Arbeitsbühnen etc.

3.5.2.3 Andere Anlagen, Betriebs- und Geschäftsausstattung

Zu unterscheiden von den vorherigen beiden Posten ist der Posten der **anderen Anlagen, Betriebs- und Geschäftsausstattung.** Er kann wie folgt differenziert werden:

- **Andere Anlagen:** Sammelposten für Sachanlagen, die nicht eindeutig einem anderen Posten zuzuordnen sind, wie z. B. Telefon-, Überwachungsanlagen, Feuerlöscheinrichtungen etc.
- **Betriebs- und Geschäftsausstattung:** Dies betrifft Vermögensgegenstände, die in erster Linie der Verwaltung und dem Vertrieb dienen, wie z. B. Büro- und Lagereinrichtung, Fuhrpark, Kantinen, geringwertige Wirtschaftsgüter etc.

---

[19] Baetge, J. et al.: Bilanzen, 2021, S. 241.

[20] ebd., S. 242.

3.5.2.4 Geleistete Anzahlungen und Anlagen im Bau

Anzahlungen, die ein Unternehmer auf Sachanlagen leistet, werden auf dem Konto „Geleistete Anzahlungen auf Sachanlagen" gebucht und in der Bilanz unter dem Posten „Geleistete Anzahlungen und Anlagen im Bau" separat ausgewiesen.

- **Geleistete Anzahlungen** sind Vorleistungen auf eine vom anderen Vertragsteil zu erbringende Lieferung/Leistung, deren Lieferung bis zum Bilanzstichtag noch nicht erfolgt ist. Hier liegt ein schwebendes Geschäft vor, das erfolgsneutral ausgewiesen wird.
- Der Bilanzposten **„Anlagen im Bau"** enthält sämtliche (aktivierungsfähige) Aufwendungen für Eigen- und Fremdleistungen, die zum Bilanzstichtag für unvollendete und damit noch nicht nutzbare Sachanlagegüter angefallen sind.

Die Anzahlungen sind mit den tatsächlich geleisteten Beträgen und die Anlagen im Bau sind mit den Anschaffungs- oder Herstellungskosten anzusetzen.

3.5.3 Finanzanlagen

Finanzanlagen sind Anteile an verbundenen Unternehmen, Beteiligungen an Unternehmen und Ausleihungen (z. B. Darlehens- und Hypothekenforderungen), die von langfristiger Natur sind und nicht nur vorübergehend gehalten bzw. gewährt werden sollen, sowie Wertpapiere des Anlagevermögens.

Die Finanzanlagen lassen sich in die Anteilsfinanzierung und die Darlehensfinanzierung aufteilen. Bei der **Anteilsfinanzierung** ist das Unternehmen Anteilseigner, d. h. das investierte Kapital wird im anderen Unternehmen, an dem eine Beteiligung gehalten wird, als Eigenkapital aufgeführt. Dies kommt bei Anteilen, Beteiligungen und Wertpapieren vor. Handelt es sich bei der Investition um Ausleihungen, spricht man von einer **Darlehensfinanzierung.** Dabei wird das investierte Kapital in dem nehmenden Unternehmen als Fremdkapital ausgewiesen.[21]

Die Finanzanlagen können wie folgt aufgeteilt werden:

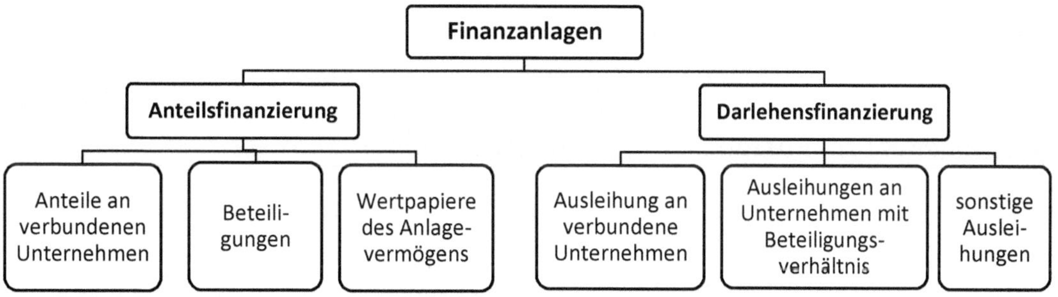

Abb. 3.6: Aufteilung der Finanzanlagen des Anlagevermögens

3.5.3.1 Anteile an verbundenen Unternehmen

Verbundene Unternehmen im Sinn des HGB sind solche Unternehmen, die zwar rechtlich selbstständig sind, aber im Verhältnis einer Mutter- und Tochtergesellschaft zueinanderstehen. Sie sind gemäß § 290 HGB in den Konzernabschluss einzubeziehen.

---

[21] Vgl. Wehrheim, M. & Renz, A.: Die Handels- und Steuerbilanz, 2011, S. 40.

3.5.3.2 Ausleihungen an verbundene Unternehmen

Sie stellen langfristige Finanzforderungen (i. d. R. über eine Dauer von mindestens 12 Monaten) gegenüber verbundenen Unternehmen dar. Bei den Ausleihungen an verbundene Unternehmen kann sich die Forderung sowohl von der Tochtergesellschaft an die Muttergesellschaft als auch von der Muttergesellschaft an die Tochtergesellschaft richten.[22]

3.5.3.3 Beteiligungen

Beteiligungen sind Anteile an Unternehmen, die die Voraussetzungen des § 271 Abs. 1 HGB, nicht aber die des § 271 Abs. 2 HGB erfüllen. Nach § 271 Abs. 1 HGB sind Beteiligungen Anteile, bei denen die wirtschaftliche und nicht die rein finanzielle Verbindung im Vordergrund steht. Wenn die Anteile 20 % des Nennkapitals einer Kapitalgesellschaft überschreiten, geht man von einer Beteiligung aus. Allerdings gilt, dass die Anteilsrechte des Nennkapitals jedoch nicht mehr als 50 % (da es sich sonst um ein verbundenes Unternehmen handeln würde) betragen dürfen, damit eine Beteiligung an einer Kapitalgesellschaft besteht.

3.5.3.4 Ausleihungen an Beteiligungsunternehmen

Der vierte Posten der Finanzanlagen heißt **Ausleihungen an Unternehmen, mit denen ein Beteiligungsverhältnis besteht**. Dabei handelt es sich um langfristige Finanzforderungen gegenüber den oben beschriebenen Beteiligungsunternehmen.

3.5.3.5 Wertpapiere des Anlagevermögens

Bei den Wertpapieren des Anlagevermögens handelt es sich um eine langfristige Kapitalanlage. In der Regel dürfen die Anteile an anderen Unternehmen 20 % nicht übersteigen, damit sie den Wertpapieren des Anlagevermögens zugeordnet werden können. Als Beispiele können Aktien, Anleihen, Pfandbriefe, Wandelschuldverschreibungen, Investmentanteile oder Zero Bonds genannt werden.

3.5.3.6 Sonstige Ausleihungen

Dies sind langfristige Kapitalüberlassungen an Dritte in Form von Darlehen oder Krediten. Das bilanzierende Unternehmen ist Gläubiger einer Finanzforderung mit einer Mindestlaufzeit von mehr als einem Jahr.

3.6 Ausgewählte Posten des Umlaufvermögens

Das Umlaufvermögen umfasst alles, was nicht zum Anlagevermögen, zu den aktiven Rechnungsabgrenzungsposten, den aktiven latenten Steuern und dem aktiven Unterschiedsbetrag aus der Vermögensrechnung zählt. Unter dem Umlaufvermögen werden alle Vermögensgegenstände erfasst, die nur kurz im Unternehmen verbleiben. Es erfolgt die Erläuterung der einzelnen Posten des Umlaufvermögens.

3.6.1 Vorräte

Unter Vorräten werden die Lagerbestände verstanden; sie umfassen:

- **Roh-, Hilfs- und Betriebsstoffe:** Fremdbezogene, unverarbeitete Stoffe, die mittel- oder unmittelbar in Erzeugnisse eingehen. Rohstoffe stellen die Hauptbestandteile (z. B. Blech, Glas, Holz, Kunststoff), Hilfsstoffe die Nebenbestandteile (z. B. Farbe, Nägel, Schrauben, Kleber) dar.

---

[22] Vgl. Wehrheim, M. & Renz, A.: Die Handels- und Steuerbilanz, 2011, S. 41.

Betriebsstoffe sind kein Bestandteil der Erzeugnisse (z. B. Strom, Kühlmittel, Schmierstoffe etc.), sondern werden bei der Herstellung verbraucht.

- **Unfertige Erzeugnisse:** Vermögensgegenstände, die sich im Produktionsprozess befinden, noch nicht verkaufsfähig sind, aber bereits Aufwendungen (Fertigungs-, Materialkosten etc.) verursacht haben.
- **Unfertige Leistungen:** Aufträge, die sich bei Dienstleistungsunternehmen in Bearbeitung befinden und vom Kunden noch nicht abgenommen wurden.
- **Fertige Erzeugnisse:** Selbst erstellte, versandfertige Vermögensgegenstände, die den Produktionsprozess schon vollständig durchlaufen haben.
- **Waren (Handelswaren):** Fremdbezogene Vorräte, die ohne wesentliche Be- bzw. Verarbeitung zum Verkauf bestimmt sind.
- **Geleistete Anzahlungen:** Vorleistung auf eine, vom anderen Vertragsteil, zu erbringende Leistung, d. h. die Lieferung ist bis zum Bilanzstichtag vom Lieferanten noch nicht erfolgt.

3.6.2 Forderungen und sonstige Vermögensgegenstände

Eine Forderung entsteht grundsätzlich, wenn die geschuldete Leistung erbracht und die Abrechnungsfähigkeit gegeben sind. Sie erlischt bei Erfüllung, Aufrechnung, Erlass, Verkauf (Factoring), befreiender Schuldübernahme und Novation (Schuldumwandlung).

- **Forderungen aus Lieferungen und Leistungen**: Unter diesem Posten werden all jene Forderungen zusammengefasst, die aus der Umsatztätigkeit des Unternehmens resultieren. Bewertet werden die Forderungen aLuL zu ihren Anschaffungskosten inkl. der Umsatzsteuer, jedoch nach Abzug von Rabatten, Gutschriften oder sonstigen Preisnachlässen.
- **Sonstige Vermögensgegenstände**: Dieser Sammelposten enthält alle Vermögensgegenstände eines Unternehmens, die sich keinem anderen Posten zuordnen lassen, wie z. B. Lohn- und Gehaltsvorschüsse, Kautionen, Steuererstattungsansprüche, Ansprüche auf Zulagen/Zuschüsse, Schadenersatzansprüche, Personaldarlehen und Ansprüche auf Boni.

3.6.3 Wertpapiere

Zu den Wertpapieren des Umlaufvermögens gehören alle Wertpapiere, die nicht im Anlagevermögen enthalten sind. Wertpapiere des Umlaufvermögens gehören zu den kurzfristigen Finanzanlagen, die jederzeit veräußert werden können. Es wird unterschieden zwischen:

- **Anteile an verbundenen Unternehmen**: Zum Umlaufvermögen gehören solche Anteile nur dann, wenn nur eine kurzfristige Anlage geplant ist.
- **Sonstige Wertpapiere**: Alle Wertpapiere, von denen ein Ausweis an anderer Stelle nicht möglich ist.

3.6.4 Kassenbestand, Bundesbankguthaben, Guthaben bei Kreditinstituten und Schecks

Dies sind die flüssigen Mittel. Der Kassenbestand und die Bankguthaben sind zum Nominalbetrag anzusetzen. Die Schecks sind wie Forderungen zu bewerten. Fremdwährungsbestände sind gemäß § 256a HGB mit dem Devisenkassamittelkurs am Bilanzstichtag umzurechnen. Die flüssigen Mittel können jederzeit in eine andere Vermögensform umgewandelt werden.

3.7 Aktive Rechnungsabgrenzungsposten

Unter der Position „**Rechnungsabgrenzungsposten**" sind nur sogenannte **transitorische Posten** auszuweisen und ausweispflichtig. Ein aktiver Rechnungsabgrenzungsposten wird gebildet, wenn Ausgaben vor dem Abschlussstichtag, Aufwendungen für eine bestimmte Zeit nach dem Abschlussstichtag darstellen (z. B. Miet-, Pachtvorauszahlung, Versicherungsprämie, Honorare und Gebühren etc., die im Voraus bezahlt wurden).

3.8 Aktive latente Steuern

Latente Steuern entstehen durch unterschiedliche handels- und steuerrechtliche Bilanzierung. Im Handelsrecht besteht für die aktiven latenten Steuern ein Aktivierungswahlrecht. Aktive latente Steuern stellen einen Vermögenswert dar, der auf einer Steuermehrzahlung beruht und eine zukünftige Steuerminderung hervorruft. Somit stellen aktive latente Steuern eine zukünftige Steuerentlastung dar, die in der Handelsbilanz berücksichtigt werden kann (Wahlrecht).

Aktive Steuerabgrenzung: Es erfolgt eine periodengerechte Berücksichtigung von Steueraufwand bei Bewertungsdifferenzen zwischen Handels- und Steuerbilanz. Wenn diese Differenzen in nachfolgenden Geschäftsjahren abnehmen und dadurch zu einer Steuerentlastung führen, kann die Entlastung als aktive latente Steuer bilanziert werden. Mögliche Ursachen für aktive latente Steuern sind:

- In der Handelsbilanz sind die Vermögensgegenstände niedriger bewertet als die Wirtschaftsgüter in der Steuerbilanz, bzw. Aktivposten sind in der Steuerbilanz, aber nicht in der Handelsbilanz angesetzt.
- In der Handelsbilanz sind Schulden höher bewertet als in der Steuerbilanz, bzw. Schulden sind in der Handelsbilanz, aber nicht in der Steuerbilanz angesetzt.
- Aktive latente Steuern sind aufzulösen, sobald die Steuerentlastung eintritt oder mit ihr nicht mehr zu rechnen ist.

3.9 Aktiver Unterschiedsbetrag aus der Vermögensverrechnung

Vermögensgegenstände, die ausschließlich der Erfüllung von Schulden aus Altersversorgungsverpflichtungen oder vergleichbaren langfristig fälligen Verpflichtungen dienen und dem Zugriff aller übrigen Gläubiger entzogen sind (§ 246 Abs. 2 HGB), werden mit dem Zeitwert bewertet. In der Bilanz ist der Nettowert der korrespondierenden Vermögensgegenstände und Schulden aus Altersvorsorgeverpflichtungen auszuweisen. Übersteigt der Wert des Vermögens die Schulden, verlangt § 246 Abs. 2 Satz 3 HGB i. V. m. § 266 Abs. 2 HGB den gesonderten Ausweis des Saldos als letzten Posten auf der Aktivseite der Bilanz unter der Bezeichnung „Aktiver Unterschiedsbetrag aus der Vermögensverrechnung".

Es werden die beizulegenden Zeitwerte der zur Absicherung der Ansprüche der Mitarbeiter dienenden Vermögensgegenstände mit den Werten der Altersversorgungsverpflichtungen (Rückstellungen) des Unternehmens gegenüber den Mitarbeitern saldiert. Ein aktiver Restbetrag aus der Verrechnung ist unter dem Posten „aktiver Unterschiedsbetrag aus der Vermögensverrechnung auszuweisen. Ein passiver Unterschiedsbetrag ist unter den Rückstellungen auszuweisen.[23]

3.10 Nicht durch Eigenkapital gedeckter Fehlbetrag

Ein **nicht durch Eigenkapital gedeckter Fehlbetrag** stellt einen rechnerischen Gegenposten zum Eigenkapital bei bilanzieller Überschuldung (§ 268 Abs. 3 HGB) dar. Dieser Posten entsteht, wenn das Eigenkapital durch Verluste aufgezehrt und vollständig vernichtet wurde. Es besteht im Handelsrecht die Pflicht zum Ausweis auf der Aktivseite am Ende der Bilanz.

---

[23] von Eitzen, B. & Zimmermann, M.: Bilanzierung nach HGB und IFRS, 2020, S. 153.

3.11 Ausgewählte Posten des Eigenkapitals

Das Eigenkapital ist die Differenz zwischen der Summe der Aktiva und der Summe der Schulden abzüglich der passiven Rechnungsabgrenzungsposten und der passiven latenten Steuern. Die Höhe des Eigenkapitals ergibt sich erst nach Ansatz und Bewertung der restlichen Bilanzposten.

Die Summe der finanziellen Mittel, die eine Unternehmung von ihren Eigentümern bzw. Anteilseignern ohne zeitliche Begrenzung zur Verfügung gestellt werden, stellt das Eigenkapital dar.

Bei einer **Kapitalgesellschaft** wird in dem **Gliederungsschema** der Bilanz (§ 266 Abs. 3 HGB) das Eigenkapital wie folgt zusammengefasst ausgewiesen:

A. Eigenkapital
   I. Gezeichnetes Kapital
   II. Kapitalrücklage
   III. Gewinnrücklagen
      1. gesetzliche Rücklage
      2. Rücklage für Anteile an einem herrschenden oder mehrheitlich beteiligten Unternehmen
      3. satzungsmäßige Rücklagen
      4. andere Gewinnrücklagen
   IV. Gewinnvortrag/Verlustvortrag
   V. Jahresüberschuss/Jahresfehlbetrag
   VI. Bilanzgewinn/Bilanzverlust, davon Ergebnisvortrag gemäß § 268 Abs. 1 HGB (als Alternative zu den Posten des Eigenkapitals A. IV. und A. V.)

3.11.1 Gezeichnetes Kapital

Unter dem Posten „**Gezeichnetes Kapital**" ist der Teil des Eigenkapitals einer Kapitalgesellschaft auszuweisen, zu dessen Einzahlung sich die Gesellschafter oder Mitglieder eines Unternehmens verpflichtet haben und auf den die Haftung für die Verbindlichkeiten des Unternehmens beschränkt ist (§ 272 Abs. 1 HGB). Dem **gezeichneten Kapital entsprechen**

- bei der AG das Grundkapital [= (Nennbetrag) × (Zahl der Anteile)],
- bei der GmbH das Stammkapital, und
- bei der Genossenschaft das Geschäftsguthaben der Genossen.

Das Grundkapital einer AG muss mindestens 50.000 € und das Stammkapital einer GmbH muss mindestens 25.000 € betragen. Nicht eingeforderte **ausstehende Einlagen** sind offen vom gezeichneten Kapital abzusetzen.

3.11.1.1 Ausstehende Einlagen

Die nicht eingeforderten ausstehenden Einlagen sind zwingend vom gezeichneten Kapital offen abzusetzen. In der Hauptspalte der Bilanz wird der verbleibende Betrag, das eingeforderte Kapital, unter dieser Bezeichnung ausgewiesen. Korrespondierend dazu ist der eingeforderte, aber noch nicht einbezahlte Betrag unter den Forderungen gesondert auszuweisen und entsprechend zu bezeichnen.

Beispiel: Ausstehende Einlagen

Von den ausstehenden Einlagen in Höhe von 700.000 € wurden 300.000 € eingefordert. Der folgende Bilanzausschnitt zeigt den Nettoausweis:

Aktiva		Eigenkapitalausweis gemäß § 272 Abs. 1 Satz 3 HGB (Nettoausweis)		Passiva
Forderungen und sonstige Vermögensgegenstände:		Eigenkapital		
		gezeichnetes Kapital	2.700 T€	
eingeforderte, noch nicht eingezahlte ausstehende Einlagen	300 T€	ausstehende nicht eingeforderte Einlagen	- 400 T€	
		eingefordertes Kapital		2.300 T€

3.11.1.2 Ausweis von eigenen Anteilen

Der Erwerb eigener Anteile stellt, wirtschaftlich betrachtet, eine Rückzahlung von Einlagen und damit eine Verringerung der Haftungssumme dar. Aus diesem Grund unterliegt dieser Erwerb bestimmten Restriktionen (z. B. ist er nach § 71 AktG auf 10 % des Grundkapitals beschränkt) und Ausweispflichten.[24]

Eigene Anteile werden in der Höhe des Nennwertes[25] oder des rechnerischen Wertes auf der Passivseite offen vom **gezeichneten Kapital** abgesetzt. Die Differenzen zu den Anschaffungskosten werden mit den frei verfügbaren Rücklagen verrechnet. Nebenkosten des Kaufes und der Veräußerung von eigenen Anteilen sind gemäß § 272 Abs. 1a Satz 3 HGB und § 272 Abs. 1b Satz 4 HGB unmittelbar erfolgswirksam zu behandeln.

Die Veräußerung der eigenen Anteile wird, im Gegenzug zum Erwerb der eigenen Anteile, als Kapitalerhöhung behandelt. Verbleibt nach Rückgängigmachung der Verrechnung mit den frei verfügbaren Rücklagen noch ein Differenzbetrag, ist dieser in die Kapitalrücklage einzustellen.

Beispiel: Eigene Anteile

Ein Unternehmen kauft eigene Anteile mit einem Nennwert von 100 T€, Kaufpreis 800 T€, Anschaffungsnebenkosten 8 T€, Veräußerungspreis 1.000 T€ abzüglich 1 % Transaktionskosten.

Bilanzielle Behandlung des Kaufs (in T€):

gez. Kapital (eigene Anteile)	100			
Gewinnrücklagen	700	an	Bank	800
sonstige Aufwendungen	8	an	Bank	8

Bilanzielle Behandlung der späteren Veräußerung (in T€):

Bank	990			
sonstige Aufwendungen	10	an	gezeichnetes Kapital	100
		an	Gewinnrücklagen	700
		an	Kapitalrücklage	200

3.11.2 Offene Rücklagen

Die offenen Rücklagen unterscheiden sich in:

- Kapitalrücklage (Zuführung nicht erwirtschafteter Beträge von außen) und
- Gewinnrücklagen (Zuführung erwirtschafteter Beträge von innen)

[24] Hahn, K.: BilMoG Kompakt, 2009, S. 77.

[25] Vgl. Küting, K.; Pfitzer, N. & Weber, C.-P.: Das neue deutsche Bilanzrecht, 2009, S. 27.

3.11.2.1 Kapitalrücklage

Als **Kapitalrücklage** sind im Einzelnen auszuweisen (§ 272 Abs. 2 HGB):

- Beträge, die bei der Ausgabe von Anteilen über den Nennbetrag hinaus erzielt wurden (§ 272 Abs. 2 Nr. 1 HGB) (also die Differenz von Emissionskurs und Nennwert = Agio).
- Zuweisung von Agio-Beträgen bei der Emission (Ausgabe) von Wandel- und Optionsschuldverschreibungen über ihrem Rückzahlungsbetrag.
- Zuzahlungen, die Gesellschafter gegen Gewährung eines Vorzugs für ihre Anteile leisten (**Zuzahlung von Gesellschaftern für Vorzugsrechte**);
- andere Zuzahlungen, die Gesellschafter in das Eigenkapital leisten (Zahlungen bei Sanierungen, Nachschüsse bei der GmbH).

Beispiel: Einstellung in die Kapitalrücklage

Die expandierende aim-AG erhöht ihr gezeichnetes Kapital um 200.000 € durch Ausgabe junger (neuer) Aktien. Für die Ausgabe der jungen Aktien (=Emission) schreibt die Bank der aim-AG 300.000 € (Ausgabekurswert) gut.

Das **Aufgeld** (**Agio** bei Aktienausgabe) in Höhe von 100.000 € ist der Kapitalrücklage zuzuführen und wie folgt zu buchen.

Buchungssatz:

Bank	300.000	an	gezeichnetes Kapital	200.000
		an	Kapitalrücklage	100.000

Für welche Zwecke kann die Kapitalrücklage verwendet werden?

- Zum Ausgleich eines Jahresfehlbetrags/Verlustvortrags, sofern dieser nicht durch Auflösung anderer Gewinnrücklagen gedeckt werden kann (§ 150 Abs. 3 AktG).
- Umwandlung in Grundkapital durch Gewährung von Berichtigungsaktien (Kapitalerhöhung aus Gesellschaftsmitteln), falls gesetzliche Rücklage und Kapitalrücklage zusammen 10 % des gezeichneten Kapitals übersteigen (§ 150 Abs. 4 Nr. 3 AktG).

Beispiel: Kapitalerhöhung aus Gesellschaftsmitteln bei der Patrizia AG

Augsburg, 10. Juli 2014 – Die ordentliche Hauptversammlung der PATRIZIA Immobilien AG (ISIN DE000PAT1AG3) vom 27. Juni 2014 hat beschlossen, das Grundkapital der Gesellschaft aus Gesellschaftsmitteln von 63.077.300,00 Euro um 6.307.730,00 Euro auf 69.385.030,00 Euro nach den Vorschriften der §§ 207 ff. AktG zu erhöhen. Die Kapitalerhöhung erfolgt durch Umwandlung eines Teilbetrags in Höhe von 6.307.730,00 Euro der in der Jahresbilanz der Gesellschaft zum 31. Dezember 2013 ausgewiesenen Kapitalrücklage in Grundkapital. Die Kapitalerhöhung wird durch Ausgabe von 6.307.730 neuen auf den Namen lautenden Stückaktien (Berichtigungsaktien) mit einem rechnerischen Anteil am Grundkapital von 1,00 Euro je Aktie durchgeführt, die an die Aktionäre der PATRIZIA Immobilien AG im Verhältnis 10:1 ausgegeben werden. Die neuen Aktien sind ab dem 1. Januar 2014 gewinnberechtigt. Die entsprechende Satzungsänderung ist am 3. Juli 2014 in das Handelsregister der Gesellschaft beim Amtsgericht Augsburg eingetragen und damit wirksam geworden. Das Grundkapital der Gesellschaft beträgt nunmehr 69.385.030,00 Euro und ist eingeteilt in 69.385.030 auf den Namen lautende Stückaktien. Die Transaktion wird von der VEM Aktienbank AG, München, begleitet.

3.11.2.2 Gewinnrücklagen

In den Gewinnrücklagen werden die kumulierten thesaurierten (einbehaltenen) Gewinne nach Steuern, die im laufenden Geschäftsjahr oder in früheren Geschäftsjahren gebildet wurden, eingestellt. Dabei wird unterschieden zwischen:

- **gesetzliche Rücklage** bei der AG: Gemäß § 150 Abs. 2 AktG sind in die gesetzliche Rücklage so lange 5 % des Jahresüberschusses einzustellen, bis diese zusammen mit der Kapitalrücklage 10 % des Grundkapitals erreicht hat. Ist aus den Vorjahren ein Verlustvortrag vorhanden, ist der Jahresüberschuss vor Verwendung entsprechend zu kürzen.
- **gesetzliche Rücklage** bei der Unternehmergesellschaft (haftungsbeschränkt): Es sind 25 % des, um einen Verlustvortrag aus dem Vorjahr gemilderten, Jahresüberschusses einzustellen, bis das Stammkapital einer GmbH nach § 5 GmbHG von mindestens 25.000 € erreicht ist.
- **Rücklage für Anteile an einem herrschenden oder mehrheitlich beteiligten Unternehmen:** Für diese Anteile ist eine Rücklage zu bilden. In die Rücklage ist ein Betrag einzustellen, der dem auf der Aktivseite der Bilanz für diese Anteile entspricht.
- **satzungsmäßige Rücklagen:** Wird die Rücklagenbildung durch die Satzung einer AG oder den Gesellschaftsvertrag einer GmbH bestimmt, so handelt es sich um satzungsmäßige Rücklagen. Es können den satzungsmäßigen Rücklagen bestimmte Beträge aus dem Jahresüberschuss zugeführt werden.
- **andere Gewinnrücklagen:** Dies ist der Sammelposten all jener Rücklagen, die aus dem Jahresüberschuss ohne gesonderten Bilanzausweis eingestellt werden.

Gesetzliche Rücklagen sind Rücklagen, die gesetzlich vorgeschrieben sind. In die **gesetzliche Rücklage einer AG oder einer KGaA sind jährlich einzustellen 5 %** des ggf. um einen Verlustvortrag des Vorjahres geminderten Jahresüberschusses, **bis die gesetzliche Rücklage und die Kapitalrücklage zusammen 10 %** des Grundkapitals erreichen (§ 150 Abs. 2 AktG).

Beispiel: Einstellung in die gesetzliche Rücklage

Die Dienstleistungs-AG hat ein Grundkapital von 5.000.000 €. Die gesetzliche Rücklage einschließlich Kapitalrücklage beträgt am Schluss des Vorjahres 300.000 €. Im abgelaufenen Geschäftsjahr haben die Erträge 20.000.000 € und die Aufwendungen 19.000.000 € betragen.

Es ist ein Verlust aus dem Vorjahr von 200.000 € vorhanden.

Berechnung der Einstellung der gesetzlichen Rücklage:

	Erträge	20.000.000 €
-	Aufwendungen	- 19.000.000 €
=	Jahresüberschuss	= 1.000.000 €
-	Verlustvortrag	- 200.000 €
=	Berechnungsgrundlage	= 800.000 €
	davon 5 % = Einstellung in die gesetzliche Rücklage	= 40.000 €

Diese **40.000 €** sind in die gesetzliche Rücklage einzustellen, da die bisher gebildete gesetzliche Rücklage den zehnten Teil des Grundkapitals noch nicht erreicht hat.

3.11.2.3 Gewinn-/Verlustvortrag

Unter diesem Posten werden nicht verwendete Gewinne oder nicht ausgeglichene Verluste aus den Vorjahren vorgetragen. Falls das Vorjahr mit einem Verlust abgeschlossen wurde, wird dieser Verlust unter dem Posten „Verlustvortrag" ausgewiesen. Im Falle eines nicht komplett ausgeschütteten

Bilanzgewinns im Vorjahr wird, in dem Posten „Gewinnvortrag", der Betrag aufgenommen, der nach einer Gewinnausschüttung bzw. Zuführung zu den Gewinnrücklagen übrig geblieben ist.

Der Gewinn-/Verlustvortrag wird wie folgt ermittelt:

	Jahresüberschuss/-fehlbetrag
+/-	Gewinnvortrag/Verlustvortrag aus dem Vorjahr
+	Entnahmen aus der Kapitalrücklage
+	Entnahmen aus den Gewinnrücklagen
-	Einstellung in die Gewinnrücklagen
-	auszuschüttender Betrag
=	**Gewinnvortrag/Verlustvortrag**

Diese **40.000 €** sind in die gesetzliche Rücklage einzustellen, da die bisher gebildete gesetzliche Rücklage den zehnten Teil des Grundkapitals noch nicht erreicht hat.

3.11.2.4 Jahresüberschuss/-fehlbetrag

Der Jahresüberschuss stellt den Gewinn des laufenden Geschäftsjahres nach Steuern vor der Gewinnausschüttung dar. Der Jahresfehlbetrag bildet den Verlust des laufenden Geschäftsjahres nach Steuern ab. Diese Posten erscheinen nur dann in der Bilanz, wenn diese vor Verwendung des Jahresergebnisses aufgestellt wird.

3.11.2.5 Bilanzergebnis (Bilanzgewinn/-verlust)

Die Mindestgliederungsschemata der GuV sowie der Bilanz nach HGB (§§ 275 Abs. 2 und 3 bzw. 266 Abs. 3 HGB) enthalten lediglich die Posten Jahresüberschuss bzw. -fehlbetrag. Sofern die Bilanz unter Berücksichtigung der teilweisen Ergebnisverwendung aufgestellt wird, werden die Posten „Jahresüberschuss/Jahresfehlbetrag" und „Gewinn-/Verlustvortrag" durch die Posten „Bilanzgewinn/Bilanzverlust" ersetzt.[26]

3.11.2.6 Ermittlung des Bilanzgewinns

Bei Aktiengesellschaften wird das Jahresergebnis nach Steuern in der Regel bereits **bei der Aufstellung der Bilanz** auf **Beschluss des Vorstandes** teilweise **verwendet** und ist in der GuV oder im Anhang darzustellen. Der Ausweis des **Bilanzgewinns** bedeutet, dass der Vorstand von seinem Recht Gebrauch gemacht hat, einen Teil des Jahresüberschusses (bei Aktiengesellschaften gemäß § 58 AktG bis zu 50 %) in die Rücklagen einzustellen. Der Rest wird „als Bilanzgewinn" der Hauptversammlung oder Gesellschafterversammlung zur Disposition gestellt, wobei oft ein Verwendungsvorschlag gemacht wird. Den zur Ausschüttung vorgesehenen Teil rechnet man den kurzfristigen Verbindlichkeiten zu. Im Übrigen stellt der Bilanzgewinn Eigenkapital dar.

Merke

Der Bilanzgewinn ist der Gewinn, der zur Ausschüttung zur Verfügung steht.

Der Bilanzverlust ist der Verlust, der das Eigenkapital reduziert, er wird als Korrekturposten mit negativem Vorzeichen ausgewiesen und wird in der nachfolgenden Periode als Verlustvortrag behandelt.

[26] Coenenberg, A. G. et al.: Jahresabschluss und Jahresabschlussanalyse, 2014, S. 592.

Der Bilanzgewinn wird wie folgt berechnet:

	Gewinnverwendung	**Kompetenzabgrenzung bei der AG**
	Jahresüberschuss/-fehlbetrag	gesetzlich oder satzungsmäßig bestimmte Beträge
+/-	Gewinn-/Verlustvortrag aus dem Vorjahr	
-	Einstellungen in die Gewinnrücklagen aufgrund von Gesetz und Satzung (§ 150 Abs. 2 AktG)	
+	Entnahmen der Kapitalrücklage[27]	Kompetenz von Vorstand und Aufsichtsrat vor Jahresabschlussfeststellung
+	Entnahmen aus den Gewinnrücklagen[28]	
-	Einstellungen in die Gewinnrücklagen (§ 58 Abs. 2 und 2a AktG)	
=	**Bilanzgewinn/-verlust**	Kompetenz der Hauptversammlung nach Jahresabschlussfeststellung
-	Einstellungen in die Gewinnrücklagen (§ 58 Abs. 3 AktG)	
-	Gewinnvortrag ins neue Jahr (§ 58 Abs. 3 AktG)	
=	**Ausschüttung**	

Abb. 3.7: Jahresüberschuss, Bilanzgewinn, Ausschüttung[29]

Nach § 158 Abs. 1 Satz 1 AktG sind dem Jahresergebnis der Gewinnvortrag aus dem Vorjahr und Entnahmen aus der Kapitalrücklage oder aus Gewinnrücklagen hinzuzurechnen, während der Verlustvortrag aus dem Vorjahr und Einstellungen in die Gewinnrücklagen abzuziehen sind. Somit errechnet sich das Bilanzergebnis nach folgendem Schema (§ 158 Abs. 1 Satz 1 AktG):

	Jahresüberschuss/Jahresfehlbetrag
-	Verlustvortrag (aus der Vorperiode)
=	**Bemessungsgrundlage 1**
-	Pflichteinstellung in die gesetzliche Rücklage (so lange 5 % von der positiven Bemessungsgrundlage 1, bis gesetzliche Rücklage und Kapitalrücklage zusammen 10 % des Grundkapitals erreicht haben)
=	korrigierter Jahresüberschuss: **Bemessungsgrundlage 2**
-	Einstellung in andere Gewinnrücklagen (max. 50 % der positiven Bemessungsgrundlage 2)
=	**Bemessungsgrundlage 3**
-	Einstellung in die Rücklage für Anteile an einem herrschenden oder mehrheitlich beteiligten Unternehmen
-	Einstellung in satzungsmäßige Rücklagen
=	**Bemessungsgrundlage 4**

27 Kapitalrücklagen umfassen das dem Unternehmen neben dem Nominalkapital von außen insbesondere durch das Aufgeld (Agio) bei der Ausgabe von Stammanteilen zugeführte Eigenkapital.

28 Gewinnrücklagen: Bei der AG sind 5 % des Jahresüberschusses in die Gewinnrücklagen auf das Konto „gesetzliche Rücklagen" einzustellen, bis die gesetzlichen Rücklagen zusammen mit den Kapitalrücklagen 10 % am Grundkapital erreichen. Darüber hinaus gibt es noch satzungsmäßige und andere Gewinnrücklagen.

29 Heyd, R.; Beyer, M. & Zorn, D.: Bilanzierung nach HGB, 2014, S. 107.

+	Gewinnvortrag (aus der Vorperiode)
+	Entnahme aus der Kapitalrücklage
+	Entnahmen aus den Gewinnrücklagen
=	**Bilanzgewinn/Bilanzverlust (Bilanzergebnis)**

Abb. 3.8: Ermittlung des Bilanzergebnisses

Beispiel: Berechnung des Bilanzgewinns

Die XY AG weist in der folgenden Gewinn- und Verlustrechnung (nach dem Gesamtkostenverfahren) einen Jahresüberschuss in Höhe von 1.700.000 € aus. Gemäß der Satzung beschließt der Vorstand der XY AG, 500.000 € in die Gewinnrücklagen einzustellen — es handelt sich um eine **teilweise Gewinnverwendung** (vom Jahresüberschuss von 1,7 Mio. € werden 500.000 € für Gewinnrücklagen verwendet).

Bilanzgewinn (Posten Nr. 19) in der GuV nach dem Gesamtkostenverfahren (Angaben in €)

	1.	Umsatzerlöse	12.000.000
+	2.	Bestandserhöhung an fertigen und unfertigen Erzeugnissen	+ 1.000.000
+	3.	andere aktivierte Eigenleistungen	+ 500.000
+	4.	sonstige betriebliche Erträge	+ 550.000
	5.	Materialaufwand	
-		a) Aufwendungen für Roh-, Hilfs- und Betriebsstoffe und für bezogene Waren	- 3.950.000
-		b) Aufwendungen für bezogene Leistungen	- 350.000
	6.	Personalaufwand	
-		a) Löhne und Gehälter	- 3.300.000
-		b) soziale Abgaben und Aufwendungen für Altersversorgung und für Unterstützung	- 1.000.000
	7.	Abschreibungen	
-		a) auf immaterielle Vermögensgegenstände des AV und Sachanlagen	- 1.200.000
-		b) auf Vermögensgegenstände des UV, soweit sie übliche Abschreibungen überschreiten	0
-	8.	Sonstige betriebliche Aufwendungen	- 1.900.000
=		**Betriebsergebnis (EBIT)**	**= 2.350.000**
+	9.	Erträge aus Beteiligungen	+ 300.000
+	10.	Erträge aus anderen Wertpapieren und Ausleihungen des Finanzanlagevermögens	+ 100.000
+	11.	sonstige Zinsen und ähnliche Erträge	+ 100.000
-	12.	Abschreibungen auf Finanzanlagen und auf Wertpapiere des Umlaufvermögens	- 50.000
-	13.	Zinsen und ähnliche Aufwendungen	- 600.000
=		**Finanzergebnis (9 bis 13)**	**- 150.000**
		Gesamtergebnis	**= 2.200.000**

+/-	14.	Steuern vom Einkommen und Ertrag	- 450.000
=	15.	**Ergebnis nach Steuern**	**= 1.750.000**
-	16.	Sonstige Steuern	- 50.000
=	**17.**	**Jahresüberschuss**	**= 1.700.000**
-	18.	Einstellung in die Gewinnrücklagen	- 500.000
=	**19.**	**Bilanzgewinn (17 bis 18)**	**= 1.200.000**

Weiter im Beispiel:

Über die Verwendung des verbleibenden Bilanzgewinns in Höhe von 1.200.000 € (z. B. Ausschüttung als Dividende an die Aktionäre oder Vortrag auf neue Rechnung) beschließt die Hauptversammlung in einem Gewinnverwendungsbeschluss. Liegt aus den Vorjahren noch ein Gewinnvortrag/Verlustvortrag vor, wäre dieser in die Berechnung und Überleitung des Bilanzgewinns einzubeziehen.

3.11.2.7 Die Problematik beim Bilanzgewinn

Der Bilanzgewinn ist einerseits für den Aktionär bedeutend, da er die Höhe der Dividende bestimmt. Andererseits sagt der Bilanzgewinn nichts über die Ertragskraft des Unternehmens aus. Der Bilanzgewinn kann, beispielsweise über Entnahmen aus den Gewinnrücklagen oder der Kapitalrücklage, ein negatives Jahresergebnis gut kaschieren, um so Aktionäre bei Laune zu halten (siehe Beispielrechnung unten). Ein gutes Beispiel hierfür ist die RWE AG, die ihren Aktionären für das Geschäftsjahr 2013, trotz eines negativen Nettoergebnisses in Höhe von -2.757 Mrd. €[30], eine Dividende von einem Euro je Aktien ausgeschüttet haben. Die RWE AG wies einen Bilanzgewinn in Höhe von 615 Mio. € aus.

Beispiel: Ausweis eines höheren Bilanzgewinns

Die ABC AG hat im vergangenen Geschäftsjahr einen Jahresüberschuss in Höhe von 30 Mio. € erwirtschaftet. Allerdings verfügt die ABC AG noch über einen Verlustvortrag in Höhe von 2 Mio. €. Damit den Aktionären wie in den vergangenen Jahren wieder eine Dividende in Höhe von 2 € je Aktie ausgeschüttet werden kann, muss der Bilanzgewinn 40 Mio. € betragen. Um einen Bilanzgewinn in Höhe von 40 Mio. € auszuweisen, entnimmt der Vorstand aus den Gewinnrücklagen 8 Mio. € und aus den Kapitalrücklagen noch weitere 4 Mio. €.

Der Bilanzgewinn in Höhe von 40 Mio. € wird wie folgt ermittelt:

	Jahresüberschuss	30 Mio. €
-	Verlustvortrag	- 2 Mio. €
+	Entnahme aus den Gewinnrücklagen	+ 8 Mio. €
+	Entnahme aus der Kapitalrücklage	+ 4 Mio. €
-	Einstellung in die Gewinnrücklagen	0 €
=	**Bilanzgewinn**	**= 40 Mio. €**

Der Bilanzgewinn der ABC AG in Höhe von 40 Mio. € liegt deutlich über dem Jahresüberschuss in Höhe von 30 Mio. €. Der Vorstand kann aufgrund der Entnahmen aus den offenen Rücklagen auf der Hauptversammlung einen Bilanzgewinn in Höhe von 40 Mio. € vorweisen. Auf der Hauptversammlung entscheiden die Aktionäre über die Verwendung des Bilanzgewinns. In der Regel erhalten die Aktionäre den Bilanzgewinn als Dividende.

[30] RWE: Geschäftsbericht 2013, 2014.

Beispiel: Buchung der Gewinnausschüttung bei einer Kapitalgesellschaft

Die Gesellschafter der IMTB GmbH beschließen im Geschäftsjahr 02 eine Gewinnausschüttung in Höhe von 500.000 €. Es handelt sich um den Gewinn, der aus dem Geschäftsjahr 01 vorgetragen wurde. Die Kapitalertragsteuer beträgt 25 %, d. h. 125.000 € zzgl. 5,5 % Solidaritätszuschlag in Höhe von 6.875 €. Es sind folgende Buchungen zu tätigen:

Buchungssatz bei Beschluss der Gewinnausschüttung:

Gewinnvortrag vor Verwendung	500.000	an	Verbindlichkeiten gegenüber Gesellschaftern für offene Ausschüttungen	368.125
		an	Verbindlichkeiten aus Einbehaltungen für offene Ausschüttungen	131.875

Buchungssatz bei Auszahlung an die Gesellschafter:

Verbindlichkeiten gegenüber Gesellschaftern für offene Ausschüttungen	368.125	an	Bank	368.125

Buchungssatz bei Zahlung der Kapitalertragsteuer und des Solidaritätszuschlags:

Verbindlichkeiten aus Einbehaltungen für offene Ausschüttungen	131.875	an	Bank	131.875

Übungsaufgaben 3.3, 3.4, 3.5 und 3.6

Alle Aufgaben und Lösungen finden Sie online.

Übungsaufgabe 3.7: Ergebnisverwendung

Das Eigenkapital der IMTM AG weist vor der Ergebnisverwendung folgende Posten aus. Der Jahresüberschuss aus dem abzuschließenden Geschäftsjahr beträgt 120 Mio. € und ist entsprechend der gesetzlichen Bestimmungen des § 150 Abs. 2 AktG zu verteilen.

	Eigenkapital	
I.	Gezeichnetes Kapital	500 Mio. €
II.	Kapitalrücklage	20 Mio. €
III.	Gewinnrücklagen	
	1. gesetzliche Rücklage	20 Mio. €
	4. andere Gewinnrücklagen	40 Mio. €
IV	Verlustvortrag	-40 Mio. €
V	Jahresüberschuss	120 Mio. €

Auf der Hauptversammlung soll über eine für das Folgejahr geplante Kapitalerhöhung entschieden werden, für die noch 60 Mio. € in die anderen Gewinnrücklagen einzustellen sind. Die Zuführung des Betrags in die Rücklagen ist entsprechend der Vorschriften des § 58 Abs. 1 AktG vorzunehmen.

Wie hoch ist der auszuweisende Bilanzgewinn?

Die Lösung finden Sie online.

3.11.3 Stille Rücklagen (stille Reserven)

Stille Rücklagen (Reserven) sind Rücklagen, die aus der Bilanz nicht ersichtlich sind. Sie können als **Zwangs-, Ermessens- und Willkürreserven** vorkommen.

- **Zwangsreserven** entstehen durch gesetzliche Bilanzierungs- und Bewertungsvorschriften (z. B. darf ein Vermögensgegenstand bei einem höheren Marktwert, wie bei Grundstücken oder Gebäuden) nicht über den Anschaffungs- oder Herstellungskosten bewertet werden).
- **Ermessensreserven** resultieren aus der Ausübung von Wahlrechten (z. B. Nichtaktivierung von Entwicklungskosten oder dem Wahlrecht zur außerplanmäßigen Abschreibung bei einer voraussichtlich vorübergehenden Wertminderung gemäß § 253 Abs. 2 Satz 2 HGB bei Finanzanlagen).
- **Unzulässig** sind **Willkürreserven.** Sie basieren auf Verstößen gegen Bilanzierungs- und Bewertungsnormen (z. B. Ansatz von Vermögensgegenständen mit Werten, die unter den zulässigen handelsrechtlichen Wertuntergrenzen liegen, oder Bildung unzulässig hoher Rückstellungen).

Stille Reserven stellen den positiven Unterschiedsbetrag zwischen dem tatsächlichen Wert eines Vermögensgegenstandes und seinem Bilanzwert dar. Sie entstehen durch Unterbewertung von Aktivposten (Vermögen) und Überbewertung von Passivposten (Schulden).

Beispiele für stille Reserven

a) Ein Unternehmer hat vor zehn Jahren ein unbebautes Grundstück gekauft. Die Anschaffungskosten betrugen 20.000 €. Heute hat das Grundstück infolge von Preissteigerungen einen Wert von 50.000 €. In der Bilanz darf das Grundstück nur mit den Anschaffungskosten von 20.000 € angesetzt werden. Die zwangsläufig gebildete stille Reserve beträgt 30.000 €.

b) Ein Unternehmen entscheidet sich für die Nichtaktivierung der selbstgeschaffenen immateriellen Vermögenswerte oder der Nichtaktivierung von geringwertigen Wirtschaftsgütern.

c) Ein Unternehmen wählt bei kontinuierlich steigenden Preisen für die Rohstoffe als Bewertungsmethode das Lifo-Verfahren. Dies bedeutet, dass die Bestände der vorhandenen Rohstoffe mit den ältesten, d. h. den niedrigeren Einkaufspreisen bewertet werden. Dadurch entstehen stille Reserven, da der tatsächliche Wert der Rohstoffe höher ist als die Rohstoffe in der Bilanz ausgewiesen sind.

3.12 Ausgewählte Posten des Fremdkapitals

Schulden stellen Fremdkapital dar. Das Fremdkapital wird von Dritten zur Verfügung gestellt. Diese haben Ansprüche auf Zahlungen jedoch ohne Beteiligungsrechte (z. B. Banken, Lieferanten, Inhaber von Anleihen). Das Fremdkapital setzt sich aus Rückstellungen und Verbindlichkeiten zusammen.

3.12.1 Rückstellungen

Rückstellungen sind Verpflichtungen eines Unternehmens, die am Abschlussstichtag zwar dem Grunde nach, aber hinsichtlich der Höhe und/oder des Fälligkeitszeitpunkts, noch nicht genau feststehen. Sie dienen der periodengerechten Erfolgsermittlung des Jahresabschlusses und stellen spätere Ausgaben dar, die bereits am Abschlussstichtag als Aufwand erfasst werden.

Grundsätzlich lassen sich Rückstellungen in zwei Arten unterscheiden. Rückstellungen aufgrund von **Außen**verpflichtungen und Rückstellungen aufgrund von **Innen**verpflichtungen.

3.12.1.1 Rückstellungsarten

- **Verbindlichkeitsrückstellungen**: Es besteht eine rechtliche oder faktische **Außenverpflichtung**, d. h. eine Inanspruchnahme ist wahrscheinlich und die rechtliche Entstehung bzw. wirtschaftliche Verursachung lag vor dem Bilanzstichtag (§ 249 Abs. 1 Satz 1, 2 und Nr. 2 HGB). Hierbei handelt es sich beispielsweise um Pensions-, Steuer-, Prozesskosten-, Kulanz-, Drohverlust- oder Garantierückstellungen.
  - **Drohverlustrückstellungen**: Antizipation von Verlusten aus schwebenden Geschäften (§ 249 Abs. 1 Satz 1 HGB; steuerlich nicht zulässig). Voraussetzungen wie bei Verbindlichkeitsrückstellung.
  - **Kulanzrückstellungen:** Sie sind zu bilden, wenn ein Unternehmen über die gesetzlichen Verpflichtungen hinaus freiwillig Gewährleistungen übernimmt.

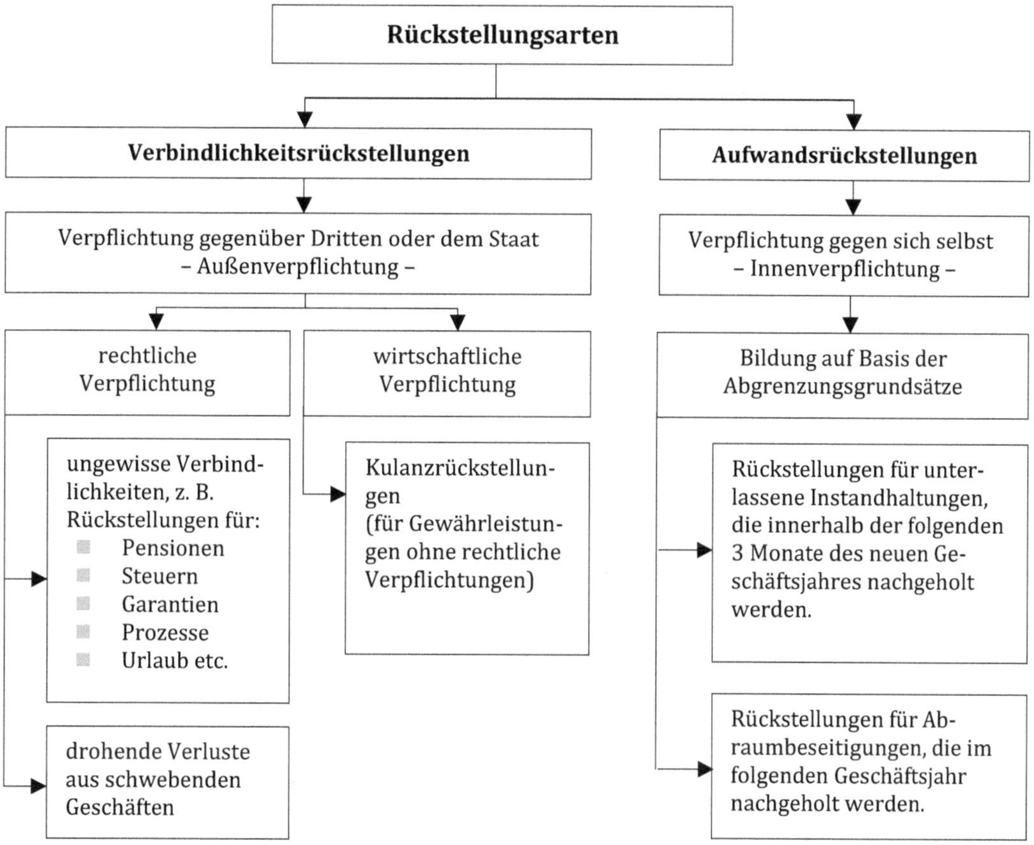

Abb. 3.9: Systematisierung der Rückstellungen nach Verpflichtungscharakter[31]

[31] Vgl. Coenenberg, A. G. et al.: Einführung in das Rechnungswesen, 2021, S. 420 und Baetge, J. et al.: Bilanzen, 2021, S. 428.

- **Aufwandsrückstellungen**: Hierbei handelt es sich um eine **Innenverpflichtung**, d. h. es besteht eine Schuld gegenüber sich selbst, welche als Aufwandsrückstellung bezeichnet wird. Hier hat der Gesetzgeber in § 249 Abs. 1 Nr. 1 HGB eine abschließende Vorschrift erlassen, für welche Arten der Innenverpflichtung Rückstellungen gebildet werden dürfen, z. B. für unterlassene Instandhaltung, die innerhalb der ersten drei Monate des folgenden Geschäftsjahres nachgeholt wird, oder für Abraumbeseitigung, die im folgenden Geschäftsjahr nachgeholt wird.

In Abbildung 3.9 wurden die Rückstellungen anhand ihres Verpflichtungscharakters systematisiert.

3.12.1.2 Ausweis der Rückstellungen in der Handelsbilanz

In dem § 264a HGB ist der bilanzielle Ausweis der Rückstellungen für Kapitalgesellschaften und haftungsbeschränkte Personengesellschaften (KapCoRiLiG, z. B. GmbH & Co. KG) geregelt. Demnach müssen die Rückstellungen nach § 266 Abs. 3 HGB in drei Unterposten ausgewiesen werden:

- Rückstellungen für Pensionen und ähnliche Verpflichtungen,
- Steuerrückstellungen und
- sonstige Rückstellungen.
- Auf den Posten der sonstigen Rückstellungen muss gemäß § 285 Nr. 12 HGB im Anhang näher eingegangen werden, soweit diese einen nicht unerheblichen Umfang haben. Kleine Kapitalgesellschaften und Kleinstkapitalgesellschaften können gemäß § 266 Abs. 1 Satz 3 HGB alle Rückstellungen unter einem Posten ausweisen und müssen diese auch nicht näher erläutern.

3.12.1.3 Beispiele: Häufige rückstellungspflichtige Sachverhalte

- **Pensionsrückstellungen**
  - Dies sind Rückstellungen für unmittelbare Versorgungsleistungen (Alters-, Invaliden- und Hinterbliebenenversorgung) gegenüber versorgungsberechtigten Arbeitnehmern. Pensionsverpflichtungen entstehen, wenn ein Unternehmen seinen Arbeitnehmern bzw. anderen Personen die Zusage auf einmalige (Kapitalzusage) oder wiederkehrende Geld- oder Sachleistungen (Rentenzusage) gibt, die ihnen nach Beendigung der Erwerbstätigkeit gewährt werden. Im Regelfall erfolgt die Rentenzahlung lebenslänglich bis zum Tode des Empfängers, sie kann aber auch befristet sein. Diese Rückstellungen können ebenso als Leistungen für die Versorgung bei Invalidität oder Hinterbliebenen angesehen werden, hauptsächlich beschränken sie sich aber auf die Altersversorgung.[32]
- **Steuerrückstellungen**
  - Die Höhe der Steuerrückstellung ergibt sich aus der Differenz zwischen der voraussichtlichen Jahressteuerschuld und den bis zum Abschlussstichtag schon geleisteten Vorauszahlungen.[33]
- Zu den **sonstigen Rückstellungen** gehören beispielsweise:
  - **Gratifikationen** (Tantiemen, Gewinnbeteiligungen): Diese sind rückstellungspflichtig, sofern vor dem Abschlussstichtag den Arbeitnehmern eine Erfolgsprämie zugesagt wurde. Die Erfolgsprämie ist z. B. an den Jahresüberschuss oder das EBIT geknüpft.
  - **Urlaub:** Häufig ist es nicht möglich, dass die Arbeitnehmer ihren Urlaub im laufenden Geschäftsjahr in Anspruch nehmen. Für die Verpflichtung des Arbeitgebers zur Gewährung von **bezahltem Alturlaub** im folgenden Geschäftsjahr ist eine Rückstellung zu bilden, da dem für diese Zeit gezahlten Gehalt **keine Arbeitsleistung** seitens des Arbeitnehmers **gegenübersteht**. Die Urlaubsrückstellungen sind in Höhe der zu zahlenden Lohn- und Gehaltsanteile einschließlich Sozialabgaben, Nebenverpflichtungen (Urlaubs- und Weihnachtsgeld, Altersversorgung etc.) zu bilden.

---

32 Vgl. § 1 Abs. 1 BetrAVG.

33 Bitz, M. et al.: Der Jahresabschluss, 2014, S. 446.

- **Überstunden:** Für diese Mehrstunden, die erst im folgenden Geschäftsjahr entweder abgebaut oder ausbezahlt werden, sind Rückstellungen für ungewisse Verbindlichkeiten zu bilden. Diese Rückstellungen sind genauso zu bewerten wie die Urlaubsrückstellungen.
- **Berufsgenossenschaftsbeiträge:** Für Unternehmen besteht gesetzlich die Verpflichtung zur Mitgliedschaft in der Berufsgenossenschaft. Die Jahresbeiträge bemessen sich nach den Jahresbruttoentgelten, die erst nach dem Abschlussstichtag feststehen und erst dann an den Versicherungsträger gemeldet werden können. Die Beiträge sind regelmäßig im Mai des folgenden Geschäftsjahres fällig. Die Rückstellung ist in Höhe der für das abgelaufene Geschäftsjahr zu leistende Beiträge zu bilden.
- **Jubiläumsaufwendungen:** Handelsrechtlich sind für sämtliche rechtsverbindlich zugesagten Leistungen des Arbeitgebers anlässlich von Dienstjubiläen der Arbeitnehmer Rückstellungen zu bilden. Dadurch wird der Aufwand für die Jubiläumsgeldzahlungen in die Jahre verlagert, in denen er wirtschaftlich verursacht wurde, d. h. in denen der Arbeitnehmer seine Arbeitsleistung erbracht hat. Die Jubiläumsgeldzahlung ist quasi ein nachträgliches Entgelt für geleistete Arbeit.
- **Freistellung und Ausscheiden von Mitarbeitern:** Vereinbaren Arbeitgeber und Arbeitnehmer vor dem Abschlussstichtag die Beendigung des Arbeitsverhältnisses, so können hieraus rückstellungspflichtige Sachverhalte resultieren. Eine im Folgejahr fällige **Abfindung** ist zurückzustellen. Wird ein Arbeitnehmer für eine **bestimmte Zeit im neuen Jahr** bis zum Ende des Arbeitsverhältnisses **von der Arbeitsleistung freigestellt**, so ist zum anderen für sämtliche auf diesen Zeitraum entfallenden Personalkosten (Lohn und Gehalt, Sozialversicherungsanteil des Arbeitgebers, anteiliges Urlaubs- und Weihnachtsgeld etc.) eine Rückstellung zu bilden.
- **Gewährleistung:** Beruht eine Garantieleistung auf einer **verbindlichen Zusage** gegenüber dem Kunden, so liegt eine rückstellungspflichtige Verpflichtung vor.
- **Kulanz:** Kulanzrückstellungen sind gemäß § 249 Abs. 1 Satz 2 Nr. 2 HGB zu bilden für Gewährleistungen, die ohne rechtliche Verpflichtungen erbracht werden.
- **Prozessrisiko und Prozesskosten:** Eine Rückstellung, bei der die tatsächliche Inanspruchnahme in der Regel ungewiss ist. Ihre Bildung steht nicht im Ermessen des Kaufmanns. Muss er nach den Verhältnissen am Abschlussstichtag damit rechnen, dass ein Kunde gegen ihn Schadensersatzansprüche geltend machen wird, so muss er eine Rückstellung bilden.
- **Buchführung und Jahresabschluss:** Der Jahresabschluss wird im Folgejahr aufgestellt und geprüft. Wegen der gesetzlichen Verpflichtung liegen hier der Höhe nach ungewisse Verbindlichkeiten vor, die zurückzustellen sind. Hierzu gehören die Kosten der Inventurdurchführung, die eigentlichen Abschlussarbeiten, Kosten des Abschlussprüfers sowie die Kosten der Veröffentlichung beim elektronischen Bundesanzeiger.
- **Ausstehende Rechnungen:** Rechnungen von Lieferanten für Wareneingänge vor dem Abschlussstichtag, die bis zum Buchungsschluss nicht vorliegen oder nicht mehr erfasst werden können, müssen entweder als Verbindlichkeit aus Lieferungen und Leistungen oder – sofern Ungewissheit bezüglich des Eingangs und/oder Höhe besteht – als Rückstellung für ungewisse Verbindlichkeit bilanziert werden.
- **Abbruchkosten:** Besteht eine vertragliche Verpflichtung zum Abbruch von Gebäuden auf fremdem Grund und Boden, ist eine Rückstellung für die voraussichtlichen Abbruchkosten zu bilden.
- **Instandhaltungs- und Abraumbeseitigungsrückstellungen:** Diese Aufwandsrückstellungen stellen eine Verpflichtung des Unternehmens gegen sich selbst dar. Handelsrechtlich besteht eine Bilanzierungspflicht, sofern die unterlassene Instandhaltung im folgenden Geschäftsjahr innerhalb von drei Monaten nachgeholt wird bzw. die Abraumbeseitigung im folgenden Geschäftsjahr vorgenommen wird (§ 249 Abs. 1 Satz 2 Nr. 1 HGB).

Übungsaufgabe 3.8

Diese Aufgabe und die Lösung finden Sie online.

3.12.2 Verbindlichkeiten

Verbindlichkeiten stellen sichere Verpflichtungen gegenüber Dritten dar, die sich vermögensmindernd auswirken, d. h. sie stehen der Höhe und dem Grunde nach fest.[34] Sie sind das Gegenstück zu den auf der Aktivseite ausgewiesenen Forderungen. Es besteht eine rechtliche oder faktische Außenverpflichtung gegenüber Dritten. Die rechtliche Entstehung oder wirtschaftliche Verursachung liegt vor dem Bilanzstichtag. Zusammen mit den Rückstellungen und dem passiven Rechnungsabgrenzungsposten bilden sie das Fremdkapital eines Unternehmens. Sie führen bei der bilanzierenden Einheit zu einer wirtschaftlichen Belastung. Zu den Verbindlichkeiten gehören beispielsweise:

- **Anleihen, davon konvertibel:** Es handelt sich hierbei um, vom Unternehmen auf dem Kapitalmarkt aufgenommene langfristige verbriefte Kredite (Schuldverschreibungen), Genussscheine (sofern das Genussrechtskapital Fremdkapital darstellt) und konvertible Schuldverschreibungen (z. B. Wandelanleihen und Optionsanleihen).
- **Verbindlichkeiten gegenüber Kreditinstituten:** Hierzu gehören sämtliche Verbindlichkeiten gegenüber inländischen und ausländischen Banken, sonstigen Kreditinstituten, Sparkassen und Bausparkassen. Es wird nur der in Anspruch genommene Betrag, nicht die eingeräumte Kreditlinie passiviert.
- **Erhaltene Anzahlungen auf Bestellungen:** Solange das bilanzierende Unternehmen seine Leistung noch nicht erbracht hat, sind die erhaltenen Beträge eines Kunden in Form einer Teilzahlung oder der Zahlung des Gesamtbetrags unter den „erhaltenen Anzahlungen auf Bestellungen" auszuweisen. Es besteht aber auch gemäß § 268 Abs. 5 Satz 2 HGB die Möglichkeit, die „erhaltenen Anzahlungen auf Bestellungen" offen von den Vorräten abzusetzen. Die erhaltenen Anzahlungen dienen der Vorfinanzierung und bilden zugleich eine Sicherheitsleistung.

Beispiel: Erhaltene Anzahlungen

Ein Bauunternehmen weist unter den unfertigen Erzeugnissen teilfertige Bauwerke in Höhe von 1.650.000 € aus. Aufgrund von Vorauszahlungsrechnungen hat das Bauunternehmen Anzahlungen in Höhe von 1.450.000 € erhalten, die es unter den Verbindlichkeiten ausweist. Jedoch hat das Bauunternehmen auch die Möglichkeit, die erhaltenen Anzahlungen mit den unfertigen Erzeugnissen zu saldieren. Bei Anwendung dieses Ausweiswahlrechts würde das Bauunternehmen unter den „unfertigen Erzeugnissen" nur 200.000 € ausweisen. Dies führt zu einer Verkürzung der Bilanzsumme.

- **Verbindlichkeiten aus Lieferungen und Leistungen:** Sie entstehen im Geschäftsverkehr mit Lieferanten als Verpflichtung zur Gegenleistung. Diese Verbindlichkeiten ergeben sich durch sogenannte Zielkäufe. Das bedeutet, dass der Lieferant seinen Abnehmern eine Zahlungsfrist (z. B. durch Überweisungen) gewährleistet. Die Verbindlichkeiten aLuL werden mit dem Bruttobetrag, d. h. inklusive Umsatzsteuer ausgewiesen.

---

[34] Wulf, I. & Müller, S.: Bilanztraining – Jahresabschluss, Ansatz und Bewertung, 2016, S. 263.

Beispiel: Verbindlichkeiten aus Lieferungen und Leistungen

Ein Automobilhersteller erhält von einem Lieferanten Rohmaterial im Wert von 100.000 € zzgl. 19 % USt. Die Zahlung erfolgt auf Rechnung mit einer Zahlungsfrist von 30 Tagen. In der Bilanz werden auf der Passivseite Verbindlichkeiten aLuL in Höhe von 119.000 € ausgewiesen.

- **Verbindlichkeiten aus der Annahme gezogener Wechsel und der Ausstellung eigener Wechsel:** Unter diesem Posten sind sämtliche Schuldwechsel auszuweisen, die das Unternehmen einerseits als Bezogener akzeptiert hat (sogenannte Tratten) und andererseits die vom Unternehmen selbst ausgestellten Wechsel (Solawechsel).
- **Verbindlichkeiten gegenüber verbundenen Unternehmen:** Gemäß § 271 Abs. 2 HGB sind „verbundene Unternehmen" Unternehmen, die als Mutter- oder Tochterunternehmen in den Konzernabschluss eines Mutterunternehmens einbezogen werden müssen. Aus Transparenzgründen sind sämtliche Verbindlichkeiten gegenüber verbundenen Unternehmen gesondert auszuweisen.

Beispiel: Verbindlichkeiten gegenüber verbundenen Unternehmen

Die Stein AG als Muttergesellschaft erhält Ende Dezember 01 Fertigerzeugnisse im Wert von brutto 11.900 € von der Tochtergesellschaft Kiesel GmbH. Wird die Rechnung erst im Jahr 02, also nach Bilanzstichtag, beglichen, muss die Stein AG in ihrer Bilanz zum 31.12.01 Verbindlichkeiten gegenüber verbundenen Unternehmen im Wert von 11.900 € ausweisen.

- Verbindlichkeiten gegenüber Unternehmen, mit denen ein Beteiligungsverhältnis besteht: Auch hier werden aus Transparenzgründen alle Verbindlichkeiten gegenüber Unternehmen, mit denen ein Beteiligungsverhältnis besteht, separat ausgewiesen.
- **Sonstige Verbindlichkeiten:** Zu diesem Sammelposten zählen alle bisher noch nicht auf gelisteten Verbindlichkeiten (gemäß § 266 Abs. 3 C. 1 bis 7 HGB). Sie umfassen insbesondere die beiden Unterposten „Verbindlichkeiten aus Steuern" und „Verbindlichkeiten im Rahmen der sozialen Sicherheit". Im erstgenannten Unterposten werden alle noch zu tätigenden Steuerzahlungen erfasst. Der zweite Unterposten beinhaltet Sozialversicherungsbeiträge und Verbindlichkeiten für betriebliche Pensionen, soweit diese nicht in den Rückstellungen erfasst sind. Beispiele für sonstige Verbindlichkeiten sind die Lohnsteuer, Umsatzsteuer, einbehaltene – noch nicht abgeführte – Sozialabgaben, rückständige Löhne, Gehälter, Tantiemen, Steuerschulden von Kapitalgesellschaften.

3.13 Passive Rechnungsabgrenzungsposten

Sie dienen der periodengerechten Erfolgsermittlung. Passive Rechnungsabgrenzungsposten sind für Einzahlungen (Einnahmen) vor dem Abschlussstichtag zu bilden, die einen Ertrag für eine bestimmte Zeit nach diesem Tag darstellen (z. B. Miete, Pacht; § 250 Abs. 2 HGB).

Beispiel: Mietvorauszahlung

Ein Vermieter erhält für eine vermietete Immobilie im November 01 die Halbjahresmiete in Höhe von 12.000 € für sechs Monate im Voraus. Die Mietzahlungen (Mieterträge) für die Monate November 01 und Dezember 01 betreffen das Abschlussjahr 01 in Höhe von 4.000 €. Dagegen entfallen 8.000 € für die Monate Januar 02, Februar 02, März 02 und April 02 auf das nächste Geschäftsjahr 02. Daher muss zum 31.12.01 ein passiver Rechnungsabgrenzungsposten in Höhe von 8.000 € (4/6 von 12.000 €) gebildet werden.

3.14 Passive latente Steuern

Sie ergeben sich aus Bewertungsdifferenzen zwischen der Handels- und der Steuerbilanz. Wenn der spätere Abbau der Differenzen zu Steuerbelastungen führt, müssen diese Differenzen als passive latente Steuern bilanziert werden. Passive latente Steuern stellen Verbindlichkeiten gegenüber dem Finanzamt dar und sind daher als zukünftig zu zahlende Steuern zu betrachten.

Weitere Details siehe Kapitel 6 „Bilanzierung und Bewertung von latenten Steuern".

Übungsaufgabe 3.9

Diese Aufgabe und die Lösung finden Sie online.

Eigene Notizen

Schritt 4: Grundlagen der Bilanzierung

Lernziele

In diesem Kapitel lernen Sie die Bilanzierung und Bewertung des Anlage- und Umlaufvermögens kennen. Es werden die Ansatz- und Bewertungsvorschriften einzelner Bilanzposten erläutert. Nach dem Studium dieses Kapitels sollten Sie in der Lage sein:

- die Voraussetzungen der Bilanzierungsfähigkeit zu kennen,
- zwischen Bilanzierungsgeboten, -verboten und -wahlrechten unterscheiden zu können,
- über die Vorschriften für die Aktivierung und Passivierung Auskunft zu geben,
- zu wissen, welche immateriellen Werte als Vermögensgegenstände erfasst werden,
- die Besonderheiten der bilanziellen Behandlung des materiellen und immateriellen Vermögens zu kennen und
- über die Zusammenhänge der Handels- und Steuerbilanz Bescheid zu wissen.

4.1 Definitionen

Vermögensgegenstände

Der Begriff „Vermögensgegenstand" wird im Handelsrecht verwendet. Grundsätzlich haben Vermögensgegenstände folgende Eigenschaften:

- sie weisen einen wirtschaftlichen Wert auf oder haben einen längerfristigen greifbaren Nutzen,
- sie sind selbstständig bewertbar (das bedeutet, dass der konkrete Wert des Gegenstandes bestimmt werden kann), und
- sie sind selbstständig verkehrsfähig, was bedeutet, dass sie einzeln veräußerbar sind.

Schulden

Unter Schulden versteht man Verbindlichkeiten und Rückstellungen, die auf einer bestehenden oder hinreichend sicher erwarteten wirtschaftlichen Vermögensbelastung beruhen (z. B. ein langfristiges Darlehen, das zurückbezahlt werden muss).

Eine zivil- oder öffentlich-rechtliche Verpflichtung ist keine notwendige Voraussetzung einer bilanzrechtlichen Schuld, vielmehr sind auch rein **wirtschaftliche Leistungsverpflichtungen** (z. B. eine Kulanzrückstellung) zu passivieren. Außerdem muss eine Schuld selbstständig bewertbar sein, was bedeutet, dass sie isoliert betrachtet werden kann.

Merke

Es wird bei den Schulden unterschieden zwischen den:

- Verbindlichkeiten = sichere Schulden, d. h. es stehen der Grund, die Höhe und die Fälligkeit der Verpflichtungen fest.
- Rückstellungen = unsichere Schulden, d. h. es steht zwar der Grund, aber die Höhe und/ oder die Fälligkeit der Verpflichtungen stehen noch nicht endgültig fest.

Wirtschaftsgüter im Steuerrecht

Im Steuerrecht werden die Begriffspaare Schulden und Vermögensgegenstände nicht verwendet, sie werden durch den Begriff Wirtschaftsgut ersetzt. Die im Steuerrecht existierenden **positiven Wirtschaftsgüter** sind nicht ganz identisch mit der Definition der **Vermögensgegenstände** im Handelsrecht. **Negative Wirtschaftsgüter** entsprechen hier den **Schulden** aus dem HGB.

Ein Wirtschaftsgut ist durch drei Merkmale gekennzeichnet:

- Es sind Aufwendungen entstanden (BFH-Urteil v. 13.08.1957, BStBl. III 1957, S. 350), die
- einen über das Wirtschaftsjahr hinausgehenden Nutzen versprechen (BFH-Urteil vom 28.01.1954, BStBl. III 1954, S. 109).
- Das durch die Aufwendungen Geschaffene muss selbstständig bewertbar sein, d. h. ein Erwerber des gesamten Betriebes würde dafür im Rahmen des Gesamtkaufpreises ein besonderes Entgelt ansetzen (BFH-Urteil vom 15.04.1958, BStBl. III 1958, S. 260).

Der Begriff des Wirtschaftsgutes geht über den des Vermögensgegenstandes hinaus. Er umfasst auch Güter, die nicht einzeln veräußerbar sind, aber dennoch bei einer Veräußerung des Unternehmens den Gesamtkaufpreis erhöhen.

4.2 Zurechnung zum Betriebsvermögen

Vermögensgegenstände und Schulden, die der Privatsphäre eines Unternehmens zuzurechnen sind, dürfen nicht in der Bilanz aufgenommen werden. Somit besteht für das **Privatvermögen** ein Bilanzierungsverbot. Das bedeutet: Vermögensgegenstände und Schulden dürfen nur bilanziert werden, wenn sie zum Betriebsvermögen des Unternehmers gehören. Für Gegenstände **des notwendigen Betriebsvermögens** besteht eine Bilanzierungspflicht. In bestimmten Grenzfällen besteht ein Wahlrecht, einen Vermögensgegenstand dem Privat- oder dem Betriebsvermögen zuzurechnen. Steuerrechtlich spricht man von **gewillkürtem Betriebsvermögen**.

Die Unterscheidung zwischen Betriebsvermögen und Privatvermögen ist nur bei Einzelkaufleuten und Personengesellschaften sinnvoll, da juristische Personen (Kapitalgesellschaften) über kein Privatvermögen verfügen.

Die Abgrenzung zwischen Betriebs- und Privatvermögen zeigt die folgende Abbildung:

notwendiges Privatvermögen	**gewillkürtes Betriebsvermögen**	**notwendiges Betriebsvermögen**
betriebliche Nutzung < 10 %	betriebliche Nutzung über 10 % bis 50 %	betriebliche Nutzung > 50 %
– Nutzung bzw. Bestimmung ausschließlich oder nahezu nur für private Zwecke oder – unentgeltliche Überlassung an einen Familienangehörigen	– Gehören weder zum notwendigen Privat- noch zum notwendigen Betriebsvermögen. – Es besteht ein objektiver Zusammenhang zum Betrieb. – Ist bestimmt und geeignet, den Betrieb zu fördern.	– Nutzung bzw. Bestimmung ausschließlich und unmittelbar für eigenbetriebliche Zwecke.

Abb. 4.1: Abgrenzung von Privat- und Betriebsvermögen

Merke

Vermögensgegenstände und Schulden sind nur zu bilanzieren, wenn sie zum Betriebsvermögen gehören.

Exkurs

Sonderbetriebsvermögen

Beim Sonderbetriebsvermögen handelt es sich Wirtschaftsgüter, die einem Gesellschafter bzw. Mitunternehmer zu zurechnen sind, aber dem Betrieb einer Personengesellschaft unmittelbar dienen. Dies könnte z. B. ein für die Produktion der Gesellschaft genutztes Fabrikgebäude sein, das auf den Namen des Komplementärs einer KG eingetragen ist.[35]

4.3 Bilanzansatzregeln

In der Handelsbilanz werden

- Vermögensgegenstände,
- Eigenkapital,
- Schulden (Verbindlichkeiten, Rückstellungen),
- Rechnungsabgrenzungsposten und
- latente Steuern (nur bei mittelgroßen und großen Kapitalgesellschaften)

ausgewiesen.

Nach § 246 Abs. 1 HGB sind das Vermögen und die Schulden neben den Rechnungsabgrenzungsposten vollständig zu erfassen. Des Weiteren gilt der Grundsatz der Ansatzstetigkeit (§ 246 Abs. 3 HGB). Unter Bilanzierungsfähigkeit versteht man die Eignung, als Aktivposten (Aktivierungsfähigkeit) bzw. Passivposten (Passivierungsfähigkeit) in der Bilanz berücksichtigt zu werden.[36]

Bevor über den Wertansatz von Vermögensgegenständen und Schulden in der Bilanz zu entscheiden ist, muss geklärt werden, ob diese bilanzierungsfähig sind.

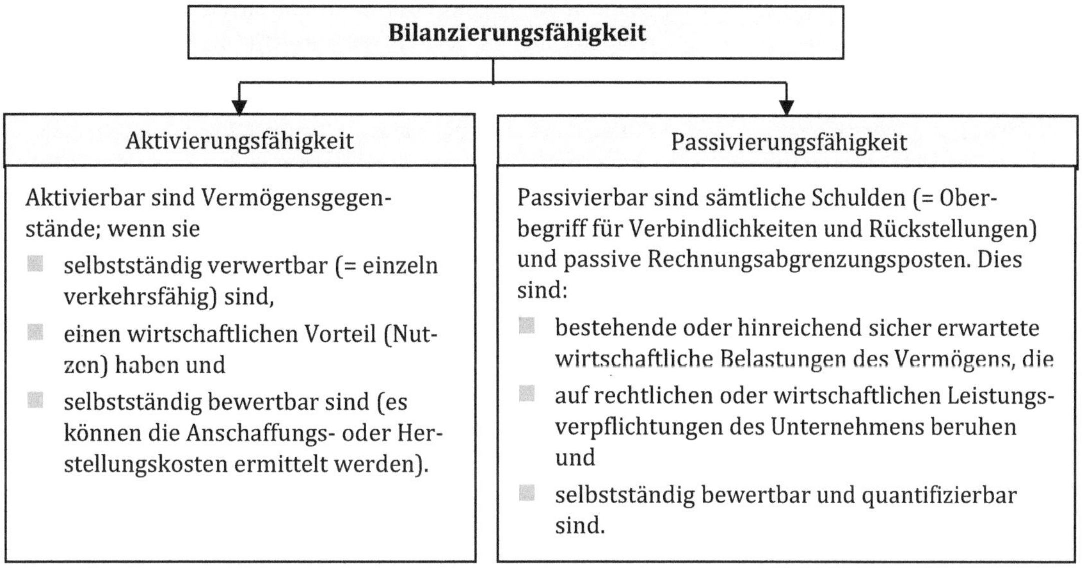

Abb. 4.2: Bilanzierungsfähigkeit[37]

---

[35] Matthiesen, S.: Bilanzierung für Einsteiger, 2023, S. 54.

[36] Coenenberg, A. G. et al.: Einführung in das Rechnungswesen, 2021, S. 335.

[37] In Anlehnung an Coenenberg, A. G. et al.: Jahresabschluss und Jahresabschlussanalyse, 2014, S. 78.

4.3.1 Aktivierungsfähigkeit

In der Bilanz sind nur betriebliche Vorgänge darzustellen. Auch wenn Vermögensgegenstände vorhanden sind, folgt hieraus noch keine bilanzielle Ansatzpflicht. Eine Bilanzierung des privaten Einfamilienhauses eines Unternehmers scheidet aus. Nicht als Aktivposten in die Bilanz aufgenommen werden Gegenstände, die dem Bilanzierenden nicht zuzurechnen sind. Dabei ist nicht das juristische Eigentum, sondern die wirtschaftliche Verfügungsmacht (wirtschaftliches Eigentum) entscheidend. Wirtschaftlich betrachtet gehören dem Kaufmann auch nicht die Gegenstände seines rechtlichen Eigentums, sondern die Vermögensgegenstände, über die er in einem wirtschaftlichen Sinne verfügen kann.

Das **Prinzip des wirtschaftlichen Eigentums** führt u. a. zu folgenden Bilanzierungen:

- Unter **Eigentumsvorbehalt** verkaufte Gegenstände sind dem Käufer zuzurechnen, sobald der Käufer über den Vermögensgegenstand verfügt (gewöhnlich bei Übergabe).
- Bauten auf fremden Grundstücken gehören rechtlich dem Grundstückseigentümer; wirtschaftlich sind sie dem Bauherrn zuzurechnen, da er die Bauten gewöhnlich innerhalb der gesamten Nutzungsdauer nutzen wird.
- Bei der **Sicherungsübereignung** wird das rechtliche Eigentum an einer Sache zur Sicherung einer Forderung des Sicherungsnehmers gegenüber dem Sicherungsgeber (Besitzer der Sache) auf den Sicherungsnehmer (z. B. ein Kreditinstitut) übertragen. Auch hier erfolgt eine vom bürgerlichen Recht abweichende Zurechnung und der Sicherungsgeber bilanziert die Sache als wirtschaftlicher Eigentümer, die er auch weiterhin nutzen kann (§ 246 Abs. 1 Satz 2 HGB).

Der Bilanzansatz richtet sich nach dem folgenden Schema:

Ablaufschema für Aktivierungspflicht

1. Erfüllung von Definitionen:	Liegt ein Vermögensgegenstand, ein aktiver Rechnungsabgrenzungsposten oder ein derivativer (entgeltlich erworbener) Geschäfts- oder Firmenwert vor?
2. wirtschaftliches Eigentum (§ 246 Abs. 1 Satz 2 HGB):	Hat der Unternehmer die wirtschaftliche Verfügungsmacht über diesen Posten?
3. Zugehörigkeit zum Betriebsvermögen:	Gehört der Posten zum Betriebsvermögen?
Bei Erfüllung aller Kriterien:	Grundsätzlich: Ansatzpflicht Ausnahmen: geltende Ansatzverbote oder Ansatzwahlrechte

Abb. 4.3: Prüfung der Aktivierungspflicht[38]

Alle Vermögensgegenstände sind prinzipiell in die Bilanz aufzunehmen (Grundsatz der Vollständigkeit). Gemäß § 248 Abs. 2 Satz 1 HGB können selbst geschaffene, d. h. **nicht entgeltlich erworbene immaterielle Vermögensgegenstände des Anlagevermögens**, wie beispielsweise Patente und Know-how, in der HGB-Bilanz aufgrund des Vollständigkeitsgebots (§ 246 Abs. 1 HGB) als Aktivposten der Bilanz aufgenommen werden. Jedoch besteht ein steuerrechtliches Aktivierungsverbot (§ 5 Abs. 2 EStG). Die in der Handelsbilanz aktivierten, selbst geschaffenen immateriellen Vermögensgegenstände des Anlagevermögens unterliegen aufgrund des § 268 Abs. 8 Satz 1 HGB einer

[38] Buchholz, R.: Grundzüge des Jahresabschlusses nach HGB und IFRS, 2013, S. 38.

Ausschüttungssperre. Der **derivative Geschäfts- oder Firmenwert** ist zu **aktivieren** (§ 246 Abs. 1 Satz 4 HGB) und planmäßig über seine Nutzungsdauer abzuschreiben (§ 285 Satz 1 Nr. 13 HGB). Kapitalgesellschaften haben die Nutzungsdauer zu schätzen. Falls die Nutzungsdauer nicht verlässlich geschätzt werden kann, ist der Geschäfts- oder Firmenwert planmäßig über einen Zeitraum von zehn Jahren abzuschreiben (§ 253 Abs. 3 Satz 3 und 4 HGB). Das folgende Schaubild zeigt Ihnen einen Überblick über die Aktivierungsgebote, -verbote und -wahlrechte.

Aktivierungsgrundsätze nach HGB

Aktivierungsgebote	Aktivierungsverbote
▪ sämtliche Vermögensgegenstände (außer bei Verbot oder Wahlrecht) § 246 Abs. 1 HGB - alle materiellen Vermögensgegenstände, - alle entgeltlich erworbenen immateriellen Vermögensgegenstände, - alle selbst geschaffenen immateriellen Vermögensgegenstände des Umlaufvermögens ▪ sämtliche aktive (transitorische) Rechnungsabgrenzungsposten (§§ 246 Abs. 1 i. V. m. 250 Abs. 1 Satz 1 HGB) ▪ derivativer (entgeltlich erworbener) Geschäfts- oder Firmenwert (§ 246 Abs. 1 Satz 4 HGB) [Kaufpreis eines Unternehmens – (Zeitwert der Vermögensgegenstände – Zeitwert der Schulden)]	▪ Vermögensgegenstände, die nicht zum Betriebsvermögen gehören ▪ Vermögensgegenstände, die dem Bilanzierenden weder rechtlich noch nach wirtschaftlicher Betrachtung zuzurechnen sind ▪ Aufwendungen für die Gründung des Unternehmens (§ 248 Abs. 1 Nr. 1 HGB), z. B. Beratungsgebühren, Notarkosten, Gründungsprüfungskosten sowie Reisekosten der Gründer ▪ Aufwendungen für die Beschaffung des Eigenkapitals (§ 248 Abs. 1 Nr. 2 HGB), z. B. Kosten der Börsenprospekte, Bankgebühren sowie Notar- und Rechtsberatungskosten ▪ Aufwendungen für den Abschluss von Versicherungsverträgen (§ 248 Abs. 1 Nr. 3 HGB), z. B. Abschlussprovisionen sowie Vergütung der Außendienstmitarbeiter ▪ selbst geschaffene Marken (z. B. Coca-Cola), Drucktitel (z. B. Duden), Verlagsrechte, Kundenlisten oder vergleichbare immaterielle Vermögensgegenstände des Anlagevermögens (§ 248 Abs. 2 Satz 2 HGB) ▪ selbst geschaffener („originärer") Geschäfts- oder Firmenwert (§ 248 Abs. 2 Satz 2 HGB) ▪ Kosten in der Forschungsphase, wenn eine Abgrenzung zwischen Forschung und Entwicklung nicht verlässlich möglich ist (§ 255 Abs. 2a HGB) ▪ Ansprüche und Pflichten aus beiderseits noch nicht erfüllten Verträgen, sogenannte schwebende Geschäfte (GoB)

Aktivierungswahlrechte

- Entwicklungskosten von selbst geschaffenen immateriellen Vermögensgegenständen des Anlagevermögens können als Aktivposten in die Bilanz aufgenommen werden (§ 248 Abs. 2 Satz 1 HGB) i. V. m. Ausschüttungssperre (§ 268 Abs. 8 Satz 1 HGB). Hierbei handelt es sich in der Regel um konkrete Entwicklungsprojekte und Patente.
- Geringwertige Wirtschaftsgüter bis 800 € netto. Diese können entweder sofort als Aufwand verbucht oder aktiviert und über die Nutzungsdauer abgeschrieben werden.

- Unentgeltlich erworbene – insbesondere im Wege einer Schenkung – Vermögensgegenstände.
- Ansatz eines Disagios bei Inanspruchnahme von Krediten (§ 250 Abs. 3 HGB) als aktiver RAP.
- Aktive latente Steuern bei Kapitalgesellschaften (§ 274 Abs. 1 Satz 2 HGB) (Steuerwert > HGB-Vermögenswert oder Steuerwert < HGB-Schulden). Es besteht eine Ausschüttungssperre (§ 268 Abs. 8 Satz 2 HGB).

Abb. 4.4: Übersicht über die Aktivierungsgebote, -verbote und -wahlrechte nach HGB

Merke

Bei einem Aktivierungswahlrecht wird mit der Aktivierung eines Vermögensgegenstandes der Gewinn erhöht, da der in den Aufwandskonten verbuchte Aufwand vermindert wird und dafür ein Zugang auf der Aktivseite der Bilanz stattfindet. Falls Sie einen möglichst geringen Gewinn ausweisen möchten, sollten Sie auf die Aktivierungswahlrechte verzichten.

Selbst geschaffene immaterielle Vermögensgegenstände

Für selbst geschaffene immaterielle Vermögensgegenstände des Anlagevermögens besteht ein Aktivierungs**wahlrecht**. Die angesetzten selbst geschaffenen Vermögensgegenstände sind mit den Herstellungskosten zu bewerten, die in der Entwicklungsphase angefallen sind (§ 255 Abs. 2a HGB). Das durch die Aktivierung ausgewiesene Mehrvermögen unterliegt gemäß § 268 Abs. 8 Satz 1 HGB einer Ausschüttungssperre. Die Ausübung dieses Aktivierungswahlrechts führt außerdem zur Bildung von passiven latenten Steuern. Ausgenommen von einer Aktivierung sind nicht entgeltlich erworbene Marken, Drucktitel, Verlagsrechte, Kundenlisten oder vergleichbare immaterielle Vermögensgegenstände des Anlagevermögens (§ 248 Abs. 2 HGB).

Abgrenzung zwischen der Forschungs- und der Entwicklungsphase

Aktiviert werden dürfen nur die bei der Entwicklung der immateriellen Vermögensgegenstände anfallenden Herstellungskosten (§ 255 Abs. 2a Satz 1 HGB). Demgegenüber dürfen Forschungskosten nicht in die Herstellungskosten einbezogen werden. Die maßgebliche Frage der Abgrenzung zwischen nicht aktivierungsfähiger Forschung und aktivierungsfähiger Entwicklung wird in § 255 Abs. 2a HGB geregelt.

- **Forschung** = die eigenständige und planmäßige Suche nach neuen wissenschaftlichen oder technischen Erkenntnissen oder Erfahrungen allgemeiner Art, über deren technische Verwertbarkeit und wirtschaftliche Erfolgsaussichten grundsätzlich keine Aussagen gemacht werden können.
- **Entwicklung** = Anwendung von Forschungsergebnissen oder von anderem Wissen für die Neuentwicklung von Gütern und Verfahren oder die Weiterentwicklung von Gütern und Verfahren mittels wesentlicher Änderung.

Hier besteht ein erheblicher **Ermessensspielraum**, denn eine Aktivierung ist nicht möglich, wenn:

- der Zeitpunkt des Übergangs von der Forschungs- zu der Entwicklungsphase nicht hinreichend nachvollziehbar und plausibel dargelegt werden kann, oder
- eine Abgrenzung zwischen Forschungs- und Entwicklungsphase aus anderen Gründen nicht möglich ist.

Praxisbeispiele für Forschungs- und Entwicklungskosten

- Es bestehen große branchenspezifische Unterschiede z. B. zwischen:

- Maschinenbau- und Automobilbranche (i. d. R. frühe Aktivierung möglich),
- Pharmaindustrie (Besteht eine wirtschaftliche Verwertbarkeit? Es wird zuerst eine behördliche Zulassung zum Handel benötigt, bevor eine Aktivierung erfolgen kann.) und
- Softwareindustrie (Forschung und Entwicklung verläuft nicht sequenziell, sondern iterativ → Trennung kaum möglich, d. h. innerhalb der Branche werden die Entwicklungsaufwendungen nicht einheitlich und zu unterschiedlichen Zeitpunkten aktiviert).

- Typische Anwendungsfälle, die branchenunabhängig sind:
  - Selbst erstellte Patente und selbst erstellte Software (z. B. Einführung neuer ERP-Software, Entwicklung einer Internetpräsenz).

Besonderheiten bei den Entwicklungskosten

- Die Erträge aus der Aktivierung von Entwicklungskosten sind ausschüttungsgesperrt (§ 268 Abs. 8 HGB).
- Es besteht ein steuerliches Aktivierungsverbot (§ 5 Abs. 2 EStG) in der Steuerbilanz.
- Falls die Entwicklungskosten in der Handelsbilanz aktiviert werden, müssen passive latente Steuern bei Kapitalgesellschaften und Personengesellschaften i. S. d. § 264a Abs. 1 HGB gebildet werden.
- Im Anhang muss zum einen der Gesamtbetrag der F&E-Kosten und zum anderen der Betrag der aktivierten selbst erstellten immateriellen Vermögensgegenstände des Anlagevermögens (§ 285 Nr. 22 HGB) angegeben werden.
- Ausweis als eigener Bilanzposten unter den „immateriellen Vermögensgegenständen".
- Falls die Nutzungsdauer eines selbst geschaffenen immateriellen Vermögensgegenstands des Anlagevermögens nicht verlässlich geschätzt werden kann, sind die Herstellungskosten planmäßig über einen Zeitraum von zehn Jahren abzuschreiben (§ 253 Abs. 3 Satz 2 HGB).

Gesetzliche Ausschüttungssperren

Aufgrund der gesetzlichen Ausschüttungssperre dürfen bestimmte Teile des Jahresergebnisses von Kapitalgesellschaften nicht ohne Weiteres an die Anteilseigner ausgeschüttet bzw. an ein herrschendes Unternehmen im Rahmen eines Gewinnabführungsvertrages überwiesen werden. Bei der Ergebnisverwendung dürfen keine Teile des Jahresergebnisses an die Anteilseigner fließen, die von der Gewinnausschüttung gemäß § 268 Abs. 8 HGB ausgeschlossen sind:

- Satz 1: Aktivierte, selbst geschaffene immaterielle Vermögensgegenstände des Anlagevermögens bei Inanspruchnahme des Aktivierungswahlrechts nach § 248 Abs. 2 Satz 1 HGB, abzüglich der hierfür gebildeten passiven latenten Steuern
- Satz 2: Positiver Saldo der aktiven latenten Steuern abzüglich passiver latenter Steuern bei Inanspruchnahme des Ansatzwahlrechts gemäß § 274 Abs. 1 Satz 2 HGB und
- Satz 3: Positive Differenzen zwischen der Fair-Value-Bewertung und den Anschaffungskosten bei verrechnetem Planvermögen gemäß § 246 Abs. 2 Satz 2 HGB, abzüglich der hierfür gebildeten passiven latenten Steuern.

Gemäß § 272 Abs. 5 HGB besteht außerdem eine Ausschüttungssperre für:

- Beteiligungserträge aus einer Beteiligung an einer GmbH (& Co.), falls der in der GuV erfasste Beteiligungsertrag den Betrag übersteigt, der bei der Gesellschaft als Dividende oder Gewinnanteil „eingegangen" ist bzw. auf dessen Zahlung sie Anspruch hat, so ist danach der Unterschiedsbetrag in eine Rücklage (Gewinnrücklage) einzustellen, die nicht ausgeschüttet werden darf. Die Rücklage ist wieder aufzulösen, sofern die Beteiligungserträge zugeflossen sind oder ein Anspruch auf Zahlung entstanden ist.

Gemäß § 253 Abs. 6 HGB besteht außerdem eine Ausschüttungssperre für:

- den Unterschiedsbetrag der Abzinsung der Pensionsverpflichtungen mit dem durchschnittlichen Marktzinssatz auf Basis der vergangenen zehn Geschäftsjahre gegenüber dem üblichen Zeitraum von sieben Jahren.

Den maximal ausschüttbaren bzw. maximal abführbaren Gewinn können Sie wie folgt ermitteln:

	Jahresüberschuss/-fehlbetrag gemäß Gewinn- und Verlustrechnung
+	frei verfügbare Rücklagen
-	pflichtmäßige Rücklageneinstellungen aus dem Ergebnis
+	Gewinnvortrag
-	Verlustvortrag
=	**maximale Ausschüttung ohne Ausschüttungssperre**
-	Sperrbetrag aus der Aktivierung selbst geschaffener immaterieller Vermögensgegenstände des Anlagevermögens und die
	- hierfür gebildete passive latente Steuern
-	Sperrbetrag aus der Zeitwertbewertung des Deckungsvermögens und die
	- hierfür gebildete passive latente Steuern
-	Sperrbetrag aus der Aktivierung latenter Steuern
	- übrige passive latente Steuern
=	**maximale Ausschüttung bei einer Ausschüttungssperre**

Abb. 4.5: Ermittlung des maximal ausschüttbaren Betrags

Disagio

Ein Disagio (auch als Damnum oder Abgeld bezeichnet) liegt vor, wenn ein Abschlag vom Ausgangsbetrag (Nennwert), z. B. bei der Gewährung eines Kredites oder bei der Ausgabe von Wertpapieren, einbehalten wird. Dies bedeutet, dass bei einem aufgenommenen Kredit der Auszahlungsbetrag geringer ist als der Rückzahlungsbetrag.

Ein Abschlag von 4 % bei einem Kredit bedeutet, dass von dem Kredit nur 96 % an den Kreditnehmer ausbezahlt werden. Der Kreditnehmer muss aber 100 % der Kreditsumme bis zum Laufzeitende zurückbezahlen.

Die Verbuchung des Disagios ist im Handelsrecht in § 250 Abs. 3 HGB geregelt. Die bilanzierenden Unternehmen haben gemäß § 250 Abs. 3 Satz 1 HGB beim Disagio ein Aktivierungswahlrecht. Zum Zeitpunkt der Kreditgewährung kann das Disagio handelsrechtlich entweder:

- sofort in voller Höhe als Zinsaufwand verbucht werden oder
- ein aktiver Rechnungsabgrenzungsposten gebildet werden, der über die Laufzeit planmäßig aufgelöst wird. Bei einem **Fälligkeitsdarlehen** wird das Disagio gleichmäßig auf die Kreditlaufzeit verrechnet. Im Falle eines **Tilgungsdarlehens** (Annuitäten oder Ratendarlehen) wird das Disagio mithilfe der Zinsstaffelmethode auf die Laufzeit des Kredits verteilt.

Beispiel: Aktivierung eines Disagios als Rechnungsabgrenzungsposten

Ein Unternehmen nimmt am 01.04.01 bei einer Bank einen endfälligen Kredit mit einer Laufzeit von vier Jahren (bis 31.03.05) in Höhe von 1.000 T€ auf. Dem Unternehmen werden 960 T€ ausbezahlt. Der Zinssatz für den Kredit beträgt 8 %. Das Unternehmen entschließt sich das Disagio in Höhe von 40 T€ als Rechnungsabgrenzungsposten zu aktivieren. Der Buchungssatz lautet:

Bank	960.000			
RAP (Disagio)	40.000	an	Verbindlichkeiten gegenüber Kreditinstituten.	1.000.000

Das Disagio muss über die Laufzeit verteilt, d. h. abgeschrieben werden. Im Jahr 01 beträgt die Abschreibung [(40 T€ : 4 Jahre x (9/12) =] 7,5 T€/Jahr, da es monatsgenau, d. h. für 9 Monate (April bis Dezember) abgeschrieben wird. In den Jahren 02 bis 04 beläuft sich die jährliche Abschreibung auf (40 T€ : 4 Jahre =) 10 T€/Jahr. Die Zinsen werden im Jahr 01 für 9 Monate, in den Jahren 02 bis 04 für 12 Monate und im Jahr 05 für 3 Monate bezahlt.

Die Zahlungsreihe für das Darlehen aus Sicht des Unternehmens, sieht wie folgt aus:

Jahr	**01**	**02**	**03**	**04**	**05**
Darlehensauszahlung	960 T€				
Abschreibungen des Disagios	-7,5 T€	-10 T€	-10 T€	-10 T€	-2,5 T€
Zinsaufwendungen	-60 T€	-80 T€	-80 T€	-80 T€	-20 T€
Tilgung					-1.000 T€

4.3.2 Passivierungsfähigkeit

Passivierungsfähig sind neben dem Eigenkapital auch die Schulden, wenn sie folgende Merkmale erfüllen:

- das Vorliegen einer wirtschaftlichen Belastung des Vermögens,
- das Vorhandensein einer rechtlichen oder wirtschaftlichen Leistungsverpflichtung, und
- die selbstständige Bewertung und Quantifizierbarkeit der Leistungsverpflichtung.

Erfüllt ein Posten diese Merkmale, so muss das – analog zum Vermögensgegenstand – noch nicht bedeuten, dass er tatsächlich in die Bilanz aufgenommen wird. Zum einen können gesetzlich kodifizierte Verbote dagegen sprechen. Zum anderen kann der Bilanzierende von Wahlrechten Gebrauch machen und darauf verzichten, den Posten in die Bilanz aufzunehmen.

Passivierungsgrundsätze

Passivierungsgrundsätze bestimmen den Umfang der Schulden und den Zeitpunkt, ab wann eine Schuld anzusetzen ist. Der Umfang der Schulden beschränkt sich nicht auf rechtlich einklagbare Verpflichtungen. Es gilt die wirtschaftliche Betrachtungsweise, nach der auch faktische und rein sittliche Verpflichtungen anzusetzen sind.

Beispiel

Gewährleistungen, für die keine rechtlichen Verpflichtungen bestehen, müssen trotzdem als Schuld berücksichtigt werden, wenn sich der Kaufmann – um einen schädigenden Ruf der Unternehmung zu vermeiden – der Verpflichtung faktisch nicht entziehen kann.

Nach dem Prinzip des faktischen Leistungszwangs müssen auch passiviert werden:

- faktische Umweltverpflichtungen (ohne vorliegende Behördenauflagen);
- Gewohnheitsaufwendungen an die Belegschaft, ohne dass ein Rechtsgrund besteht.

Passiviert werden generell nur **künftige Ausgaben**. Damit künftige Ausgaben als Schuld in einer Bilanz angesetzt werden können, müssen sie im **abgelaufenen Geschäftsjahr wirtschaftlich**

verursacht worden sein. Das bestimmt das **Realisationsprinzip**. Voraussetzung für eine Passivierung künftiger Ausgaben ist damit die Zugehörigkeit der künftigen Ausgaben zu bereits realisierten Erträgen.

Beispiel

Bei einem realisierten Umsatzgeschäft wird eine Gewährleistungsfrist von zwei Jahren eingeräumt. Der Bilanzierende muss den Umsatz aus diesem Geschäft, und auch die voraussichtlichen Garantieausgaben der nächsten zwei Jahre, schon bei Garantiebeginn als Aufwand gegenüberstellen. Der Buchungssatz lautet:

Aufwandskonto an Rückstellungskonto.

Es handelt sich um eine Rückstellung (= ungewisse Verbindlichkeit), weil die Höhe und/oder der Fälligkeitszeitpunkt der künftigen Garantieausgaben zum Zeitpunkt des Umsatzausweises noch unbekannt sind.

Nach dem Vollständigkeitsgrundsatz sind sämtliche Schulden zu passivieren, soweit gesetzlich nichts anderes bestimmt ist.

Passivierungsgrundsätze nach HGB

Passivierungsgebote	**Passivierungsverbote**
▪ Eigenkapital ▪ sämtliche Schulden, außer es besteht ein Wahlrecht (§ 246 Abs. 1 HGB) ▪ sämtliche passivische (transitorische) Rechnungsabgrenzungsposten (§ 250 Abs. 2 HGB) ▪ Rückstellungen für ungewisse Verbindlichkeiten und für drohende Verluste aus schwebenden Geschäften (§ 249 Abs. 1 Satz 1 HGB) ▪ Rückstellungen für im Geschäftsjahr unterlassene Aufwendungen für Instandhaltung (Nachholfrist 3 Monate) (§ 249 Abs. 1 Nr. 1 HGB) ▪ Rückstellungen für im Geschäftsjahr unterlassene Aufwendungen für Abraumbeseitigung (Nachholfrist 1 Jahr) (§ 249 Abs. 1 Nr. 1 HGB) ▪ Kulanzrückstellungen (§ 249 Abs. 1 Nr. 2 HGB) ▪ passive latente Steuern (§ 274 Abs. 1 HGB) (Steuerwert < HGB-Vermögenswert oder Steuerwert > HGB-Schulden) ▪ Zuführung zu den Rückstellungen für laufende Pensionen oder Anwartschaften auf Pensionen aufgrund der Änderung der	▪ Schulden, die nicht zum Betriebsvermögen gehören (Privatschulden) (§ 240 Abs. 1 HGB) ▪ Rückstellungen für andere als in § 249 Abs. 1 HGB bezeichnete Zwecke (§ 249 Abs. 2 Satz 1 HGB) ▪ Verpflichtungen aus schwebenden Geschäften (außer bei drohenden Verlusten aus schwebenden Geschäften) (§ 246 Abs. 1 HGB i. V. m. GoB und § 249 Abs. 1 HGB) ▪ sonstige Aufwandsrückstellungen generell, **Ausnahme:** Passivierungspflicht für Instandhaltungsrückstellungen bei Nachholung innerhalb von drei Monaten des folgenden Geschäftsjahres und für Abraumbeseitigung, die im folgenden Geschäftsjahr nachgeholt wird ▪ Aufwendungen für unterlassene Instandhaltungen nach Ablauf der Dreimonatsfrist (Aufhebung § 249 Abs. 1 Satz 3 HGB a. F.)

Bewertungsregeln verpflichtend in Jahresraten i. H. v. mindestens 1/15 des gesamten Zuführungsbetrages in jedem Geschäftsjahr bis spätestens 31.12.2024 (erstmals seit 2010) (Art. 67 Abs. 1 u. 2 EGHGB)	
Passivierungswahlrechte	
▪ Pensionsverpflichtungen aus Altzusagen: Gemäß Artikel 28 Abs. 1 Satz 1 EGHGB muss eine Pensionsrückstellung dann nicht gebildet werden, wenn der Pensionsanspruch vor dem 01.01.1987 erworben wurde. Kapitalgesellschaften müssen den Betrag nicht gebildeter Pensionsrückstellungen im Anhang angeben. ▪ Unterdeckungen bei mittelbaren Pensionsverpflichtungen gemäß Artikel 28 Abs. 1 Satz 2 EGHGB. Hierbei handelt es sich hauptsächlich um Unterdeckungen bei Unterstützungskassen.	

Abb. 4.6: Übersicht über Passivierungsgebote, -verbote und -wahlrechte

4.3.3 Saldierung von Vermögen und Schulden

Es besteht ein generelles Saldierungsverbot. Jedoch sind gemäß § 246 Abs. 2 HGB „Vermögensgegenstände, die ausschließlich der Erfüllung von Schulden aus Altersversorgungsverpflichtungen oder vergleichbaren langfristig fälligen Verpflichtungen dienen, nicht auf der Aktivseite der Bilanz anzusetzen, sondern mit diesen Schulden zu verrechnen. Vermögensgegenstände dienen ausschließlich der Erfüllung von Schulden, wenn sie der Verfügung durch den Kaufmann und dem Zugriff aller Gläubiger entzogen und nur zur Erfüllung der Schulden verwertet werden können."

Übersteigt der beizulegende Zeitwert der Vermögensgegenstände den Betrag der Schulden, ist der übersteigende Betrag unter einem gesonderten Posten zu aktivieren (§ 246 Abs. 2 HGB). D. h. übersteigt der beizulegende Zeitwert des Planvermögens den Betrag der dazugehörigen Pensionsverpflichtungen, ist der übersteigende Betrag unter einem besonderen Possen dem „Aktiven Unterschiedsbetrag aus der Vermögensverrechnung" zu aktivieren (§ 266 Abs. 2E HGB).

Der Anwendungsbereich des § 246 Abs. 2 HGB zielt auf die international übliche Saldierung von ausgegliedertem Planvermögen mit Pensionsverpflichtungen, ohne jedoch auf diesen Anwendungsbereich beschränkt zu sein. Das Bundesministerium der Justiz (BMJ) nennt als weitere Beispiele: Altersteilzeitvereinbarungen oder Wertguthaben aus Lebensarbeitszeitkonten.

4.4 Zusammenhang zwischen Handels- und Steuerbilanz

Kaufleute, die nach dem HGB buchführungspflichtig sind, müssen nicht nur eine Handelsbilanz, sondern auch eine Steuerbilanz erstellen. Nach § 5 Abs. 1 Satz 1 EStG ist das steuerrechtliche Betriebsvermögen nach den handelsrechtlichen Grundsätzen ordnungsmäßiger Buchführung (GoB) auszuweisen. Da die Handelsbilanz insoweit für die Steuerbilanz maßgeblich ist, wird von der **Maßgeblichkeit der Handelsbilanz für die Steuerbilanz** gesprochen.

Im Vergleich zum Handelsrecht verwendet das Steuerrecht anstatt der Begriffe „Vermögensgegenstand" und „Schuld", die Begriffe „positives Wirtschaftsgut" und „negatives Wirtschaftsgut".

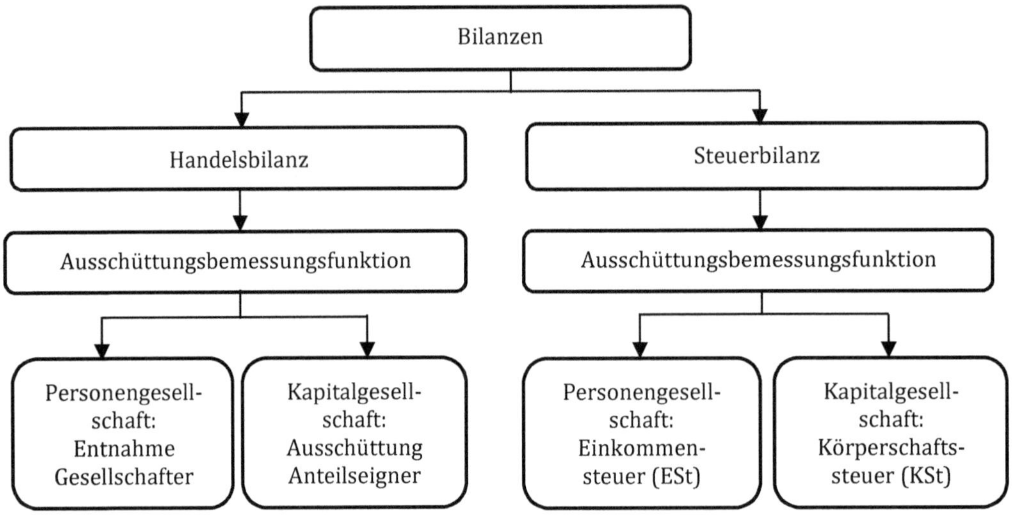

Abb. 4.7: Unterschied zwischen Steuer- und Handelsbilanz

Der **Grundsatz der Maßgeblichkeit der Handelsbilanz für die Steuerbilanz** (§ 5 Abs. 1 Satz 1 EStG) bewirkt, dass **handelsrechtliche Bilanzansatzgebote** und **Bewertungsgebote** auch in der Steuerbilanz zwingend zu beachten sind, soweit nicht spezifische steuerrechtliche Bestimmungen dem Ansatz oder der Bewertung entgegenstehen.

Das Maßgeblichkeitsprinzip **gilt nicht für handelsrechtliche Bilanzierungswahlrechte**. In der Steuerbilanz stehen finanzielle Ziele im Vordergrund. Es besteht nur eine grundsätzliche steuerliche Bindung an handelsrechtliche Bilanzierungspflichten:

- **Handels**rechtliche **Aktivierungsgebote** und **-wahlrechte** führen i. d. R. in der **Steuer**bilanz grundsätzlich zu einer **Aktivierungspflicht**.
  Ausnahme: Die steuerliche Aktivierung ist z. B. bei § 248 Abs. 2 HGB (z. B. selbst geschaffene immaterielle Vermögensgegenstände des Anlagevermögens können als Aktivposten in der Bilanz aufgenommen werden) in Verbindung mit § 5 Abs. 2 EStG ausgeschlossen.
- **Handels**rechtliche **Aktivierungsgebote** führen zu **steuerlichen** Aktivierungs**geboten**.
- **Handels**rechtliche **Passivierungsverbote** und -**wahlrechte** führen in der **Steuer**bilanz zu einem **Passivierungsverbot**.
- Handelsrechtliche Passivierungsgebote führen zu steuerlichen Passivierungsgeboten.

Welche Logik steht hinter der Steuerbilanz?

- Aktivierte Leistungen gehen nicht (sofort und in voller Höhe) als Aufwand in die GuV und erhöhen damit den zu versteuernden Gewinn.
- Ebenso mindern Rückstellungen den in der GuV ausgewiesenen Gewinn und sind daher – aus fiskalischer Sicht – unerwünscht.

Jedoch wird der Grundsatz der Maßgeblichkeit dann durchbrochen, wenn handelsrechtlich gültige Wertansätze gegen zwingende steuerrechtliche Normen (§ 5 Abs. 6 EStG) verstoßen.

Beispiel

In der HGB-Bilanz besteht für die Drohverlustrückstellung eine Passivierungspflicht, während in der Steuerbilanz ein Passivierungsverbot besteht. In der Steuerbilanz hat das Steuerrecht Vorrang.

Die folgende Tabelle zeigt die Divergenzen zwischen der Handels- und der Steuerbilanz.

Ansatzunterschiede bei folgenden Bilanzposten	**Handelsrecht**	**Steuerrecht**
selbst geschaffene immaterielle Vermögensgegenstände des Anlagevermögens	Aktivierungs**wahlrecht**	Aktivierungs**verbot**
Rechnungsabgrenzungsposten: Disagio	Aktivierungs**wahlrecht**	Aktivierungs**pflicht**
aktive latente Steuern bei KapG	Aktivierungs**wahlrecht**	Aktivierungs**verbot**
Rückstellungen für drohende Verluste aus schwebenden Geschäften	Passivierungs**pflicht**	Passivierungs**verbot**
Rücklagen für Ersatzbeschaffungen	Passivierungs**verbot**	Passivierungs**wahlrecht**
Rücklagen für Veräußerungsgewinne	Passivierungs**verbot**	Passivierungs**wahlrecht**
passive latente Steuern	Passivierungs**pflicht**	Passivierungs**verbot**

Abb. 4.8: Unterschiede zwischen der Handels- und der Steuerbilanz

Übungsaufgabe 4.1: Bilanzierungsfähigkeit

Liegt in den folgenden Fällen ein Aktivierungsgebot, -wahlrecht, -verbot oder Passivierungsgebot, -wahlrecht oder -verbot aus handelsrechtlicher Sicht vor? Bitte kreuzen Sie die richtige Lösung an.

	Aktivierungs-			**Passivierungs-**		
	gebot	wahlrecht	verbot	gebot	wahlrecht	verbot
selbst entwickeltes Patent						
ein entgeltlich erworbenes Patent						
Pensionsrückstellung						
Forschungskosten						
Disagio bei einem erhaltenen Darlehen						
Kulanzgewährleistungen						
Aufwendungen für die Beschaffung von Eigenkapital						
kalkulatorischer Unternehmerlohn						
Materialeinzelkosten						
Materialgemeinkosten						
Fertigungseinzelkosten						
Fertigungsgemeinkosten						
Sondereinzelkosten der Fertigung						

Verwaltungsgemeinkosten						
Aufwendungen für freiwillige soziale Leistungen						
Vertriebskosten						
Gewinnzuschlag						

Die Lösung finden Sie online.

Übungsaufgabe 4.2

Diese Aufgabe und die Lösung finden Sie online.

Eigene Notizen

Schritt 5: Grundlagen der Bewertung

Lernziele

In diesem Kapitel lernen Sie die Bedeutung der Bewertung der Aktiva und der Passiva kennen. Sie sollen:

- Kenntnisse über handels- und steuerrechtliche Bewertungsgrundsätze und Bewertungsmaßstäbe erlangen,
- Vermögensgegenstände des Anlagevermögens und des Umlaufvermögens, aktive und passive Rechnungsabgrenzungsposten, Verbindlichkeiten und Rückstellungen bewerten können,
- die wesentlichen Bewertungsprinzipien für Vermögensgegenstände und Schulden sowie die Bewertungsvereinfachungsverfahren (z. B. Durchschnitts- und Verbrauchsfolgebewertung) anwenden können,
- zwischen der handels- und der steuerrechtlichen Bewertung unterscheiden können,
- die Besonderheiten der handels- und steuerrechtlichen niedrigen Bewertung kennen und in der Lage sein, das Wertaufholungsgebot anwenden zu können,
- die Anschaffungs- und die Herstellungskosten ermitteln und fortschreiben können,
- die verschiedenen Abschreibungsmethoden und deren Auswirkungen kennenlernen,
- über die Bewertungsregeln zwischen nicht abnutzbarem und abnutzbarem Anlagevermögen Bescheid wissen und
- die verlustfreie Bewertung anwenden können.

5.1 Allgemeine Bewertungsgrundsätze

Die Bewertungsgrundsätze setzen verbindliche Standards für die Bewertung der Vermögensgegenstände und der Schulden in der Bilanz. Es gibt handelsrechtliche und steuerrechtliche Bewertungsvorschriften. Sie haben unterschiedliche Zielsetzungen.

- Die handelsrechtliche Bewertung richtet sich nach den §§ 252–256a HGB. Sie dient der Kapitalerhaltung und damit dem Schutz der Gläubiger. Das Prinzip der Vorsicht ist der oberste Bewertungsgrundsatz.
- Die steuerrechtliche Bewertung richtet sich nach den §§ 5–7 EStG. Sie soll die Ermittlung des Gewinns nach einheitlichen Grundsätzen sicherstellen und damit eine „gerechte" Besteuerung ermöglichen. So weisen z. B. die amtlichen AfA-Tabellen einheitlich die Nutzungsdauer der verschiedenen Anlagegüter aus.

Für die Bewertung der einzelnen Posten sieht der § 253 HGB folgende **Ausgangs- und Basiswerte** vor:

- **Vermögensgegenstände** sind in der Regel **höchstens** mit ihren **Anschaffungs-** oder **Herstellungskosten**, vermindert um die Abschreibungen, (§ 253 Abs. 1 Satz 1 HGB) zu bewerten.
- Nur Kredit- und Finanzinstitute müssen die zu **Handelszwecken erworbenen Finanzinstrumente** (z. B. Aktien, Schuldverschreibungen, Optionsscheine, Geldmarktforderungen, Bezugsrechte, aber auch Derivate wie Optionen, Futures, Swaps, Forwards oder Warenkontrakte) mit ihrem **beizulegenden Zeitwert** ansetzen (§ 340e Abs. 3 HGB).

- **Verbindlichkeiten** sind zu ihrem **Erfüllungsbetrag** und **Rückstellungen** in Höhe des nach **vernünftiger kaufmännischer Beurteilung** notwendigen Erfüllungsbetrages anzusetzen (§ 253 Abs. 1 Satz 2 HGB). Damit sind künftige Preis- und Kostensteigerungen bei der Rückstellungsermittlung zu berücksichtigen. Bei Pensionsrückstellungen sind dies beispielsweise zukünftige Gehalts- und Rentensteigerungen.
- **Sonstige Rückstellungen mit einer Restlaufzeit von mehr als einem Jahr** sind mit dem durchschnittlichen Marktzinssatz der letzten sieben Geschäftsjahre abzuzinsen (§ 253 Abs. 2 Satz 1 HGB).
- **Pensionsrückstellungen** werden nach § 253 Abs. 2 Satz 3 i. V. m. Satz 1 HGB mit dem durchschnittlichen Marktzinssatz abgezinst, der sich bei einer angenommenen Restlaufzeit von zehn Jahren ergibt. Sie dürfen auch mit dem durchschnittlichen Marktzinssatz abgezinst werden, der sich bei einer angenommenen Restlaufzeit der Pensionsverpflichtung von 15 Jahren ergibt (§ 253 Abs. 2 Satz 2 HGB). Steuerrechtlich ist der Zinssatz für die Abzinsung von Rückstellungen auf 5,5 % festgelegt.
- Das **gezeichnete Kapital** bei Kapitalgesellschaften ist zum **Nennbetrag** anzusetzen (§ 272 Abs. 1 HGB). Die nicht eingeforderten ausstehenden Einlagen auf das gezeichnete Kapital sind offen vom Posten „gezeichnetes Kapital" abzusetzen (§ 272 Abs. 1 Satz 3 HGB).
- **Eigene Anteile** sind auf der Passivseite in der Vorspalte vom „gezeichneten Kapital" offen als Kapitalrückzahlung abzusetzen.

Die allgemeinen Bewertungsvorschriften des § 252 HGB sind in der folgenden Tabelle dargestellt.

Allgemeine Bewertungsgrundsätze des § 252 HGB

Abs. 1 Nr. 1	Grundsatz der Bilanzidentität (Schlussbilanz Vorjahr = Eröffnungsbilanz Geschäftsjahr)
Abs. 1 Nr. 2	Grundsatz der Unternehmensfortführung (Going-Concern-Prinzip)
Abs. 1 Nr. 3	Grundsatz der Einzelbewertung und Stichtagsgrundsatz
Abs. 1 Nr. 4	Grundsatz der Vorsicht, mit den Ausprägungen Realisationsprinzip, Imparitätsprinzip und Wertaufhellungsprinzip
Abs. 1 Nr. 5	Grundsatz der Periodenabgrenzung
Abs. 1 Nr. 6	Grundsatz der Bewertungsstetigkeit, d. h. Beibehaltungspflicht der Ansatz- und Bewertungsmethoden
Abs. 2	Abweichung nur in begründeten Ausnahmefällen

Abb. 5.1: Allgemeine Bewertungsgrundsätze

5.1.1 Grundsatz der Bilanzidentität (§ 252 Abs. 1 Nr. 1 HGB)

Die Wertansätze in der Eröffnungsbilanz eines jeden Geschäftsjahres müssen mit denen der Schlussbilanz des vorhergehenden Geschäftsjahres übereinstimmen. Die vorgeschriebene Bilanzidentität bezieht sich aber nicht nur auf die Werte der einzelnen Bilanzposten, sondern auch auf den Ansatz der Posten in der Bilanz.

5.1.2 Grundsatz der Unternehmensfortführung (§ 252 Abs. 1 Nr. 2 HGB)

Der Grundsatz der Unternehmensfortführung (auch Going-Concern-Prinzip genannt) besagt, dass bei der Bewertung von der Fortführung der Unternehmenstätigkeit auszugehen ist, solange keine tatsächlichen oder rechtlichen Gegebenheiten entgegenstehen. Dies bedeutet, dass keine Liquidationswerte angesetzt werden dürfen und zukünftige Verpflichtungen zu berücksichtigen sind.

Beispiel: Kulanzrückstellung

Im Jahresabschluss besteht eine Passivierungspflicht für künftige Gewährleistungen, wenn sie ohne rechtliche Verpflichtung erbracht werden (§ 249 Abs. 1 Satz 2 Nr. 2 HGB). Es handelt sich hierbei um Kulanzleistungen. Dies ist nur mit dem Fortführungsprinzip vereinbar, denn bei fiktiver Unternehmenszerschlagung zum Bilanzstichtag wirken sich rechtlich nicht abgesicherte Verpflichtungen nicht als Vermögensbelastung aus. Bei Annahme der Unternehmensfortführung kann sich jedoch das bilanzierende Unternehmen bestimmten Kulanzleistungen nicht entziehen, ohne den bestehenden Kundenstamm zu verärgern.

5.1.3 Grundsatz der Einzelbewertung (§ 252 Abs. 1 Nr. 3 HGB)

Grundsätzlich sind **alle Vermögensgegenstände** und jede Verpflichtung (Verbindlichkeit und Rückstellung) **einzeln zu bewerten**. Gemäß dem Verrechnungsverbot sind Saldierungen unzulässig. Voraussetzung für die Einzelbewertung ist die Einzelerfassung, wonach alle Bilanzgegenstände gesondert zu erfassen sind. Auf diese Weise wird verhindert, dass sich Wertentwicklungen einzelner Vermögensgegenstände kompensieren, und so notwendige außerplanmäßige Abschreibungen unterbleiben. Das wäre der Fall, wenn zum Beispiel die Wertminderung eines Vermögensgegenstandes nicht im Jahresabschluss durch eine Abschreibung vermerkt wird, weil der Wert eines anderen Vermögensgegenstandes während des Geschäftsjahres gestiegen ist.

Bei Vermögensgegenständen des Umlaufvermögens kann der **Grundsatz der Einzelbewertung**, aus Gründen der Bewertungsvereinfachung, in den folgenden gesetzlich geregelten Fällen **durchbrochen werden** (Sammelbewertung (= zeitliche Verbrauchsfolgeverfahren), Gruppenbewertung und Festbewertung). Eng mit dem Einzelbewertungsgrundsatz verwandt ist die Objektivierungsfunktion des **Saldierungsverbotes** nach § 246 Abs. 2 HGB. Danach dürfen Posten der Aktivseite nicht mit Posten der Passivseite und Aufwendungen nicht mit Erträgen verrechnet werden.

Beispiel: Saldierungsverbot

Bankschulden dürfen nicht mit Bankguthaben auf anderen Konten verrechnet werden. Ebenso ist es nicht erlaubt, Zinsaufwendungen mit Zinserträgen zu verrechnen.

5.1.4 Grundsatz der Vorsicht (§ 252 Abs. 1 Nr. 4 HGB)

Der Grundsatz der Vorsicht ist das dominierende Prinzip im Handelsrecht. Die inhaltlichen Ausfüllungen des **Grundsatzes der Vorsicht** stellen das **Realisationsprinzip** und das **Imparitätsprinzip** mit deren Ausprägungen dar, d. h. es gilt das **Niederstwertprinzip** für das Vermögen und **Höchstwertprinzip** für die Schulden. Im Folgenden werden die Prinzipien konkretisiert:

- **Realisationsprinzip**

  Gewinne dürfen erst dann ausgewiesen werden, wenn sie durch Umsatzerlöse bis zum Abschlussstichtag realisiert worden sind. Wertsteigerungen, die über die Anschaffungs- oder Herstellungskosten hinausgehen, werden von diesem Prinzip ausgeschlossen. Eine Ausnahme bilden nur die bei Kredit- und Finanzinstitutionen zum Zeitwert zu bilanzierenden „zu Handelszwecken erworbene Finanzinstrumente". In diesem Fall erfolgt eine Bewertung zum beizulegenden Zeitwert abzüglich eines Risikoabschlags, selbst wenn die Anschaffungskosten überschritten werden. Da die Zeitwertbilanzierung erfolgswirksam durchzuführen ist, kann es zum Ausweis von unrealisierten Gewinnen kommen.

- **Imparitätsprinzip**

  Das Imparitäts- oder Verlustantizipationsprinzip schreibt vor, Gewinne und Verluste nicht paritätisch zu behandeln. Im Gegensatz zu den Gewinnen, die erst berücksichtigt werden, wenn sie am Abschlussstichtag realisiert wurden, müssen alle Risiken bzw. Verluste bereits ausgewiesen werden, wenn diese zwar noch nicht eingetreten sind, aber deren Eintritt wahrscheinlich ist (§ 252 Abs. 1 Nr. 4 HGB). Das bedeutet: Noch nicht realisierte Verluste dürfen bei vorübergehender Wertminderung im Finanzanlagevermögen und müssen bei dauerhafter Wertminderung im Anlagevermögen sowie bei einer Wertminderung im Umlaufvermögen ausgewiesen werden. Ziel dieses Prinzips ist es, vorhersehbare Verluste, die bis zum Abschlussstichtag entstanden sind, zu berücksichtigen, dass auszuschüttende Beträge an Anteilseigner und Eigentümer in der aktuellen Periode reduziert werden, um Verluste decken zu können, die ggf. im folgenden Geschäftsjahr eintreten.[39]

Die folgende Abbildung veranschaulicht die Ausprägungen des Vorsichtsprinzips.

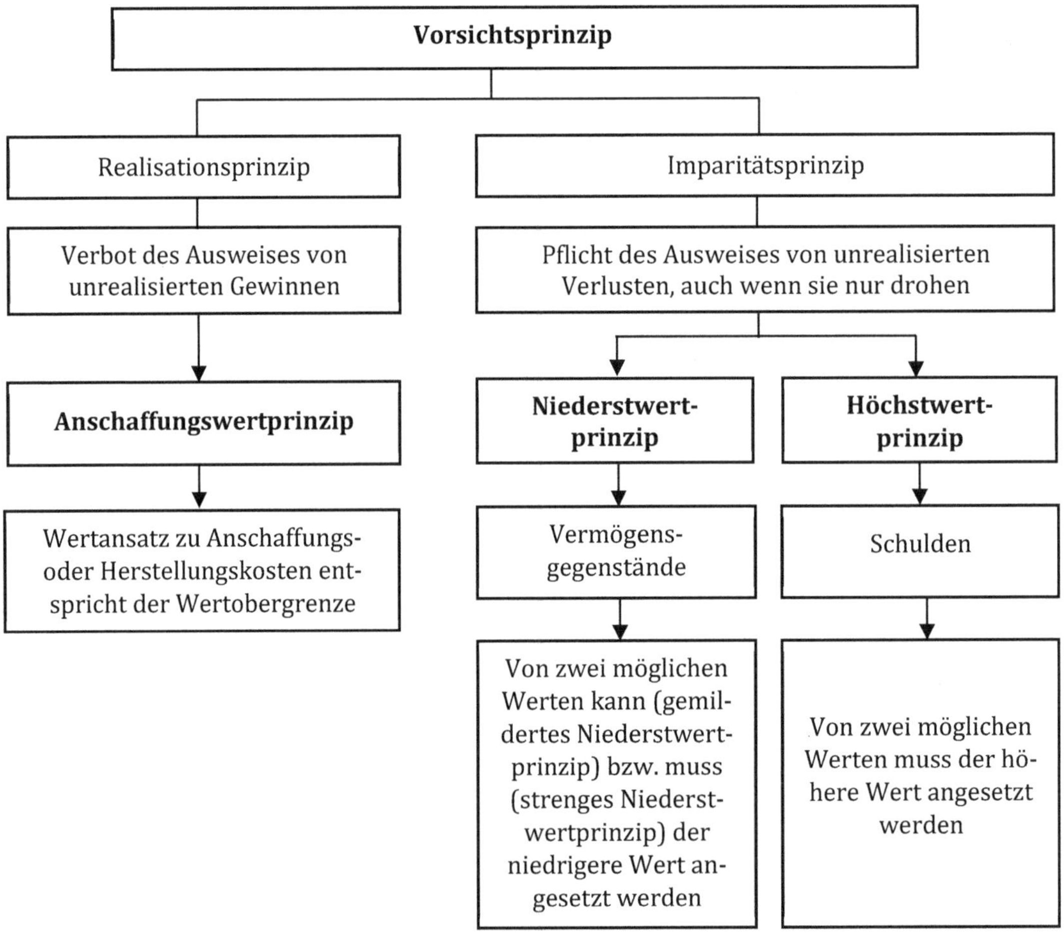

Abb. 5.2: Ausprägungen des Vorsichtsprinzips[40]

---

[39] Vgl. Baetge, J. et al.: Bilanzen, 2021, S. 135.

[40] In Anlehnung an Matthiesen, S.: Bilanzierung für Einsteiger, 2023, S. 95.

Merke

Realisationsprinzip: Gewinne dürfen erst nach der Realisation ausgewiesen werden.

Imparitätsprinzip: Verluste müssen bereits bei ihrer Entstehung und nicht erst bei der Realisation berücksichtigt werden.

Die nächste Abbildung veranschaulicht das Niederstwertprinzip.

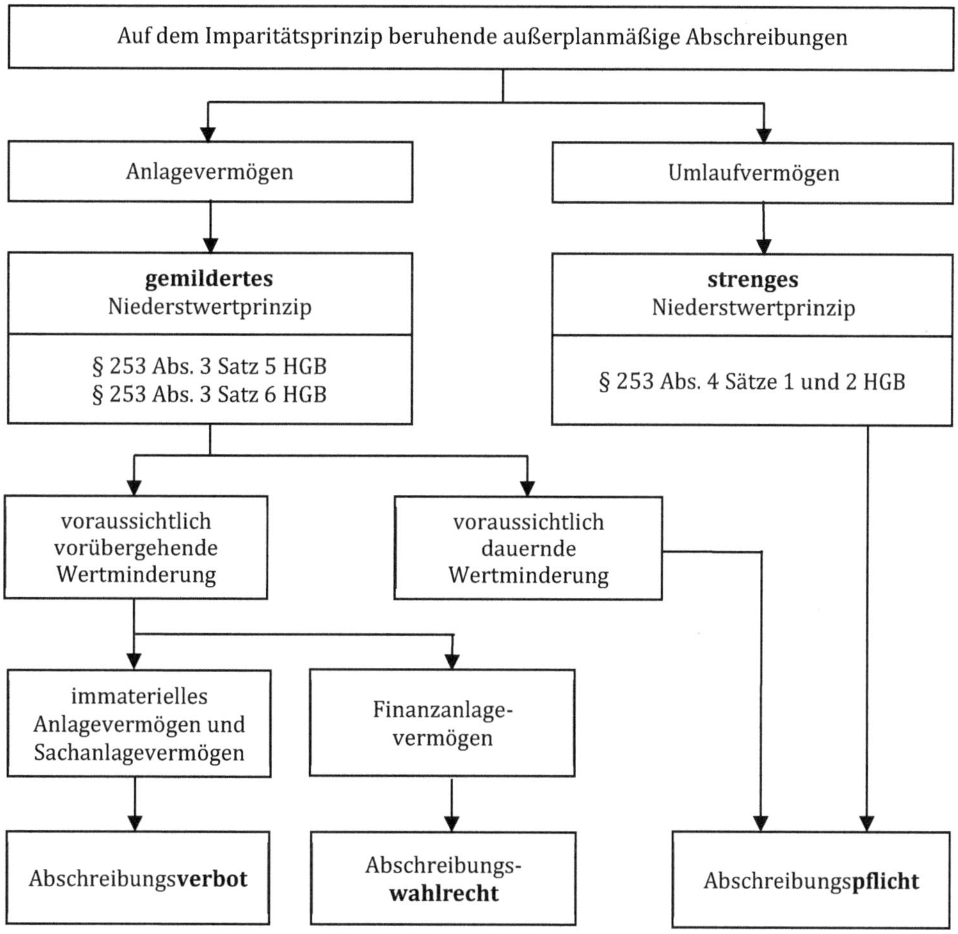

Abb. 5.3: Auf dem Imparitätsprinzip beruhende außerplanmäßige Abschreibungen[41]

Die Einhaltung dieser Prinzipien wird erreicht, wenn die folgenden Bewertungsprinzipien beachtet werden:

- **Niederstwertprinzip auf der Aktivseite:** Beim Umlaufvermögen und bei einer dauerhaften Wertminderung im Anlagevermögen muss, von zwei möglichen Werten, immer der niedrigere Wert angesetzt werden (**strenges Niederstwertprinzip**). Bei einer vorübergehenden Wertminderung im Anlagevermögen kann bei den Finanzanlagen (§ 253 Abs. 3 Satz 6 HGB) wahlweise der niedrigere Wert angesetzt werden (**gemildertes Niederstwertprinzip**). Ansonsten muss der bisherige Wert beibehalten werden.

[41] In Anlehnung an Baetge, J. et al.: Bilanzen, 2021, S. 213.

- **Höchstwertprinzip auf der Passivseite:** In Bezug auf die Bewertung von Verbindlichkeiten und Rückstellungen wird das Niederstwertprinzip zum Höchstwertprinzip. Das Höchstwertprinzip besagt, dass von zwei möglichen Wertansätzen der höhere Wert anzusetzen ist. Gemäß § 253 Abs. 1 Satz 2 HGB sind:
  - Verbindlichkeiten zu ihrem Erfüllungsbetrag (auch für den Fall, dass dieser höher ist als der Ausgabebetrag, z. B. bei einem Disagio),
  - Rentenverpflichtungen, für die eine Gegenleistung nicht mehr zu erwarten ist, zu ihrem Barwert, und
  - Rückstellungen nur in Höhe des Erfüllungsbetrages, der nach vernünftiger kaufmännischer Beurteilung notwendig ist,

  zu bewerten.
- **Wertaufhellungsprinzip:** Bis zum Bilanzaufstellungszeitpunkt gehen dem Bilanzierenden bei Schätzwerten (Forderungsausfall, Rückstellungen) bessere Informationen zu. Der Wertaufhellungsgrundsatz führt zu einer Berücksichtigung von Informationen, die dem Bilanzierenden erst nach dem Bilanzstichtag zugehen, wenn diese Informationen die tatsächlichen Verhältnisse am Bilanzstichtag wiedergeben.

  Der § 252 Abs. 1 Nr. 4 HGB weist im Zusammenhang mit dem Imparitätsprinzip ausdrücklich auf die Wertaufhellungstheorie hin. Dabei müssen auch Erkenntnisse (noch nicht realisierte Verluste) berücksichtigt werden, die erst zwischen dem Abschlussstichtag und dem Tag der Aufstellung des Jahresabschlusses bekannt geworden sind **(wertaufhellende Ereignisse)**, aber bereits im abgelaufenen Geschäftsjahr verursacht bzw. entstanden sind. Dagegen dürfen sogenannte **wertbeeinflussende (wertbegründende) Vorgänge**, die erst nach dem Bilanzstichtag eingetreten sind, nicht berücksichtigt werden.

Die folgende Abbildung veranschaulicht die Behandlung der wertaufhellenden und die wertbeeinflussenden Tatbestände.

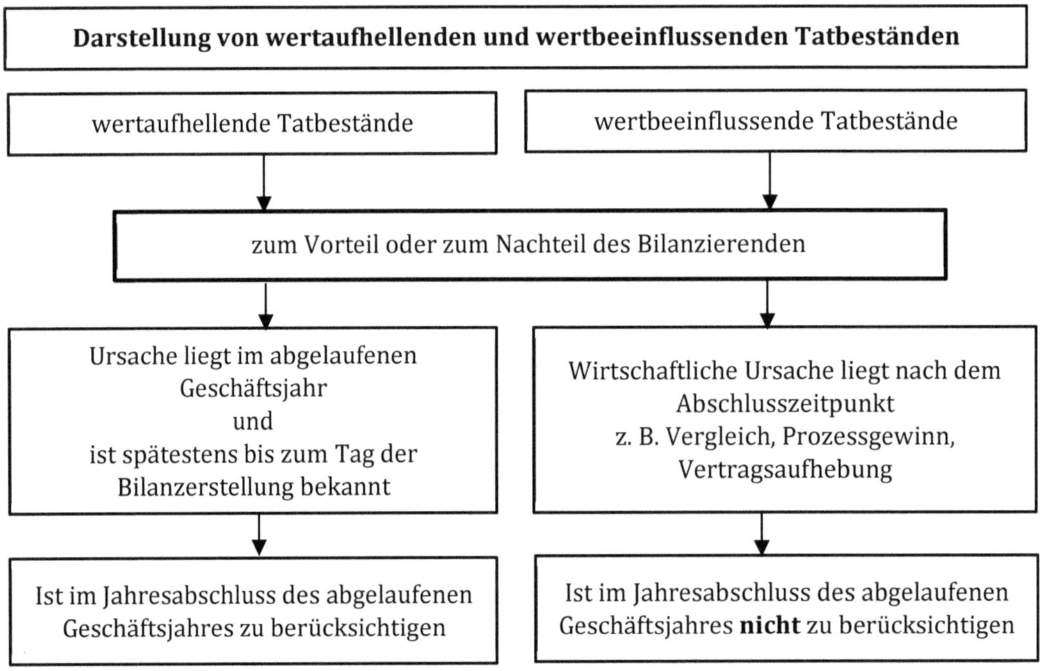

Abb. 5.4: Gegenüberstellung von wertaufhellenden und wertbeeinflussenden Tatsachen

Beispiel

Ein Unternehmen hat in der Bilanz zum 31.12.01 eine Forderung in Höhe von 100.000 € an den Kunden A bilanziert. Am 15.01. des folgenden Geschäftsjahres erfährt das Unternehmen, dass der Kunde A am 29.12.01 einen Insolvenzantrag beim Amtsgericht gestellt hat und das Insolvenzverfahren mangels Masse nicht eröffnet wurde. Das Unternehmen muss bereits zum Bilanzstichtag, dem 31.12.01, eine Einzelwertberichtigung vornehmen, d. h. diese Forderung ausbuchen. Die nach dem Bilanzstichtag, aber noch vor Aufstellung der Bilanz, gewonnene bessere Erkenntnis über die Verhältnisse am Bilanzstichtag muss berücksichtigt werden (Wertaufhellungstheorie). Da die Forderung objektiv bereits zum 31.12.01 uneinbringlich war, ist der Forderungsausfall schon im Jahresabschluss 01 des Gläubigers zu berücksichtigen.

Übungsaufgabe 5.1

Diese Aufgabe und die Lösung finden Sie online.

5.1.5 Grundsatz der Periodenabgrenzung (§ 252 Abs. 1 Nr. 5 HGB)

Aufwendungen und Erträge des Geschäftsjahres sind unabhängig von den Zeitpunkten der entsprechenden Zahlungen im Jahresabschluss zu berücksichtigen. Die Berücksichtigung erfolgt grundsätzlich in der Periode, in der der Werteverzehr bzw. Wertezugang wirtschaftlich verursacht wurde (sogenanntes Verursachungsprinzip). Dadurch werden Aufwendungen und Erträge verursachungsgerecht den einzelnen Perioden zugeordnet.

5.1.6 Grundsatz der Bewertungsstetigkeit (§ 252 Abs. 1 Nr. 6 HGB)

Dieser Grundsatz schreibt vor, dass die in der Vorperiode angewandten Bewertungsmethoden (Abschreibungsmethoden, Methoden zur Feststellung der Herstellungskosten etc.) beizubehalten sind. Vor allem Bewertungswahlrechte sind davon betroffen. Durch diesen Grundsatz soll die Vergleichbarkeit verschiedener Jahresabschlüsse erleichtert werden. Außerdem soll auf diese Weise verhindert werden, dass der Periodenerfolg, allein durch die Anwendung verschiedener Bewertungsmethoden, verlagert werden kann. Das Stetigkeitsprinzip ist eine sogenannte **Mussvorschrift**.

Übungsaufgabe 5.2: Allgemeine Bewertungsgrundsätze

a) Der Kunsthändler Müller hat im Jahr 01 Waren für 8.000 € (ohne USt) eingekauft, die er im Februar 02 für 25.000 € verkauft. Mit welchem Wert sind die Waren in der Bilanz zum 31.12.01 auszuweisen?

b) Der Antiquitätenhändler Fuchs hat im Jahr 01 Waren für 15.000 € (ohne USt) eingekauft, die am 31.12.01 einen Wert von 11.500 € haben. Die Waren werden im Jahr 02 für 11.500 € (ohne USt) verkauft. Mit welchem Wert sind die Waren in der Bilanz zum 31.12.01 auszuweisen?

c) Der Einzelhändler Mayer erfährt am 10.01.02, dass die Forderung gegenüber dem Kunden Y in voller Höhe ausfällt, da über das Vermögen des Kunden Y das Insolvenzverfahren am 29.12.01 mangels Masse abgelehnt wurde. Die Bilanz wird am 15.03.02 aufgestellt. Ist der Forderungsausfall schon im Jahresabschluss 01 zu berücksichtigen?

d) Die Power Production GmbH hat eine Forderung aLuL in Höhe von 23.800 € gegenüber dem Kunden Y vom 22.12.01. Am 25.01.01 brennt die Lagerhalle des Kunden Y ab. Die Lagerhalle ist versichert, aber nicht die Handelswaren und die Fertigerzeugnisse. Im Februar meldet der Kunde Y Insolvenz wegen Zahlungsunfähigkeit an. Mit welchem Betrag ist die Forderung aLuL gegenüber dem Kunden Y in der Bilanz zum 31.12.01 auszuweisen?

Bitte tragen Sie hier die Lösungen ein.

a) ______________________________

b) ______________________________

c) ______________________________

d) ______________________________

Die Lösung finden Sie online.

5.2 Ausgangs- und Basiswerte für die Bewertung

Für die **Zugangsbewertung** der Vermögensgegenstände und Schulden sind insbesondere folgende Wertmaßstäbe von Bedeutung:

- Vermögensgegenstände: Anschaffungskosten (AK) oder Herstellungskosten (HK),
- gezeichnetes Eigenkapital: Nennbetrag,
- Verbindlichkeiten: Erfüllungsbetrag,
- Rückstellungen: nach vernünftiger kaufmännischer Beurteilung notwendiger Erfüllungsbetrag und
- latente Steuern: Steuerbelastung/Steuerentlastung bewertet mit den individuellen Steuersätzen im Zeitpunkt des Abbaus der Differenzen.

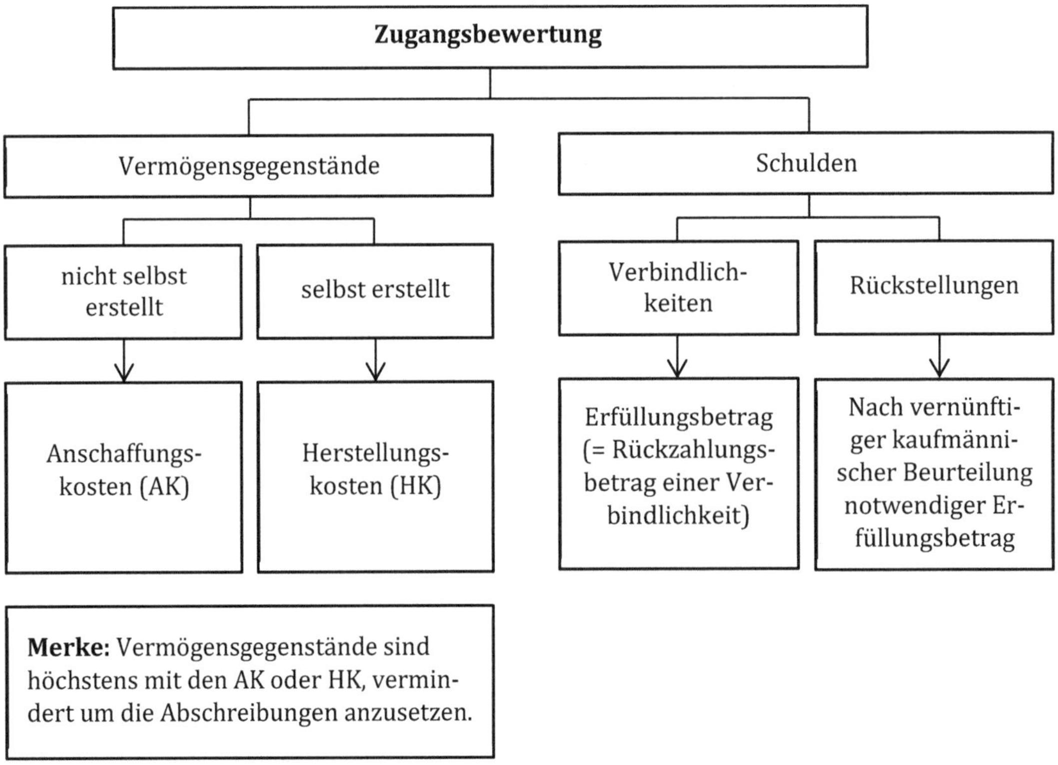

Abb. 5.5: Zugangsbewertung nach HGB

Die Abbildung 5.5 zeigt die Wertmaßstäbe für die **Zugangsbewertung.**

Für die **Folgebewertung** am jeweiligen Abschlussstichtag (der Folgeperioden) sind folgende Wertmaßstäbe von Bedeutung:

- fortgeführte Anschaffungs- oder fortgeführte Herstellungskosten,
- Börsen- oder Marktpreis,
- niedrigerer beizulegender Wert; es gilt das Niederstwertprinzip bei den Vermögensgegenständen, Ausnahme sind die zu Handelszwecken erworbenen Finanzinstrumente (bei Kredit- und Finanzdienstleistungsinstituten),
- beizulegender Wert für die Bewertung des Planvermögens (gemäß § 246 Abs. 2 Satz 2 HGB zu verrechnende Vermögensgegenstände mit den Pensionsrückstellungen),
- verlustfreie Bewertung,
- retrograde Bewertung (Anwendung vor allem im Einzelhandel),
- Teilwert (im Steuerrecht),
- (nach vernünftiger kaufmännischer Beurteilung notwendiger) Erfüllungsbetrag,
- Barwert (Diskontierung der Zahlungen auf den Gegenwartswert), und
- latente Steuern: Steuerbelastung/Steuerentlastung bewertet mit den individuellen Steuersätzen zum Zeitpunkt des Abbaus der Differenzen.

5.2.1 Anschaffungskosten

Anschaffungskosten fallen an, wenn Vermögensgegenstände von Dritten erworben werden. Die Anschaffungskosten umfassen nach § 255 Abs. 1 HGB „die Aufwendungen, die geleistet werden, um einen **Vermögensgegenstand zu erwerben** und ihn in einen **betriebsbereiten Zustand** zu versetzen, soweit sie dem Vermögensgegenstand **einzeln zugeordnet werden können.**"

Bei der Ermittlung der Anschaffungskosten wird nicht nur der Einkaufspreis berücksichtigt, sondern alle einzeln und direkt zuordenbaren Leistungen und Aufwendungen, die aufgebracht werden müssen, bis der Vermögensgegenstand betriebsbereit ist.

Dabei ist aber unbedingt zu beachten, dass nur die **Einzelkosten** den Anschaffungskosten zugerechnet werden dürfen, nicht aber die **Gemeinkosten**. Mit Einzelkosten sind die Kosten gemeint, die dem Vermögenswert direkt zugeordnet werden können. Allgemeine Kosten, die bspw. für den Vertrieb oder die Verwaltung anfallen, gehören nicht zu den Anschaffungskosten und sind deshalb nicht zu berücksichtigen.[42]

Die **Anschaffungskosten** setzen sich wie folgt zusammen:

	Anschaffungspreis	⟷	Nettoeinkaufspreis (d. h. ohne abziehbare Vorsteuer)
–	einzeln zuordenbare Anschaffungspreisminderungen	⟷	Rabatte, Skonti, Boni[43], Gutschriften, erhaltene Zuschüsse Dritter, Subventionen, Rückvergütungen
+	Aufwendungen für die Versetzung in betriebsbereiten Zustand, sofern einzeln zuzuordnen	⟷	Fundamente, Anschlusskosten, betriebsinterne Aufwendungen, sofern diese einzeln zuordenbar sind (Einzelkosten)

[42] Vgl. Bitz, M.; et al.: Der Jahresabschluss, 2014, S. 235 f.

[43] Zu den einzeln zuordenbaren Anschaffungspreisminderungen gehören jedoch nicht mengen- oder umsatzabhängige Boni.

+	Anschaffungsnebenkosten, sofern einzeln zurechenbar	⟷	Bezugskosten, Einfuhrzölle, Transportversicherung, Ablade- und Montagekosten, Zulassungskosten, Grunderwerbsteuer, Grundbuchgebühren, Notargebühren, Maklercourtage etc.
+	nachträgliche Anschaffungskosten, sofern einzeln zurechenbar	⟷	Aufwendungen für Umbau-, Ausbauarbeiten, nachträgliche Erschließungskosten bei Grundstücken, Straßenbau, Zubehörteile für Anlagen
=	**Anschaffungskosten** (AK)	⟷	Aktivierung: handels- und steuerrechtlich

Abb. 5.6: Ermittlung der Anschaffungskosten

Merke: Zu den Anschaffungskosten gehören nur Einzelkosten, aber keine Gemeinkosten.

Besonderheiten beim Anschaffungspreis für:

- Fremdwährungsgeschäfte: Umrechnung zum Stichtagskurs, an dem die wirtschaftliche Verfügungsmacht erlangt wurde,
- Tauschgeschäfte: Wahlrecht zwischen der Buchwertfortführung und der Gewinnrealisierung (steuerlich zwingend: Gewinnrealisierung),
- unentgeltlicher Erwerb: Bewertung zum Zeitwert.

Anschaffungsnebenkosten

Zu den Anschaffungsnebenkosten gehören alle Ausgaben, die dem Unternehmen zusätzlich entstehen, um den Vermögensgegenstand zu erwerben und in einen betriebsbereiten Zustand zu versetzen. Zu den Anschaffungsnebenkosten zählen beispielsweise Transport- und Frachtkosten, Transportversicherung, Provisionen, Fundamentierungskosten für die Aufstellung einer Maschine, Montagekosten, Kosten des Einbaus einer Maschine und der beim Einsatz eigener Arbeitskräfte auf diese Arbeiten anteilig anfallende Personalaufwand.

Beim Erwerb von Grundstücken oder Immobilien zählen ebenfalls die Kosten der notariellen Beurkundung, des Grundbucheintrags, die Maklergebühren sowie die Grunderwerbsteuer zu den Anschaffungsnebenkosten.

Kosten der Geldbeschaffung (Fremd- oder Eigenkapitalzinsen, Disagio) zählen grundsätzlich **nicht** zu den Anschaffungsnebenkosten.

Zur Überprüfung der Einordnung von Aufwendungen als Anschaffungsnebenkosten können Sie sich an dem folgenden Schema (Abb. 5.7) orientieren.

Die Anschaffungskosten (bzw. Herstellungskosten) stellen die Obergrenze für die Bewertung von Vermögensgegenständen dar, d. h. Vermögensgegenstände dürfen höchstens mit den Anschaffungs- oder Herstellungskosten abzüglich der planmäßigen oder außerplanmäßigen Abschreibungen bewertet werden.

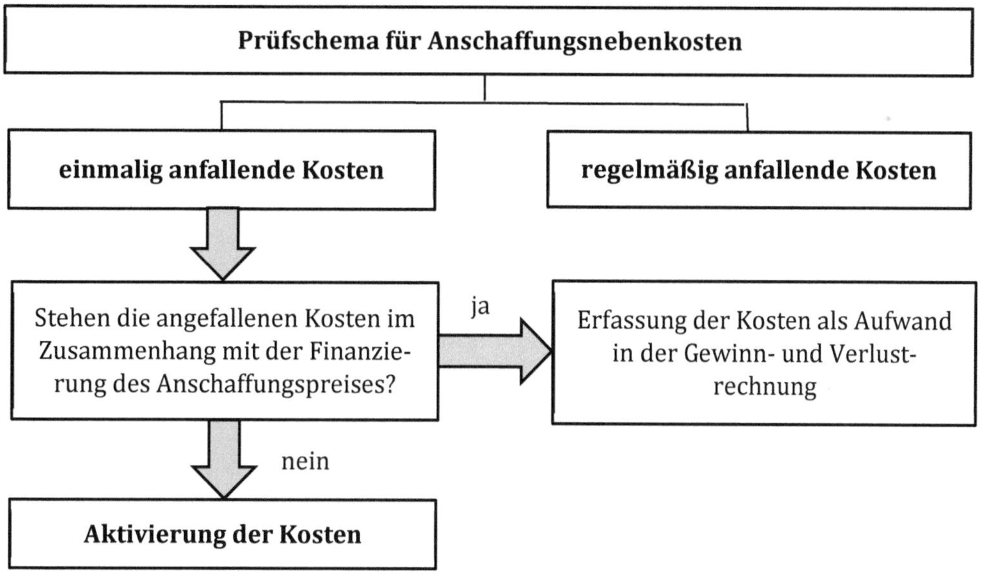

Abb. 5.7: Prüfschema für die Aktivierung der Anschaffungsnebenkosten

Beispiel: Ermittlung der Anschaffungskosten

Das Unternehmen Meier e. K. kauft eine Fertigungszelle für 310.000 € zzgl. 19 % USt. Für den Transport nach Ettlingen fallen Kosten in Höhe von 3.000 € zzgl. 19 % USt. an. Die Transportversicherung beträgt 1.000 €. Die Maschine wird aufgebaut und in einen betriebsbereiten Zustand gebracht, hierfür fallen Materialeinzelkosten in Höhe von 2.000 € an. Für die Montage sind 50 Monteurstunden zu je 40 €/Std. zu berücksichtigen. Die Einzelunternehmung Meier e. K. ist zum Vorsteuerabzug berechtigt. Die Kosten für den Kredit betragen 12.000 €. Die Fertigungszelle wird innerhalb von 10 Tagen mit 3 % Skonto bezahlt.

	Anschaffungspreis ohne Umsatzsteuer	310.000 €
-	Skonto	- 9.300 €
+	Transportkosten	+ 3.000 €
+	Transportversicherung	+ 1.000 €
+	Materialeinzelkosten	+ 2.000 €
+	Monteurstunden (50 Std. × 40 €/Std.)	+ 2.000 €
=	**Anschaffungskosten**	**= 308.700 €**

Die Finanzierungskosten gehören nicht zu den Anschaffungsnebenkosten, d. h. Finanzierungskosten dürfen nicht aktiviert werden.

Merke
Die nicht abnutzbaren Vermögensgegenstände des Anlagevermögens wie z. B.:
- Grund und Boden,
- Beteiligungen und
- andere Finanzanlagen (z. B. Wertpapiere)

sind grundsätzlich mit den Anschaffungskosten anzusetzen.

Übungsaufgabe 5.3: Ermittlung der Anschaffungskosten

Die Reparatur GmbH kauft ein neues Diagnosegerät zu einem Preis von 25.000 €. Weil die Reparatur GmbH ein sehr guter Kunde ist, wird ihr von ihrem Lieferanten ein Rabatt auf den Anschaffungspreis von 8 % und Skonto in Höhe von 2 % bei einem Zahlungsziel innerhalb von 10 Tagen gewährt. Die Versicherungskosten des Diagnosegerätes betragen 260 €. Außerdem werden Kosten für die Inbetriebnahme in Höhe von 1.400 € berechnet. Die Reparatur GmbH bezahlt das Diagnosegerät nach einer Woche unter Einbehalt von 2 % Skonto. Alle Preise sind netto, die Umsatzsteuer kann aufgrund des Vorsteuerabzugs vernachlässigt werden. Ermitteln Sie die Anschaffungskosten für das Diagnosegerät.

Nutzen Sie bitte die nachfolgende Tabelle für die Ermittlung der Anschaffungskosten.

	Anschaffungspreis	25.000 €
	Anschaffungsnebenkosten	
+		
+		
	einzeln zuordenbare Anschaffungspreisminderungen	
-		
-		
=	Anschaffungskosten	

Die Lösung finden Sie online.

Übungsaufgabe 5.4 und 5.5

Alle Aufgaben und Lösungen finden Sie online.

Nachträgliche Anschaffungs- oder Herstellungskosten

Bei den nachträglichen Anschaffungs- oder Herstellungskosten handelt es sich um Kosten, die nach dem Kauf eines Vermögensgegenstandes entstehen und zusätzliche Funktionen oder Verbesserungen des Vermögensgegenstandes zur Verfügung stellen. Sie müssen in einem zeitlichen Zusammenhang mit der Anschaffung stehen. Die nachträglichen Anschaffungs- oder Herstellungskosten sind auf früher beschaffte Vermögensgegenstände werterhöhend zu berücksichtigen.

Der Buchwert des Vermögensgegenstandes ist auf den Zeitpunkt unmittelbar vor der nachträglichen Anschaffung oder Herstellung zu ermitteln. Die nachträglichen Anschaffungs- oder Herstellungskosten sind dem Buchwert zu zuführen. Handelsrechtlich sind die nachträglichen Anschaffungs- oder Herstellungskosten zusammen mit den fortgeführten Anschaffungs- oder Herstellungskosten (= Buchwert des Vermögensgegenstands unmittelbar vor der Aktivierung der nachträglichen Anschaffungs- oder Herstellungskosten) innerhalb der Restnutzungsdauer, die ggf. neu zu schätzen ist, planmäßig abzuschreiben.[44]

Wird ein begrenzt nutzbarer Vermögensgegenstand linear abgeschrieben, so werden die nachträglichen Anschaffungs- oder Herstellungskosten (AK/HK), entsprechend der nachfolgenden Formel, gleichmäßig auf die Restnutzungsdauer verteilt.

$$\text{Lineare Abschreibung bei nachträglichen AK/HK} = \frac{\text{Restbuchwert + nachträgliche AK/HK}}{\text{Restnutzungsdauer}}$$

[44] Heyd, R.; Beyer, M. & Zorn, D.: Bilanzierung nach HGB in Schaubildern, 2014, S. 61.

Der neue Abschreibungsbetrag ist für das volle Jahr zu ermitteln, unabhängig von dem Zeitpunkt, wann die nachträglichen Anschaffungs- oder Herstellungskosten tatsächlich angefallen sind. Dieser Abschreibungsbetrag muss über die restliche Nutzungsdauer des Vermögensgegenstandes/ Wirtschaftsgutes abgeschrieben werden. Verändert sich durch die nachträglichen Ausgaben die Nutzungsdauer, ist diese anzupassen.

Bei der geometrisch degressiven Abschreibung wird der bisherige prozentuale Abschreibungssatz auf den um die nachträglichen Anschaffungs- oder Herstellungskosten vermehrten Restbuchwert angewendet.

Beispiel: Nachträgliche Anschaffungskosten

Die ABC GmbH, die zum Vorsteuerabzug berechtigt ist, kaufte im Januar 01 eine Fertigungszelle zu Anschaffungskosten für 476.000 € inkl. 19 % USt. Die Nutzungsdauer beträgt zehn Jahre und die Fertigungszelle wird linear abgeschrieben. Anfang Januar 03 erwarb die ABC GmbH ein Ergänzungsmodul für die Fertigungszelle. Die nachträglichen Anschaffungskosten beliefen sich auf 142.800 € inkl. 19 % USt. Die Nutzungsdauer hat sich durch das Ergänzungsmodul nicht verändert, aber die nachträglichen Anschaffungskosten führen zu einer Veränderung des Abschreibungsplans.

Zunächst wird der Buchwert zum 31.12.02 ermittelt, die nachträglichen Anschaffungskosten hinzuaddiert, und anschließend nach der Anpassung des Abschreibungsplans der Buchwert zum 31.12.03 berechnet.

	Anschaffungskosten ohne Umsatzsteuer	400.000 €
-	Abschreibung im Geschäftsjahr 01 (400.000 € : 10 Jahre)	- 40.000 €
-	Abschreibung im Geschäftsjahr 02 (400.000 € : 10 Jahre)	- 40.000 €
=	**Buchwert zum 31.12.02**	**= 320.000 €**
+	nachträgliche Anschaffungskosten	+ 120.000 €
=	**neue Bemessungsgrundlage für die Abschreibung ab Januar 03**	**= 440.000 €**
-	Abschreibung im Geschäftsjahr 03 (440.000 € : 8 Jahre)	- 55.000 €
=	**Buchwert zum 31.12.03**	**= 385.000 €**

Durch die Aktivierung der nachträglichen Anschaffungskosten hat sich die Bemessungsgrundlage für die Abschreibungen verändert. Der Buchwert zum 31.12.03 beträgt 385.000 €.

Übungsaufgabe 5.6: Ermittlung des Abschreibungsbetrags bei nachträglichen AK/HK

Die Reparatur GmbH hat am 02.01.01 eine neue Bohrmaschine zu einem Preis von 24.000 € angeschafft. Die Nutzungsdauer der Maschine beträgt 16 Jahre. Am 08.05.02 wird eine Zusatzkomponente für 3.000 € gekauft. Die Kosten der Zusatzkomponente sind als nachträgliche Anschaffungskosten anzusehen. Ermitteln Sie die Abschreibung für das Jahr 01 und das Jahr 02.

$$\text{Abschreibung Jahr 01} = \frac{\text{Anschaffungskosten}}{\text{Nutzungsdauer in Jahren}} =$$

Restbuchwert am 31.12.01 =

$$\text{Abschreibung Jahr 02} = \frac{\text{Restbuchwert + nachträgliche Anschaffungskosten}}{\text{Restnutzungsdauer}} =$$

5.2.2 Herstellungskosten

Die Herstellungskosten dienen der Bewertung von nicht entgeltlich erworbenen Vermögensgegenständen. Sie umfassen gemäß § 255 Abs. 2 HGB alle Aufwendungen, die durch

- den Verbrauch von Gütern und die Inanspruchnahme von Diensten für
- die Herstellung eines Vermögensgegenstandes,
- seine Erweiterung oder für eine
- über seinen ursprünglichen Zustand hinausgehende wesentliche Verbesserungen entstehen.
- Alle vom Unternehmen ganz oder teilweise selbst erstellten Gegenstände des Anlage- und Umlaufvermögens (z. B. selbst erstellte Anlagen, werterhöhende Reparaturen, Erweiterungen, fertige und unfertige Erzeugnisse) werden mit den Herstellungskosten bewertet, die in § 255 Abs. 2 HGB definiert sind.

Die **Pflichtbestandteile** der Herstellungskosten stellen die **Wertuntergrenze** dar. Sie teilen sich in Einzel- und Gemeinkosten und den Werteverzehr des Anlagevermögens auf. Die Einzelkosten können sich aus Material-, Fertigungs- und Sondereinzelkosten zusammensetzen. Für Material und Fertigung fallen i. d. R. neben den Einzelkosten auch Gemeinkosten an.

Kostenart	**Beispiele**
Materialeinzelkosten	direkt zurechenbare Materialkosten, wie Roh- und Hilfsstoffe
Fertigungseinzelkosten	Fertigungslöhne einschließlich aller Zuschläge sowie gesetzlicher und tariflicher Sozialleistungen
Sondereinzelkosten der Fertigung	Einzelaufwendungen für Spezialwerkzeuge, Modelle, Lizenzen, Entwicklungs-, Versuchs- und Konstruktionskosten
Materialgemeinkosten	Einkauf, Lager-, Transport- und Prüfkosten, Kosten der Lagerverwaltung
Fertigungsgemeinkosten	Aufwendungen für Vorbereitung und Kontrolle der Fertigung, Raumkosten, Betriebsleitung, Unfallverhütung, Sachversicherungen
fertigungsbedingter Werteverzehr des Anlagevermögens	planmäßige Abschreibungen, soweit sie durch die Fertigung veranlasst und nicht bereits in den Fertigungsgemeinkosten enthalten sind.

Abb. 5.8: Pflichtbestandteile der Herstellungskosten[45]

Wenn die **Wahlbestandteile** in die Herstellungskosten miteinbezogen werden, so erhöhen sich die Herstellungskosten. Zum handelsrechtlichen **Einbeziehungswahlrecht** gehören die angemessenen Kosten der allgemeinen Verwaltung (z. B. Gehälter für Rechnungswesen, Personalbüro etc.), Aufwendungen für soziale Einrichtungen des Betriebs (z. B. Kantine, Sportstätten, Kindertagesstätten, Erholungsheime), freiwillige soziale Aufwendungen (z. B. Jubiläumsaufwendungen, freiwillige Weihnachtszuwendungen), betriebliche Altersversorgung (Zuführungen zu den Pensionsrückstellungen, Beiträge zur betrieblichen Direktversicherung, Zuwendungen an Pensionskassen, Pensionsfonds und Unterstützungskassen) und Fremdkapitalzinsen. Fremdkapitalzinsen dürfen aber

---

[45] Meyer, C. u. Theile, C.: Bilanzierung nach Handels- und Steuerrecht, 2021, S. 152.

nur hinzugerechnet werden, sofern das Fremdkapital zur Finanzierung der Herstellung angeschafft und verwendet wurde und sich die Zinsen während der Herstellungszeit ergeben haben.[46]

Kostenart	Beispiele
Allgemeine Verwaltungskosten	Aufwendungen für Geschäftsleitung, Personalabteilung, Rechnungswesens und Controlling, Ausbildungswesen, Feuerwehr, Werkschutz
Aufwendungen für soziale Einrichtungen des Betriebs	Aufwendungen für Kantine, Sport- und Freizeiteinrichtungen, Erholungsheime
Aufwendungen für freiwillige soziale Leistungen	Weihnachtsgeld, Jubiläumsgeschenke, Wohnungsbeihilfen, Beteiligung der Arbeitnehmer am Ergebnis
Aufwendungen für betriebliche Altersversorgung	Zuführung zu Pensionsrückstellungen, Beiträge zu Pensions- und Unterstützungskassen und Direktversicherungen
Zinsen für Fremdkapital	soweit sie dem Gut direkt zurechenbar sind und auf den Produktionszeitraum entfallen, von Bedeutung bei langfristiger Auftragsfertigung

Abb. 5.9: Wahlbestandteile der Herstellungskosten[47]

Die Herstellungskosten werden folgendermaßen berechnet:

	Handelsrechtliche Herstellungskosten gemäß § 255 Abs. 2 und 3 HGB		Steuerrechtliche Herstellungskosten gemäß § 6 Abs. 1 Nr. 1b EStG
Pflicht	Materialeinzelkosten + Fertigungseinzelkosten + Sondereinzelkosten der Fertigung + Materialgemeinkosten + Fertigungsgemeinkosten + fertigungsbedingter Werteverzehr des Anlagevermögens	Pflicht	Materialeinzelkosten + Fertigungseinzelkosten + Sondereinzelkosten der Fertigung + Materialgemeinkosten + Fertigungsgemeinkosten + fertigungsbedingter Werteverzehr des Anlagevermögens **ohne** selbst erstellte immaterielle Anlagegüter
	= **Wertuntergrenze**		= **Wertuntergrenze**
Wahlrecht	+ allgemeine Verwaltungsgemeinkosten + Aufwendungen für soziale Einrichtungen des Betriebs + Aufwendungen für freiwillige soziale Leistungen + Aufwendungen für betriebliche Altersversorgung + Fremdkapitalzinsen[48]	Wahlrecht	+ allgemeine Verwaltungsgemeinkosten + Aufwendungen für soziale Einrichtungen des Betriebs + Aufwendungen für freiwillige soziale Leistungen + Aufwendungen für betriebliche Altersversorgung + Fremdkapitalzinsen[49]
	= **Wertobergrenze**		= **Wertobergrenze**

46 Vgl. Bitz, M.et al.: Der Jahresabschluss, 2014, S. 242 ff.

47 Meyer, C. u. Theile, C.: Bilanzierung nach Handels- und Steuerrecht, 2021, S.152.

48 Zinsen für das Fremdkapital, die auf den Zeitraum der Herstellung entfallen.

49 Zinsen für das Fremdkapital, die auf den Zeitraum der Herstellung entfallen.

Verbot	Vertriebskosten Leerkosten (resultiert aus Unterbeschäftigung) Forschungskosten	Verbot	Vertriebskosten Leerkosten (resultiert aus Unterbeschäftigung) Forschungskosten fertigungsbedingter Werteverzehr selbst erstellter immaterieller Anlagegüter

Abb. 5.10: Ermittlung der Herstellungskosten nach Handels- und Steuerrecht

Forschungs- und Vertriebskosten, Gewinnzuschläge und kalkulatorische Kosten (z. B. kalkulatorischer Unternehmerlohn bei Einzelunternehmungen) sowie Leerkosten aufgrund von Unterbeschäftigung dürfen weder in der Handelsbilanz noch in der Steuerbilanz aktiviert werden.

Fortgeführte Anschaffungs- oder Herstellungskosten (AK/HK)

Die **fortgeführten AK/HK** ergeben sich als Wertansatz für alle abnutzbaren Anlagegüter unter Berücksichtigung der Abschreibungen:

	Anschaffungs- oder Herstellungskosten
-	kumulierte planmäßige Abschreibungen auf abnutzbare Vermögensgegenstände
=	**fortgeführte Anschaffungs- oder Herstellungskosten (AK/HK)**

Die jährlich gemäß dem Abschreibungsplan fortzuschreibenden Restbuchwerte entsprechen den fortgeführten Anschaffungs- oder Herstellungskosten.

Beispiel: Handelsrechtliche Wertuntergrenze und Wertobergrenze der Herstellungskosten

Ein Maschinenbauunternehmen erstellt mit eigenem Personal eine Fräsmaschine. Es gelten Materialeinzelkosten = 80.000 €, Fertigungseinzelkosten = 35.000 €, Sondereinzelkosten der Fertigung = 12.000 €, Werteverzehr der Produktionsanlagen = 9.000 €, Fremdkapitalzinsen zur Vorfinanzierung der Maschine = 8.000 €, allgemeine Verwaltungskosten = 15.000 €, Kosten für freiwillige soziale Leistungen = 2.000 €, Forschungskosten = 20.000 € und Vertriebsgemeinkosten = 12.000 € angefallen. Des Weiteren betragen der Materialgemeinkostenzuschlagssatz = 10 % und der Fertigungsgemeinkostenzuschlagssatz = 180 %. Es werden die zu aktivierenden Herstellungskosten ermittelt.

	Materialeinzelkosten	80.000 €
+	Materialgemeinkosten (10 % von 80.000 €)	8.000 €
+	Fertigungseinzelkosten	35.000 €
+	Fertigungsgemeinkosten (180 % von 35.000 €)	63.000 €
+	Werteverzehr der Produktionsanlagen (Abschreibungen)	9.000 €
+	Sondereinzelkosten der Fertigung	12.000 €
=	**Wertuntergrenze der Herstellungskosten**	**207.000 €**
+	Kosten der allgemeinen Verwaltung	15.000 €
+	Kosten für freiwillige soziale Leistungen	2.000 €
+	Fremdkapitalzinsen	8.000 €
=	**Wertobergrenze der Herstellungskosten**	**232.000 €**

Die Wahlrechte bei der Ermittlung der Herstellungskosten bieten dem Maschinenbauunternehmen bilanzpolitischen Spielraum. Falls das Unternehmen einen geringeren Gewinn ausweisen möchte, wird die Fräsmaschine mit der Wertuntergrenze der Herstellungskosten bewertet. Für die Forschungs- und Vertriebskosten besteht ein Aktivierungsverbot.

Übungsaufgabe 5.7: Ermittlung der Herstellungskosten

Für den Bilanzposten „Fertigerzeugnisse" ist der Bilanzansatz nach dem Handelsrecht zu ermitteln. Hierfür liegen Ihnen folgende Zahlen vor:

Materialeinzelkosten	400.000 €
Fertigungslöhne (Fertigungseinzelkosten)	300.000 €
Forschungskosten	50.000 €
Sondereinzelkosten der Fertigung	20.000 €
Sondereinzelkosten des Vertriebs	24.000 €
Fremdkapitalzinsen	28.000 €
Aufwendungen für betriebliche Sozialeinrichtungen	6.000 €
Aufwendungen für freiwillige soziale Leistungen	6.500 €
Aufwendungen für betriebliche Altersversorgung	15.000 €
kalkulatorischer Unternehmerlohn	17.000 €

Gemeinkostenzuschlagssätze:

Materialgemeinkosten	20 %	Verwaltungsgemeinkosten	15 %
Fertigungsgemeinkosten	80 %	Vertriebsgemeinkosten	12 %

Die Fremdkapitalzinsen dienen zur Finanzierung der Fertigerzeugnisse. Sie entfallen ausschließlich auf den Fertigungszeitraum.

a) Ermitteln Sie die Herstellungskosten der Fertigerzeugnisse unter der Prämisse, dass der **Gewinn** möglichst **niedrig** ausfallen soll.

b) Ermitteln Sie die Herstellungskosten der Fertigerzeugnisse unter der Prämisse, dass der **Gewinn** möglichst **hoch** ausfallen soll.

hoher Gewinnausweis = ______________________________

niedriger Gewinnausweis = ______________________________

Nutzen Sie die folgende Tabelle für die Ermittlung der Herstellungskosten.

Die Lösung finden Sie online.

Übungsaufgabe 5.8 und 5.9

Alle Aufgaben und Lösungen finden Sie online.

5.2.3 Beizulegender Wert

Der beizulegende Wert ist ein Vergleichswert. Für die Ermittlung des **beizulegenden Werts** sind verschiedene Hilfswerte heranzuziehen. Dabei ist es sinnvoll, zwischen dem Anlagevermögen und dem Umlaufvermögen zu unterscheiden. Bei der **Bewertung des Anlagevermögens** wird der beizulegende Wert in der Regel am **Beschaffungsmarkt** bestimmt. Es bieten sich der Zeitwert der Wiederbeschaffungskosten, der Reproduktionswert, der Einzelveräußerungswert, der Wert eines Sachverständigengutachtens oder der Ertragswert (des betreffenden Vermögensgegenstands) an.

Bei der **Bewertung des Umlaufvermögens** wird der beizulegende Wert in der Regel vom **Absatzmarkt** bestimmt. Es erfolgt eine retrograde Bewertung.

Beschaffungsmarktorientierte Berechnungsmethode des beizulegenden Werts:

	Wiederbeschaffungspreis
+	Anschaffungsnebenkosten
-	einzeln zuordenbare Anschaffungspreisminderungen
=	**beizulegender Wert** (vom Beschaffungsmarkt bestimmt)

Absatzmarktorientierte Berechnungsmethode des beizulegenden Werts:

	vorsichtig geschätzter Verkaufserlös (Einzelveräußerungspreis, Schrottwert)
-	erwartete Erlösschmälerungen (z. B. Preisnachlässe, Rabatt, Skonti)
-	noch anfallende geschätzte Herstellungskosten bei unfertigen Erzeugnissen
-	noch anfallende geschätzte Verpackungs- und Vertriebskosten
-	noch anfallende geschätzte Verwaltungskosten
-	Kapitaldienstkosten (anteiliger Zinsaufwand bis zur Veräußerung)
=	**beizulegender Wert** (vom Absatzmarkt bestimmt)

Übungsaufgabe 5.10 und 5.11

Alle Aufgaben und Lösungen finden Sie online.

5.2.4 Teilwert

Für die Bewertung in der **Steuerbilanz** ist der **Teilwert** der maßgebliche Vergleichs- bzw. Korrekturwert. Gemäß § 6 Abs. 1 Nr. 1 Satz 3 EStG ist der Teilwert der Betrag, den der Erwerber des ganzen Betriebs im Rahmen des Gesamtkaufpreises für das einzelne Wirtschaftsgut ansetzen würde. Dabei ist davon auszugehen, dass der Erwerber den Betrieb fortführt. Im Vergleich zum beizulegenden Wert, der dem Grundsatz der Einzelbewertung folgt, ist die Teilwertdefinition **gesamtwertorientiert**. Dies bedeutet, dass bei seiner Ermittlung vom beizulegenden Wert zusätzlich noch der branchenübliche oder durchschnittlich notwendige Gewinn abgezogen werden darf (R 6.8 Abs. 1 Satz 2 EStR).[50] In der praktischen Handhabung erfolgt aber eine weitgehende Annäherung der Begriffsinhalte, sodass auch in der Steuerbilanz aktuelle, aus dem Absatz- oder Beschaffungsmarkt abgeleitete Werte maßgeblich sind. Für die Wirtschaftsgüter gelten die folgenden Teilwertvermutungen:

- Im Zeitpunkt des Erwerbs entspricht der Teilwert den Anschaffungs- oder Herstellungskosten eines Wirtschaftsgutes.
- Bei abnutzbaren Wirtschaftsgütern entspricht der Teilwert den Anschaffungs- oder Herstellungskosten abzüglich der bisherigen planmäßigen Abschreibungen.
- Bei Wirtschaftsgütern des Vorratsvermögens (Roh-, Hilfs- und Betriebsstoffe; unfertige Erzeugnisse, unfertige Leistungen; fertige Erzeugnisse und Waren) entspricht der Teilwert den Wiederbeschaffungs- oder den Wiederherstellungskosten.
- Bei Nominalgütern (Zahlungsmittel, Forderungen, Wertpapiere) entspricht der Teilwert in der Regel dem Nennbetrag bzw. dem Börsen- oder Marktpreis.

5.2.5 Erfüllungsbetrag

Der **Erfüllungsbetrag** kennzeichnet den Betrag, den ein Schuldner zur Erfüllung einer Verbindlichkeit oder Rückstellung (unter Berücksichtigung vernünftiger kaufmännischer Beurteilung (§ 253 Abs. 1 HGB)) aufwenden muss, um sich der rechtlichen Verpflichtung bei Fälligkeit zu entpflichten. Dies beinhaltet zwei bewertungsrelevante Aspekte:

- Einbeziehung der erwarteten künftigen Preis- und Kostenentwicklungen,
- es besteht eine Abzinsungspflicht auf den Barwert für Rentenverpflichtungen und Rückstellungen mit einer Restlaufzeit von mehr als einem Jahr. Abzinsung bedeutet Ansatz zum Barwert und nicht zum Nennwert oder Rückzahlungsbetrag. Die Barwertdifferenz von einem zum anderen Abschlussstichtag ist unter „Zinsen und ähnliche Aufwendungen" im Finanzergebnis auszuweisen.[51]

Bei Geldleistungsverpflichtungen entspricht der Erfüllungsbetrag dem Rückzahlungsbetrag, bei Sachleistungs- oder Sachwertverpflichtungen dem im Erfüllungszeitpunkt voraussichtlich aufzuwendenden Geldbetrag.

Der Erfüllungsbetrag von Schulden wird wie folgt ermittelt:

	Nennbetrag
+	Preis- und Kostensteigerungen von Sach- und Dienstleistungen (soweit absehbar)
=	**Erfüllungsbetrag der Schuld**

Rückstellungen sind in Höhe des nach vernünftiger kaufmännischer Beurteilung notwendigen Erfüllungsbetrages anzusetzen. Alle Rückstellungen mit einer Restlaufzeit von mehr als einem Jahr

[50] Meyer, C. & Theile, C.: Bilanzierung nach Handels- und Steuerrecht, 2021, S. 191.

[51] Heyd, R.; Beyer, M. & Zorn, D.: Bilanzierung nach HGB in Schaubildern, 2014, S. 45.

sind abzuzinsen. Der Erfüllungsbetrag enthält künftige Preis- und Kostensteigerungen, aber es besteht eine verpflichtende Abzinsung mit einem durchschnittlichen, laufzeitäquivalenten Marktzinssatz der vergangenen sieben Jahre, wenn die Restlaufzeit mehr als ein Jahr beträgt.

Bewertung von (Verbindlichkeits-)**Rückstellungen**	
	Nennwert der Rückstellungsverpflichtung
+	Preis- und Kostensteigerungen (soweit absehbar)
=	**Erfüllungsbetrag der Rückstellung**
-	Zinsanteil (Diskontierung) langfristiger Rückstellungen
=	**Buchwert der Rückstellung**

Die Abzinsungssätze werden durch Rechtsverordnung von der Deutschen Bundesbank monatlich bekannt gegeben. Die folgende Abbildung zeigt die Bewertung von Verbindlichkeiten und Rückstellungen.

	Handelsrecht	Steuerrecht
Abzinsung von langfristigen Rückstellungen und langfristigen unverzinslichen Verbindlichkeiten	ja, soweit Restlaufzeit bei Rückstellungen mehr als ein Jahr, keine Abzinsung bei Verbindlichkeiten	ja, soweit Laufzeit mehr als ein Jahr beträgt
Zinssatz	durchschnittlicher Marktzinssatz der vergangenen sieben Jahre, der von der Bundesbank monatlich bekannt geben wird	unverzinsliche Verbindlichkeiten und Rückstellungen mit einer Laufzeit von mehr als 12 Monaten werden mit 5,5 % diskontiert, Pensionsrückstellungen mit 6 %
Berücksichtigung künftiger Preis- und Kostensteigerungen bei langfristigen Rückstellungen	ja	nein

Abb. 5.11: Bewertung von Verbindlichkeiten und Rückstellungen nach § 253 Abs. 1 Satz 2 und Abs. 2 Satz 1 HGB

5.2.6 Barwert

Mithilfe des Barwerts (= Gegenwartswert) kann man den Wert einer zukünftigen Zahlung am Tag des Vertragsabschlusses errechnen, indem man den Betrag abzinst (diskontiert). Ein Beispiel für eine Passivierung eines Barwerts sind Rentenverpflichtungen, denen keine Gegenleistung entgegensteht (§ 253 Abs. 1 Satz 2 HGB). Auch das Steuerrecht verlangt die Passivierung von Barwerten. Es schreibt vor, dass unverzinsliche Verbindlichkeiten und Rückstellungen mit einem Zinssatz von 5,5 % abgezinst werden müssen, wenn ihre Laufzeit länger als ein Jahr ist (§ 6 Abs. 1 EStG).

Pensionsrückstellungen werden steuerlich mit 6 % abgezinst (vgl. § 6a Abs. 3 Satz 3 EStG). Bei der Berechnung der handelsrechtlichen Pensionsrückstellungen werden künftige Entwicklungen (Lohn-, Gehalts- und Rentensteigerungen) berücksichtigt. Die zu passivierenden Beträge sind abzuzinsen.

5.2.7 Währungsumrechnung – Folgebewertung (§ 256a HGB)

Die Erstbewertung der Fremdwährungsforderung wird mit dem Devisen-Briefkurs und die Erstbewertung der Fremdwährungsverbindlichkeiten wird mit dem Devisen-Geldkurs durchgeführt. Soweit die Auswirkung auf die Vermögens-, Finanz- und Ertragslage nicht wesentlich ist, ist aus Vereinfachungsgründen die Zugangsbewertung zum Devisenkassamittelkurs zulässig. Am Abschlussstichtag erfolgt die Umrechnung zum Devisenkassamittelkurs. Hierbei wird zwischen einer Restlaufzeit von mehr als einem und weniger als einem Jahr unterschieden.

- Fremdwährungsforderungen und Fremdwährungsverbindlichkeiten mit einer **Restlaufzeit von mehr als einem Jahr** sind unter Beachtung der Restriktion des Anschaffungskosten- und des Realisationsprinzips zum Devisenkassamittelkurs umzurechnen, d. h.:
  - Kursverluste sind erfolgswirksam zu erfassen (Imparitätsprinzip),
  - Kursgewinne dürfen dagegen nicht erfasst werden (Realisationsprinzip).
- Fremdwährungsforderungen und Fremdwährungsverbindlichkeiten mit einer **Restlaufzeit von einem Jahr oder weniger** sind ohne Beachtung der Restriktion des Anschaffungskosten- und des Realisationsprinzips zum Devisenkassamittelkurs umzurechnen, d. h.:
  - **Kursverluste** sind **erfolgswirksam** zu erfassen, aber:
  - **Kursgewinne** auf Basis des Devisenkassamittelkurses am Bilanzstichtag sind ebenfalls sofort **erfolgswirksam** zu erfassen. Es dürfen explizit die historischen Anschaffungskosten bei den Forderungen überschritten werden. Bei den Verbindlichkeiten wird das Höchstwertprinzip außer Kraft gesetzt. Das bedeutet, dass unrealisierte Gewinne ausgewiesen werden.

5.3 Bewertungsverfahren

5.3.1 Einzelbewertung

Das generelle Bewertungsverfahren für die Vermögensgegenstände und Schulden ist die Einzelbewertung. Sie wird angewandt, wenn die Bestände und deren Veränderungen (Zu- und Abgänge) ohne größere Schwierigkeiten ermittelt werden können. Die Einzelbewertung ist auf jeden Fall anzuwenden, wenn es sich um Bilanzierungsobjekte mit einem sehr großen Einzelwert und/oder unbewegliches Vermögen handelt. Die Einzelbewertung verhindert, dass sich Wertsteigerungen bei Vermögensgegenständen mit Wertminderungen bei anderen Vermögensgegenständen kompensieren.[52]

5.3.2 Bewertungsvereinfachungsverfahren

Grundsätzlich gilt für die Bewertung von Vermögensgegenständen des Anlage- und Umlaufvermögens der **Grundsatz der Einzelbewertung**. Unter bestimmten Voraussetzungen kann die Bewertung von Gegenständen des Umlaufvermögens in vereinfachter Form erfolgen. Denn in der Praxis werden die Vermögensgegenstände des Vorratsvermögens (Roh-, Hilfs- und Betriebsstoffe, Ersatzteile, Kleinmaterialien, Handelswaren), die zu unterschiedlichen Zeiten und/oder Kosten angeschafft oder hergestellt wurden, im Rahmen der Lagerhaltung miteinander vermischt. Daher werden zur einfacheren Handhabung der Vorratsbewertung sogenannte **Bewertungsvereinfachungsverfahren** zugelassen. Zu den Bewertungsvereinfachungsverfahren gehören die Sammel- und Gruppenbewertung sowie die Festbewertung, die auch für Teile des Anlagevermögens angewendet werden kann.

Im Folgenden sehen Sie die Bewertungsvereinfachungsverfahren auf einen Blick.

---

[52] Bitz, M. et al.: Der Jahresabschluss, 2014, S. 253.

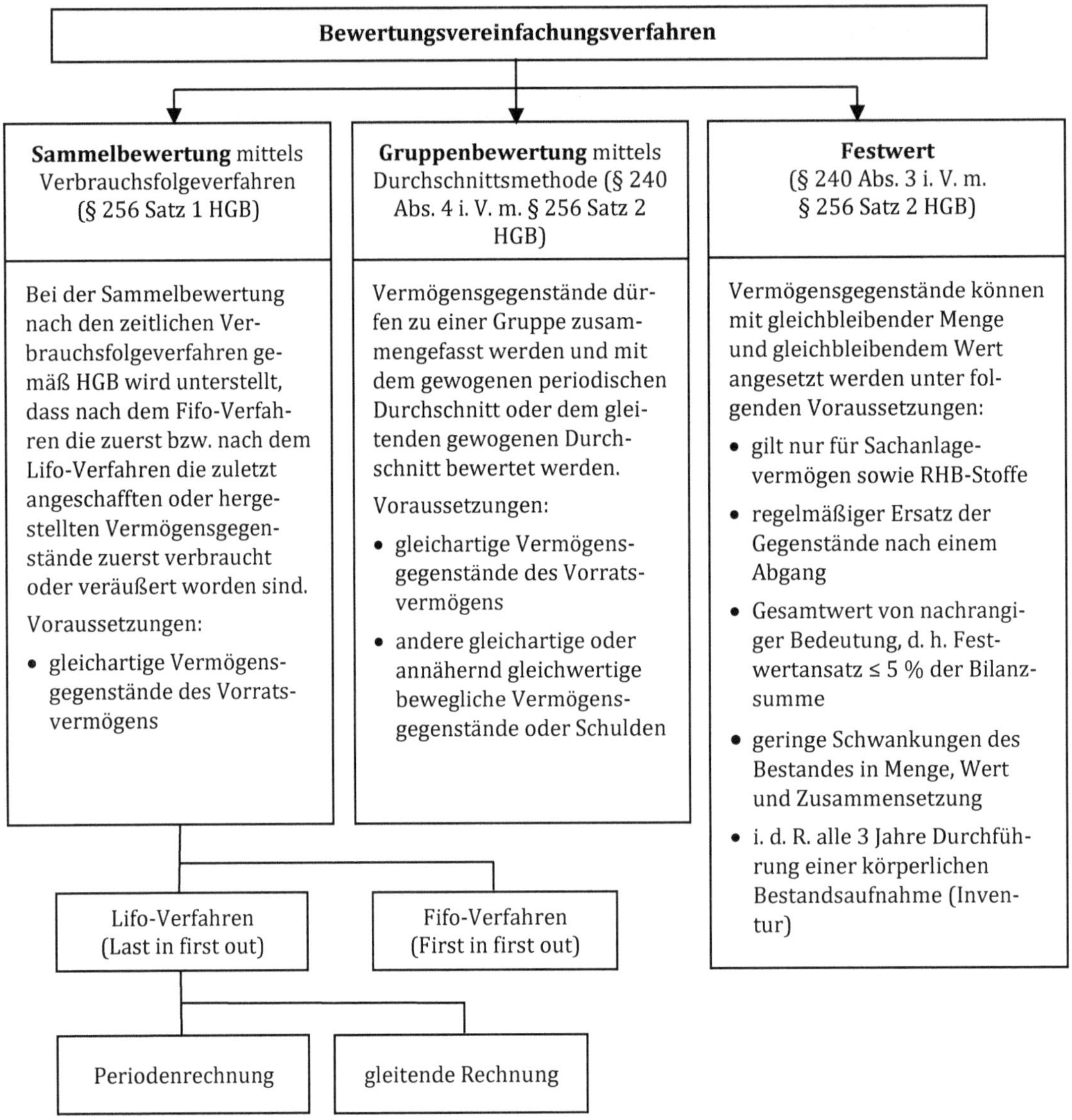

Abb. 5.12: Methoden der Wertermittlung bei den Bewertungsvereinfachungsverfahren

Die oben dargestellten Bewertungsvereinfachungsverfahren stellen eine zulässige Abweichung vom Einzelbewertungsprinzip dar.

5.3.2.1 Festwert

Vermögensgegenstände des beweglichen Anlagevermögens sowie Roh-, Hilfs- und Betriebsstoffe können gemäß § 240 Abs. 3 i. V. m. § 256 Satz 2 HGB als **Festwert** angesetzt werden, wenn ihr Gesamtwert für das Unternehmen von **nachrangiger Bedeutung** (d. h. der einzelne Festwertansatz ≤ 5 % der Bilanzsumme) ist, sie nach einem Abgang regelmäßig ersetzt werden und deren Bestand in Größe, Wert und Zusammensetzung nur geringen Wertschwankungen unterliegt. Der gebildete Festwert ist spätestens alle drei Jahre durch eine körperliche Bestandsaufnahme zu überprüfen. Bis zur Überprüfung des Festwertes bleibt der Festwert unverändert. Sämtliche Zugänge werden in diesem Fall als Aufwand in der GuV erfasst.

Nach jeder Überprüfung des Festwertes können sich folgende Konsequenzen ergeben:

Der neu ermittelte Festwert entspricht dem bisherigen Festwert.	Beibehaltung des bisherigen Festwertes.
Der neu ermittelte Festwert ist geringer als der bisherige Festwert.	Ansatz des neu ermittelten niedrigeren Festwertes (aufgrund des strengen Niederstwertprinzips).
Der neu ermittelte Festwert ist nicht mehr als 10 % höher als der bisherige Festwert.	Beibehaltung des bisherigen Festwertes oder Ansatz des neuen Festwertes (Aufstockungswahlrecht).
Der neu ermittelte Festwert ist mehr als 10 % höher als der bisherige Festwert.	Ansatz des neuen Festwertes (Aufstockungspflicht).

Beim Sachanlagevermögen wird der Festwert nicht durch die gesamten Anschaffungskosten (Neuwertigkeit) erfasst, sondern durch die um planmäßige Abschreibungen reduzierten Anschaffungskosten bestimmt. Die Höhe der Abschreibungen orientiert sich an der betriebsgewöhnlichen Nutzungsdauer. In der Praxis wird mit pauschalierten Abschreibungssätzen gearbeitet, so dass als Festwert nur ca. 40 bis 50 % der Anschaffungskosten angesetzt werden.

Beispiel: Prüfung der Nachrangigkeit von Vermögensgegenständen

Es wird ein regelmäßiger Ersatz der Vermögensgegenstände unterstellt, sodass sich Zugänge und Abgänge der Vermögensgegenstände ungefähr entsprechen und demzufolge die Zugänge sofort als Aufwand erfasst werden können. Ein Unternehmen, dessen Bilanzsumme 15 Mio. € beträgt, möchte drei Festwerte für folgende Bestandsarten bilden:

Bestandsarten	durchschnittlicher Gesamtwert der letzten drei Jahre	Voraussetzung < 5 % der Bilanzsumme erfüllt?
Werkzeuge	540.000 €	ja
Hilfsstoffe	630.000 €	ja
Betriebsstoffe	730.000 €	ja
Summe		

Für alle drei Bestandsarten ist der Ansatz eines Festwertes zulässig, da keiner von diesen die Grenze von 750.000 € (5 % der Bilanzsumme) übersteigt.

Beispiel: Anpassung des Festwertes

Bei der Inventur wurde festgestellt, dass im Verhältnis zum bestehenden Festwert sich ein um mehr als 10 % höherer Festwert ergibt. In welcher Höhe ist der Festwert aufzustocken?

Festwert zum 31.12.01	60.000 €
Inventurwert zum 31.12.04	71.000 €
Zukäufe in 04	7.000 €
Zukäufe in 05	8.500 €
Festwert zum 31.12.04	67.000 €
Festwert zum 31.12.05	71.000 €

Ein sofortiges Aufstocken auf den Inventurwert zum 31.12.04 ist nicht möglich. Im Jahr 04 wird der Festwert um die Zukäufe in Höhe von 7.000 € aufgestockt und im Jahr 05 um die restlichen 4.000 €. Die Differenz in Höhe von 4.500 € ist im Jahr 05 als Aufwand zu erfassen.

Übungsaufgabe 5.12

Diese Aufgabe und die Lösung finden Sie online.

5.3.2.2 Gruppenbewertung mittels der Durchschnittsmethode

Gleichartige Vermögensgegenstände des Vorratsvermögens sowie andere gleichartige oder annähernd gleichwertige bewegliche Vermögensgegenstände dürfen zu einer Gruppe zusammengefasst werden und gemäß § 240 Abs. 4 HGB mit dem gewogenen Durchschnitt bewertet werden. Die **Gleichartigkeit der Vermögensgegenstände** bedeutet, dass die Vermögensgegenstände zu einer Warengattung (z. B. Standardreifen, Jeans einer Marke) gehören oder Gleichheit in der Verwendbarkeit oder Funktion vorliegt.[53]

Annähernde Gleichwertigkeit liegt vor, wenn die Preise der in der Gruppenbewertung zusammengefassten Vermögensgegenstände nicht wesentlich voneinander abweichen.[54] Dabei sollte der Preisunterschied zwischen dem höchsten und dem niedrigsten Preis maximal 20 % betragen.

Die **Durchschnittsbewertung**, die sowohl nach Handels- als auch nach Steuerrecht zulässig ist, findet in zwei Varianten Anwendung:

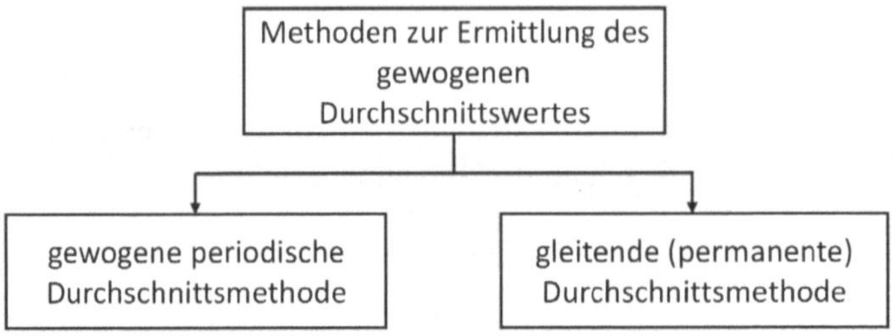

Abb. 5.13: Methoden zur Ermittlung des gewogenen Durchschnittswertes

Gewogene periodische Durchschnittsmethode

Die **gewogene periodische Durchschnittsmethode** (§ 240 Abs. 4 HGB) zählt zu den in der Praxis am weitesten verbreiteten Bewertungsmethoden. Beim gewogenen periodischen Durchschnitt erfolgt die Berechnung lediglich zum Periodenende. Aus den Anfangsbeständen und den Zugängen während des Geschäftsjahres wird am Ende der Rechnungsperiode ein **gewogener Durchschnittspreis** gebildet, mit dem sowohl die Abgänge als auch der Endbestand bewertet werden. Der einfach gewogene Durchschnittspreis wird wie folgt ermittelt:

$$\text{Durchschnittspreis } \overline{p} = \frac{\sum\left(\text{Wert}_{AB} + \text{Wert}_{\text{Zugänge}}\right)}{\sum\left(\text{Menge}_{AB} + \text{Menge}_{\text{Zugänge}}\right)}$$

Bevor es zu einem Wertansatz in der Bilanz kommt, ist stets ein sogenannter **Niederstwerttest** vorzunehmen. Falls am Abschlussstichtag die Tageswerte niedriger als die ermittelten durchschnittlichen Anschaffungskosten (Herstellungskosten) sind, so muss dieser niedrigere Tageswert angesetzt werden, d. h. die Differenz zwischen beiden Werten ist außerplanmäßig abzuschreiben (strenges Niederstwertprinzip).

---

[53] Beck'scher Bilanzkommentar, 2014, S. 49.

[54] ebd.

Beispiel: Bewertung mit der gewogenen periodischen Durchschnittsmethode

Zahlenbeispiel zur Vorratsbewertung mit dem gewogenen periodischen Durchschnitt:

Vorgang	Datum	Mengeneinheiten	Wert	Preis je ME
		a	b	c = (b : a)
Anfangsbestand	01.03.	100 St.	1.000,00 €	10,00 €/St.
Zugang	06.03.	20 St.	180,00 €	9,00 €/St.
Abgang	07.03.	35 St.		
Abgang	12.03.	25 St.		
Zugang	15.03.	50 St.	400,00 €	8,00 €/St.
Zugang	21.03.	25 St.	210,00 €	8,40 €/St.
Abgang	25.03.	60 St.		
Zugang	29.03.	15 St.	160,00 €	10,67 €/St.
Summe aus Anfangsbestand und Zugängen		210 St.	1.950,00 €	9,29 €/St.
Verbrauch		120 St.	1.114,29 €	9,29 €/St.
Endbestand (Inventurmenge)	31.03.	90 St.	835,71 €	9,29 €/St.

Wie berechnet man den Wert je Einheit (Durchschnittspreis pro Stück) nach der gewogenen periodischen Durchschnittsmethode?

$$\text{Durchschnittspreis pro Stück} = \frac{\text{Gesamtwert des Anfangsbestands} + \text{Wert der Zugänge}}{\text{Menge Anfangsbestand} + \text{Menge Zugänge}} = \frac{1.950\,€}{210\text{ St.}}$$

= 9,285714 €/St.

Wie wird der Endbestand ermittelt?

Endbestand = Anfangsbestand + Zugänge – Abgänge

Endbestand = 100 St. + (20 St. + 50 St. + 25 St. + 15 St.) – (35 St. + 25 St. + 60 St.) = 90 St.

Wie wird der Verbrauch ermittelt?

Der Verbrauch sind die Abgänge (35 St. + 25 St. + 60 St.) = 120 St.

Wie wird der Verbrauch bewertet?

Verbrauchsmenge × Durchschnittspreis pro Stück

Wert des Verbrauchs in der Abrechnungsperiode März =120 St. × 9,285714 €/St. = **1.114,29 €**

Wie wird der Schlussbestand bewertet (Bilanzansatz)?

Inventurmenge (Endbestand) × Durchschnittpreis pro Stück

Schlussbestand Ende März = 90 St. × 9,285714 €/St. = **835,71 €**

Merke

Den gewogenen periodischen Durchschnittspreis können Sie als arithmetisches Mittel aus allen Beschaffungen bzw. hergestellten Erzeugnissen einer Periode zuzüglich des Anfangsbestands ermitteln.

Gleitende (permanente) Durchschnittsmethode (permanente Durchschnittsmethode)

Die permanente Durchschnittsmethode ist im Ergebnis genauer als die gewogene Durchschnittsmethode. Bei der **permanenten Durchschnittsmethode** wird nach jedem Zugang ein neuer Durchschnittspreis errechnet. Die Abgänge werden dann jeweils mit den zuletzt berechneten Durchschnittspreisen bewertet. Voraussetzung für eine Anwendung der gleitenden Durchschnittsmethode ist eine funktionierende Materialbuchführung, die permanent folgende Rechnung ermöglicht:

Anfangsbestand + Zugänge – Abgänge = Endbestand

Beispiel: Bewertung mit der permanenten Durchschnittsmethode

Zahlenbeispiel zur Vorratsbewertung mit dem gleitenden gewogenen Durchschnitt:

Vorgang	Datum	Menge	Wert	Preis je ME
Anfangsbestand	01.03.	100 St.	1.000,00 €	10,00 €/St.
Zugang	06.03.	20 St.	180,00 €	9,00 €/St.
Abgang	07.03.	35 St.		
Abgang	12.03.	25 St.		
Zugang	15.03.	50 St.	400,00 €	8,00 €/St.
Zugang	21.03.	25 St.	210,00 €	8,40 €/St.
Abgang	25.03.	60 St.		
Zugang	29.03.	15 St.	160,00 €	10,6666 €/St.

Ermittlung des Wertes des Schlussbestands und des Verbrauchswertes mit der gleitenden gewogenen Durchschnittsmethode (permanente Durchschnittsmethode):

	Vorgang	Datum	Menge	Preis je Stück	Wert	Wert Abgang
	Anfangsbestand	01.03.	100 St.	10,00 €/St.	1.000,00 €	
+	Zugang	06.03.	+ 20 St.	9,00 €/St.	+ 180,00 €	
=	erster Durchschnittspreis		= 120 St.	9,83333 €/St.	= 1.180,00 €	
-	Abgang	07.03.	- 35 St.	9,83333 €/St.	- 344,17 €	+ 344,17 €
-	Abgang	12.03.	- 25 St.	9,83333 €/St.	- 245,83 €	+ 245,83 €
+	Zugang	15.03.	+ 50 St.	8,00 €/St.	+ 400,00 €	
=	neuer Durchschnittspreis		= 110 St.	9,00 €/St.	= 990,00 €	
+	Zugang	21.03.	+ 25 St.	8,40 €/St.	+ 210,00 €	
=	neuer Durchschnittspreis		= 135 St.	8,88888 €/St.	= 1.200,00 €	

- Abgang	25.03.	- 60 St.	8,88888 €/St.	- 533,33 €	+ 533,33 €
+ Zugang	29.03.	+ 15 St.	10,6666 €/St.	+ 160,00 €	
= neuer Durchschnittspreis		= 90 St.	9,18522 €/St.	826,67 €	
= Endbestand	31.03.	90 St.	9,18522 €/St.	826,67 €	
Verbrauch		120 St.			= 1.123,33 €

Auch bei der permanenten Durchschnittsbewertung ist das strenge Niederstwertprinzip zu beachten (§ 253 Abs. 4 HGB und § 5 Abs. 1 Satz 1 EStG). Ist beispielsweise der letzte Anschaffungspreis, der in der Regel mit dem Wiederbeschaffungspreis identisch ist, niedriger als der Durchschnittspreis, so ist der letzte Anschaffungspreis anzusetzen.

Übungsaufgabe 5.13

Diese Aufgabe und die Lösung finden Sie online.

5.3.2.3 Sammelbewertung mittels Verbrauchsfolgeverfahren

Die Verbrauchsfolgeverfahren beruhen auf der Fiktion bestimmter Verbrauchsfolgen gleichartiger Vermögensgegenstände des Vorratsvermögens. Bei den zeitlichen Verbrauchsfolgen unterscheidet man nach § 256 HGB zwischen dem Fifo- und dem Lifo-Verfahren.

Fifo-Verfahren

Bei dem Fifo-Verfahren wird unterstellt, dass die zuerst erworbenen oder hergestellten Vermögensgegenstände auch zuerst verbraucht oder veräußert werden. Am Jahresende befinden sich entsprechend dieser Fiktion nur noch die Bestände der zuletzt eingetroffenen Lieferungen im Lager, die mit ihren Einstandspreisen bewertet werden. Wird die unterstellte Verbrauchsfolge eingehalten, so entspricht das Fifo-Verfahren dem Prinzip der Einzelbewertung zu Anschaffungskosten. Somit gewährleistet das Fifo-Verfahren einen guten Einblick in die Vermögenslage des Unternehmens, da die Vorratsbestände am Abschlussstichtag mit gegenwartsnahen Preisen bewertet werden.

Bei dem Fifo-Verfahren kann nicht wie bei der Durchschnittsmethode zwischen der Periodenmethode und permanenten Methode unterschieden werden, da die Lagerabgänge unabhängig von den Zeitpunkten der Zugänge immer mit den ältesten Preisen bewertet werden.

Das Fifo-Verfahren ist im Handelsrecht und in der Internationalen Rechnungslegung nach IFRS zulässig. Im Steuerrecht wird sie nicht anerkannt.

Merke

Bei dem Fifo-Verfahren werden die **zuerst erworbenen** bzw. **hergestellten** Vermögensgegenstände (die ältesten) **zuerst verbraucht** bzw. **veräußert**. Die neue Ware stellt den Endbestand dar, d. h. der **Endbestand wird mit den neuesten Preisen bewertet**.

Lifo-Verfahren

Bei dem Lifo-Verfahren kann wie bei der Durchschnittsmethode zwischen einmaliger Bewertung zum Bilanzstichtag (Periodenrechnung) und permanenten Bewertungen (gleitende Rechnung) unterschieden werden (in Verbindung mit § 240 Abs. 3 und 4 HGB).

Das Lifo-Verfahren fingiert, dass zuerst die zuletzt erworbenen oder hergestellten Vermögensgegenstände verbraucht oder veräußert werden. Der Endbestand ist infolgedessen mit den historisch ältesten Preisen, d. h. mit den Preisen der am weitesten zurückliegenden Beschaffung zu bewerten. Das **Lifo-Verfahren** ist sowohl in der Handels- als auch in der Steuerbilanz zulässig, aber in der Internationalen Rechnungslegung nach IFRS verboten.

Merke

Das **strenge Niederstwertprinzip** gilt auch dann, wenn von Lifo-, Fifo- oder Durchschnittsverfahren zur Schätzung der Anschaffungs- oder Herstellungskosten Gebrauch gemacht wird. **Es ist immer zu prüfen, ob nicht anstelle der ermittelten Anschaffungs- oder Herstellungskosten ein niedriger Wertansatz (Markt- oder Börsenwert bzw. beizulegender Wert) zu wählen ist (Niederstwerttest).**

Beispiel: Bewertung mit den Verbrauchsfolgeverfahren

Zahlenbeispiel zur Vorratsbewertung mit den Verbrauchsfolgeverfahren des Fifo-Verfahrens und des Lifo-Verfahrens:

Vorgang	Datum	Menge	Wert	Preis je ME
Anfangsbestand	01.03.	100 St.	1.000,00 €	10,00 €/St.
Zugang	06.03.	20 St.	180,00 €	9,00 €/St.
Abgang	07.03.	35 St.		
Abgang	12.03.	25 St.		
Zugang	15.03.	50 St.	400,00 €	8,00 €/St.
Zugang	21.03.	25 St.	210,00 €	8,40 €/St.
Abgang	25.03.	60 St.		
Zugang	29.03.	15 St.	160,00 €	10,6666 €/St.
Endbestand	31.03.	90 St.		

Ermittlung des Wertes des Schlussbestands und des Verbrauchswertes mit dem **Fifo-Verfahren**:

Verfahren	Verbrauch (120 ME)	Endbestand (90 ME)
Fifo-Verfahren	100 St. × 10 €/St. + 20 St. × 9 €/St.	15 St. × 10,6666 €/St. + 25 St. × 8,40 €/St. + 50 St. × 8,00 €/St.
	= 1.180,00 €	= 770,00 €
Bewertung des Verbrauchs:	mit den ältesten Zugängen	
Bewertung des Endbestands:		mit den neuesten Zugängen

Ermittlung des Wertes des Schlussbestands und des Verbrauchswertes mit dem **periodenbezogenen Lifo-Verfahren**:

Verfahren	Verbrauch (120 ME)	Endbestand (90 ME)
periodenbezogenes Lifo-Verfahren	15 St. × 10,6666 €/St. + 25 St. × 8,40 €/St. + 50 St. × 8,00 €/St. + 20 St. × 9,00 €/St. + 10 St. × 10,00 €/St.	90 St. × 10,00 €/St.
	= 1.050,00 €	= 900,00 €
Bewertung des Verbrauchs:	mit den neuesten Zugängen	
Bewertung des Endbestands:		mit den ältesten Zugängen

Ermittlung des Wertes des Schlussbestands und des Verbrauchswertes mit dem **permanenten Lifo-Verfahren**:

Vorgang	Datum	Menge	Preis je Stück	Wert	Wert Abgang
Anfangsbestand	01.03.	100 St.	10,00 €/St.	1.000,00 €	
+ Zugang	06.03.	+ 20 St.	9,00 €/St.	+ 180,00 €	
- Abgang	07.03.	- 20 St. und -15 St.	9,00 €/St. und 10,00 €/St.	- 180,00 € - 150,00 €	330,00 €
- Abgang	12.03.	- 25 St.	10,00 €/St.	- 250,00 €	250,00 €
+ Zugang	15.03.	+ 50 St.	8,00 €/St.	+ 400,00 €	
+ Zugang	21.03.	+ 25 St.	8,40 €/St.	+ 210,00 €	
- Abgang	25.03.	- 25 St. und - 35 St.	8,40 €/St. und 8,00 €/St.	- 210,00 € und - 280,00 €	490,00 €
+ Zugang	29.03.	+ 15 St.	10,6666 €/St.	+ 160,00 €	
= Endbestand	31.03.	= 90 St.		= 880,00 €	
Verbrauch		120 St.			= 1.070,00 €

Ermittlung des Wertansatzes des Endbestands

Vorgang	Datum	Menge	Preis je Stück	Wert
Anfangsbestand	01.03.	60 St.	10,00 €/St.	600,00 €
+ Zugang	15.03.	+ 15 St.	8,00 €/St.	+ 120,00 €
+ Zugang	29.03.	+ 15 St.	10,6666 €/St.	+ 160,00 €
= Endbestand	31.03.	90 St.		= 880,00 €

Merke

Bei dem Lifo-Verfahren werden die **zuletzt erworbenen** bzw. **hergestellten** Vermögensgegenstände (die ältesten) **zuerst verbraucht** bzw. **veräußert**. Die alte Ware stellt den Endbestand dar, d. h. der **Endbestand wird mit den ältesten Preisen bewertet**.

Übungsaufgabe 5.14: Sammelbewertungsverfahren

In einem Unternehmen fanden im Jahr 01 folgende Lagerbewegungen statt:

Datum	Bewegungsart	Menge	Preis
01.01.	Anfangsbestand	250 kg	40,00 €/kg
20.01.	Zugang	350 kg	44,00 €/kg
01.03.	Abgang	200 kg	
04.06.	Zugang	300 kg	46,00 €/kg
26.07.	Abgang	500 kg	
13.10.	Zugang	250 kg	50,00 €/kg
10.12.	Abgang	100 kg	
31.12.	Endbestand	350 kg	

a) Ermitteln Sie den Endbestand nach der gewogenen Durchschnittsmethode.

Vorgang	Menge	×	Preis je Mengeneinheit	=	Wert
Anfangsbestand					
Zugang					
Zugang					
Zugang					
Summe aus Anfangsbestand und Zugängen					

b) Ermitteln Sie den Endbestand nach dem Fifo-Verfahren.

			×		=	
	+		×		=	
Endbestand	=				=	

Der Endbestand besteht aus den ____

c) Ermitteln Sie den Endbestand nach dem Lifo-Verfahren.

			×		=	
	+		×		=	
Endbestand	=				=	

Der Endbestand besteht aus ____

Die Lösung finden Sie online.

Übungsaufgabe 5.15 und 5.16

Alle Aufgaben und Lösungen finden Sie online.

5.3.3 Pauschalbewertung

Pauschalwertberichtigungen dürfen nur gebildet werden, wenn sie nicht willkürlich vorgenommen werden. Aus Erfahrungswerten geschätzte Pauschalwertberichtigungen kommen insbesondere für Pauschalwertberichtigungen auf Forderungen aus Lieferungen und Leistungen sowie bei der Bewertung von Garantierückstellungen in Betracht.

Prinzipiell besteht ein allgemeines Ausfallrisiko hinsichtlich des Forderungsbestandes. Die zusätzliche Pauschalwertberichtigung kann nur auf den verbleibenden Forderungsbestand nach der Berücksichtigung von Einzelwertberichtigungen (aufgrund konkreter Ausfallrisiken) gebildet werden.

Beispiel: Pauschalwertberichtigung

Bei der Metallwaren GmbH beträgt der Nettoforderungsbestand zum Abschlussstichtag 1 Mio. €. In den vergangenen fünf Jahren belief sich der Forderungsausfall auf durchschnittlich 2,5 %. In diesem Geschäftsjahr ist daher eine Pauschalwertberichtigung in Höhe von 25.000 € zu bilden. Der Buchungssatz lautet:

Abschreibungen auf Forderungen	25.000	an	Pauschalwertberichtigung	25.000

5.3.4 Retrograde Bewertung

Bei der retrograden Bewertung, die vor allem im Einzelhandel angewendet wird, werden die Anschaffungskosten der Vorräte durch Abzug einer angemessenen Bruttogewinnspanne vom Verkaufspreis ermittelt.

Beispiel: Retrograde Wertermittlung bei den Vorräten

Ein Einzelhandelsunternehmen verkauft Jeanshosen für einen Nettoverkaufspreis von 70 €/St. Der Lieferant gewährt dem Einzelhandelsunternehmen einen Rabatt von 10 %. Die durchschnittliche Bruttogewinnmarge liegt bei 40 %. Der retrograde Wert wird wie folgt ermittelt:

	Nettoverkaufspreis der Jeanshose	70,00 €/St.
-	durchschnittliche Bruttogewinnspanne (40 %)	-28,00 €/St.
=	retrograd ermittelter Wert vor Rabatt	= 42,00 €/St.
-	Lieferantenrabatt (10 %)	-4,20 €/St.
=	retrograd ermittelter Wert nach Rabatt	= 37,80 €/St.

5.3.5 Verlustfreie Bewertung

Im Gegensatz zu den RHB-Stoffen sind die fertigen und unfertigen Erzeugnisse für den Verkauf bestimmt. Das Vorsichtsprinzip gebietet eine außerplanmäßige Abschreibung, wenn die Herstellungskosten den voraussichtlichen Veräußerungserlös abzüglich noch anfallender Aufwendungen übersteigen. Die Vermögensgegenstände sollen zum Bilanzstichtag so weit abgewertet werden, dass nach dem Bilanzstichtag eine verlustfreie Bewertung möglich wird. Die Berechnung erfolgt nach dem folgenden Schema:

	Verlustfreie Bewertung
	vorsichtig geschätzter Verkaufspreis/-erlös
-	voraussichtliche Erlösschmälerungen (Rabatte, Skonti, Boni)
=	**voraussichtlicher Nettoveräußerungserlös**
-	noch anfallende Herstellungskosten
-	noch anfallende Vertriebs- und Verpackungskosten (Verpackung, Frachten, Provisionen)
-	noch anfallende Verwaltungskosten (Einzelkosten der allg. Verwaltung)
-	noch anfallende Kapitaldienstkosten (Zinsen für gebundenes Kapital)
=	**aktueller beizulegender absatzmarktorientierter Wert**

Abb. 5.14: Ermittlung des beizulegenden Werts am Bilanzstichtag

Übungsaufgaben 5.17, 5.18 und 5.19

Alle Aufgaben und Lösungen finden Sie online.

5.4 Abschreibungen, Wertaufholungen und Beibehaltungswahlrechte

Bei den Vermögensgegenständen des Anlagevermögens wird im Hinblick auf die Erfassung von Wertminderungen zwischen zwei Bewertungsgruppen unterschieden:

- **Vermögensgegenstände mit zeitlich begrenzter Nutzung:** Sie müssen planmäßig abgeschrieben werden. Gemäß § 253 Abs. 1 Satz 1 HGB bilden die um die planmäßigen Abschreibungen verminderten Anschaffungs- oder Herstellungskosten die **Wertobergrenze für die Bilanzierung** und stellen die „**fortgeführten Anschaffungs- oder Herstellungskosten**“ dar.
- **Vermögensgegenstände mit zeitlich unbegrenzter Nutzung:** Dies sind beispielsweise Grund und Boden, Beteiligungen und Wertpapiere. Sie werden grundsätzlich mit ihren Anschaffungskosten bewertet. Eine planmäßige Abschreibung gibt es bei ihnen nicht. Es können aber außerplanmäßige Wertminderungen auftreten.

5.4.1 Planmäßige Abschreibungen

Bei Abschreibungen handelt es sich um Wertminderungen von Vermögensgegenständen, die durch Werteverzehr verursacht werden. Sie sind bei der Bewertung am Bilanzstichtag erfolgswirksam zu berücksichtigen. Gemäß § 253 Abs. 3 Satz 1 HGB müssen Vermögensgegenstände des abnutzbaren Anlagevermögens (z. B. Gebäude, Maschinen, technische Anlagen, Betriebs- und Geschäftsausstattung) planmäßig abgeschrieben werden.

Für die Ermittlung der Abschreibungshöhe ist nach § 253 Abs. 3 Satz 2 HGB zunächst ein **Abschreibungsplan** zu erstellen, in dem die folgenden Faktoren bestimmt werden:

- **Abschreibungsvolumen** = Anschaffungs- oder Herstellungskosten (AHK) des Vermögensgegenstandes abzüglich eines wahrscheinlichen Liquidationserlöses am Ende der Nutzungsdauer
- **Abschreibungsdauer** = voraussichtliche Nutzungsdauer des Vermögensgegenstandes
- **Abschreibungsmethode**

Zu den planmäßigen Abschreibungsmethoden im Handelsrecht gehören die **Zeit-** und die **Leistungsabschreibung**. Bei der **Zeitabschreibung** gibt es folgende Varianten:

- **Lineare Abschreibung:** Bei ihr sind die Abschreibungsbeträge in jeder Periode gleich hoch. Der Abschreibungsbetrag errechnet sich durch Anwendung eines konstanten Abschreibungsprozentsatzes auf die Anschaffungs- oder Herstellungskosten, gegebenenfalls gekürzt um einen am Ende der Nutzungsdauer verbleibenden Restverkaufserlös.

  $$\text{jährlicher Abschreibungsbetrag} = \frac{\text{Anschaffungskosten oder Herstellungskosten} - \text{Restverkaufserlös}}{\text{voraussichtliche Nutzungsdauer in Jahren}}$$

- **Geometrisch degressive Abschreibung:** Im Periodenverlauf sinken die jährlichen Abschreibungsbeträge. Bei dieser Methode sind die Abschreibungen zunächst höher und werden im Laufe der Zeit niedriger. Die **geometrisch-degressive Abschreibung** arbeitet mit einem konstanten Prozentsatz, der im ersten Jahr auf die Anschaffungs- oder Herstellungskosten und in den Folgejahren auf den Restbuchwert angewendet wird.

  Abschreibungsbetrag = Buchwert zu Beginn des Jahres × Abschreibungsprozentsatz

  Es ist bei dieser Methode unmöglich, am Ende der Nutzungsdauer auf einen Betrag von null zu kommen. Deshalb wird oft eine außerplanmäßige Abschreibung in Höhe des Restwertes vorgenommen oder noch während der Abschreibungszeit zur linearen Methode gewechselt, sobald der lineare Abschreibungsprozentsatz höher ist als degressive Abschreibungsprozentsatz.

  Falls bei der geometrisch-degressiven Abschreibung am Ende der Nutzungsdauer ein Restverkaufserlös garantiert ist, kann der Abschreibungsprozentsatz (p) nach folgender Formel ermittelt werden:

  $$\text{Abschreibungsprozentsatz (p)} = 100 \times \left(1 - \sqrt[n]{\frac{\text{Restverkaufserlös}}{\text{AHK}}}\right)$$

- **Arithmetisch degressive (digitale) Abschreibung:** Bei der digitalen Abschreibung vermindert sich die Abschreibungsrate jedes Jahr um den gleichen Degressionsbetrag.

  Der Degressionsbetrag lässt sich mithilfe der Anschaffungs- oder Herstellungskosten und der Summe der Nutzungsjahre berechnen:

  $$\text{Degressionsbetrag (d)} = \frac{\text{Anschaffungskosten oder Herstellungskosten}}{\text{Summe der Nutzungsjahre}} \quad \text{oder}$$

  Berechnung der Summe der Nutzungsjahre mithilfe der Gaußschen Summenformel:

  $$\text{Degressionsbetrag (d)} = \frac{\text{Anschaffungskosten oder Herstellungskosten}}{\frac{n \times (n+1)}{2}}$$

  Die jährlichen Abschreibungsbeträge ergeben sich aus dem Produkt des Degressionsbetrages und der Restnutzungsdauer der aktuellen Periode:

  Jährlicher Abschreibungsbetrag (t) = Degressionsbetrag × (n – t + 1).

- **Progressive Abschreibung:** Bei der progressiven Abschreibung steigen die Abschreibungsbeträge im Zeitverlauf an. Es wird unterstellt, dass der abnutzbare Anlagegegenstand in den ersten Jahren der Nutzungsdauer weniger und in den späteren Jahren mehr genutzt – und somit entwertet – wird. Die Anwendung der progressiven Methode ist handelsrechtlich nur in Ausnahmefällen erlaubt, weil sie das Vorsichtsprinzip nicht ausreichend berücksichtigt. Eine mögliche Ausnahme stellt beispielsweise eine zu Beginn nur schwach ausgeprägte Kapazitätsausnutzung, die im Laufe der Nutzungsdauer stärker anwächst, dar. Nach dem Steuerrecht darf die progressive Methode nicht angewandt werden.[55]

---

[55] Vgl. Heno, R.: Jahresabschluss nach Handelsrecht, Steuerrecht und internationalen Standards, 2018, S. 336 f.

- Die **leistungsabhängige Abschreibung** bezieht sich auf die geschätzte Gesamtleistung des Vermögensgegenstandes (z. B. in Kapazität als gesamte produzierte Stückzahl einer Maschine oder als gesamte Laufzeit). Die jährliche Abschreibungshöhe ergibt sich als Folge der Inanspruchnahme in der jeweiligen Periode. Es muss die voraussichtliche Leistungsabgabe über die gesamte Nutzungsdauer geschätzt werden und die tatsächlich in Anspruch genommene Leistung pro Periode nachgewiesen werden. Die Berechnung des jährlichen Abschreibungsbetrags erfolgt gemäß der folgenden Formel:

  $$\text{jährliche Abschreibung} = \frac{\text{AHK} - \text{Restverkaufserlös}}{\text{Gesamtleistung (Std./km/Stück)}} \times \text{Periodenleistung}$$

  Diese Abschreibungsmethode bietet sich besonders dann an, wenn der Vermögensgegenstand nicht gleichbleibend stark ausgelastet ist. Die leistungsabhängige Abschreibung darf sowohl handelsrechtlich als auch steuerrechtlich angewandt werden. Im Steuerrecht wird aber nach § 7 Abs. 1 Satz 6 EStG ein Nachweis der tatsächlich erbrachten Periodenleistung vorausgesetzt.[56]

Zulässige Abschreibungen nach Handels- und Steuerrecht

Abschreibungsmethode	Ermittlung	Zulässigkeit	
		Handelsrecht	Steuerrecht
linear	$= \frac{\text{Anschaffungs- oder Herstellungskosten}}{\text{Nutzungsdauer}}$	ja	ja
progressiv	jährliche Abschreibungsbeträge steigen während der Nutzungsdauer	ja	nein
geometrisch-degressiv	mittels eines festgelegten Abschreibungssatzes vom (Rest-)Buchwert	ja	nein
arithmetisch-degressiv (digital)	Anteil der Anschaffungs- oder Herstellungskosten in gleichmäßig sinkenden Beträgen	ja	nein
Leistungsabschreibung	nach Maßgabe der Inanspruchnahme (nach Leistungsabgabe)	ja	ja

Abb. 5.15: Planmäßige Abschreibungsmethoden nach Handels- und Steuerrecht

Übungsaufgaben 5.20, 5.21 und 5.22

Alle Aufgaben und Lösungen finden Sie online.

5.4.2 Außerplanmäßige Abschreibungen und Wertaufholungen

Neben den planmäßigen Abschreibungen, die regelmäßig bei abnutzbarem Anlagevermögen vorgenommen werden, gibt es zusätzlich noch außerplanmäßige Abschreibungen. Sie sind bei außergewöhnlichen Wertminderungen zu berücksichtigen, die unter anderem durch Katastrophen (Feuer, Unwetter, Unfälle), eine zu starke Inanspruchnahme der Vermögensgegenstände oder auch durch technische Fortschritte (Entwicklungen) verursacht werden.

Liegt eine außerplanmäßige Wertminderung vor, muss zunächst eingeschätzt werden, ob die Wertminderung dauerhaft oder nur vorübergehend ist. Bei Wegfall der Gründe für eine außerplanmäßige Abschreibung muss eine Wertaufholung (Zuschreibung) erfolgen.

Es gelten die folgenden Regelungen:

---

[56] Vgl. Heno, R.: Jahresabschluss nach Handelsrecht, Steuerrecht und internationalen Standards, 2018, S. 267.

- Außerplanmäßige Abschreibungen müssen bei einer Wertminderung im Umlaufvermögen und bei einer voraussichtlich dauernden Wertminderung im Anlagevermögen auf den niedrigeren beizulegenden Wert vorgenommen werden. Ist die Wertminderung aber nur von vorübergehender Dauer, dürfen außerplanmäßige Abschreibungen auf Sachanlagen und immaterielle Vermögensgegenstände nicht vorgenommen werden. Nur für Finanzanlagen besteht gemäß § 253 Abs. 3 Satz 6 HGB ein Wahlrecht zur außerplanmäßigen Abschreibung bei voraussichtlich nicht dauernder Wertminderung. Beim Anlagevermögen gilt das gemilderte und beim Umlaufvermögen das strenge Niederstwertprinzip.
- Es gilt ein umfassendes **Wertaufholungsgebot**, wenn die Gründe für außerplanmäßige Abschreibungen nicht mehr bestehen (§ 253 Abs. 5 Satz 1 HGB). Die Wertobergrenze für das nicht abnutzbare Anlagevermögen bilden die Anschaffungs- oder Herstellungskosten und für das abnutzbare Anlagevermögen die fortgeführten Anschaffungs- oder Herstellungskosten. Beim Umlaufvermögen müssen die Zuschreibungen maximal bis zu den Anschaffungs- oder Herstellungskosten vorgenommen werden.
- Es besteht ein Wertaufholungsverbot beim derivativen (entgeltlich erworbenem) Geschäfts- oder Firmenwert (§ 253 Abs. 5 Satz 2 HGB).

Merke

Wertaufholungen, sprich Zuschreibungen, müssen beim nicht abnutzbaren Anlagevermögen maximal bis zu den Anschaffungskosten und beim abnutzbaren Anlagevermögen maximal bis zu den fortgeführten Anschaffungs- oder Herstellungskosten vorgenommen werden. Es besteht lediglich beim derivativen (entgeltlich erworbenen) Geschäfts- oder Firmenwert ein Wertaufholungsverbot, d. h. der niedrigere Wertansatz ist gemäß § 253 Abs. 5 Satz 2 HGB beizubehalten.

Die Möglichkeit einer Wertaufholung besteht nur, wenn zuvor eine außerplanmäßige Abschreibung vorgenommen wurde. Planmäßige Abschreibungen müssen beibehalten werden. Allerdings besteht die Möglichkeit, den Abschreibungsplan zu ändern und an die neuen Umstände anzupassen. Dies kann z. B. der Fall sein, wenn sich für den Vermögensgegenstand eine längere Nutzungsdauer als die ursprünglich geschätzte Nutzungsdauer ergibt.[57]

Beispiel: Änderung der Nutzungsdauer

Die XY GmbH erwirbt zu Beginn des Jahres 01 eine neue Maschine zu Anschaffungskosten von 400.000 €. Die Maschine wird linear abgeschrieben. Die Nutzungsdauer wird (anfangs) auf 8 Jahre geschätzt. Am Ende des Jahres 05 stellt sich jedoch heraus, dass die Maschine insgesamt 14 Jahre genutzt werden kann.

Lösung: Für die Jahre 01 bis 04 werden Abschreibungen in Höhe von jeweils 50.000 € (= 400.000 € : 8 Jahre) vorgenommen. Der Restbuchwert am Ende des Jahres 04 beträgt also 200.000 € (= 400.000 € – 200.000 €). Ab dem Jahr 05 verlängert sich die Nutzungsdauer um weitere 6 Jahre auf insgesamt 14 Jahre. Eine Wertaufholung ist hier nicht zulässig, allerdings ändert sich durch die längere Nutzungsdauer der Abschreibungsplan. Die jährlichen Abschreibungen für die Jahre 05 bis 14 betragen jährlich 20.000 €/Jahr (= 200.000 € : 10 Jahre).

Übungsaufgabe 5.23: Außerplanmäßige Abschreibung

Ein Industrieunternehmen kauft am 01.01.01 eine Maschine mit Anschaffungskosten in Höhe von 1 Mio. €. Die voraussichtliche Nutzungsdauer der Maschine beträgt 10 Jahre. Die Maschine wird planmäßig linear abgeschrieben.

---

[57] Vgl. Bitz, M. et al.: Der Jahresabschluss, 2014, S. 276.

Am 31.12.02 stellt das Unternehmen fest, dass aufgrund einer voraussichtlich dauernden Wertminderung die Maschine nur noch einen Wert in Höhe von 320.000 € hat. Überraschenderweise stellt man am 31.12.04 fest, dass der Grund für die außerplanmäßige Abschreibung entfallen ist. Der tatsächliche Marktwert der Maschine beträgt, gemäß einem Gutachter, nachweislich 850.000 €.

Geben Sie die Buchungen zum 31.12. und die Wertansätze der Bilanz für die Geschäftsjahre 01 bis 04 an.

Tragen Sie bitte die Ergebnisse in die unten vorgegebenen Formulare ein.

Buchungssatz am 31.12.01

		an		

Bilanzwert am 31.12.01 = ____________________

Buchungssatz am 31.12.02

		an		
		an		

Bilanzwert am 31.12.02 = ____________________

Buchungssatz am 31.12.03

		an		

Bilanzwert am 31.12.03 = ____________________

Buchungssatz am 31.12.04

		an		
		an		

Bilanzwert am 31.12.04 = ____________________

Die Lösung finden Sie online.

Übungsaufgaben 5.24, 5.25 und 5.26

Alle Aufgaben und Lösungen finden Sie online.

5.5 Bewertung einzelner Bilanzposten

Innerhalb des Vermögens gibt es grundsätzliche Bewertungsregeln, die insbesondere nach Anlage- und Umlaufvermögen unterschieden werden.

5.5.1 Bewertung des Anlagevermögens

Grundsätzlich dürfen im Sinne des § 253 Abs. 1 Satz 1 HGB Vermögensgegenstände höchstens mit ihren Anschaffungs- oder Herstellungskosten abzüglich der Abschreibungen bewertet werden. Die folgende Abbildung zeigt die Bewertungsvorschriften für das Anlagevermögen.

<table>
<tr><th>abnutzbares Anlagevermögen</th><th>nicht abnutzbares Anlagevermögen</th></tr>
<tr><td>• abnutzbare Sachanlagen: z. B. Gebäude, Gebäudeteile, Maschinen, BGA, Fuhrpark
• immaterielle Vermögensgegenstände: z. B. Lizenzen, Konzessionen, derivativer Geschäfts- oder Firmenwert</td><td>• Sachanlagen nicht abnutzbar: z. B. Grundstücke, geleistete Anzahlungen, Anlagen in Bau, Kunstwerke
• Finanzanlagen: z. B. Wertpapiere, Beteiligungen, Ausleihungen</td></tr>
<tr><td colspan="2">Bewertung zum Bilanzstichtag</td></tr>
<tr><td>höchstens zu den fortgeführten Anschaffungs- oder Herstellungskosten
Dies sind die Anschaffungs- oder Herstellungskosten abzüglich der planmäßigen Abschreibung (linear, degressiv, progressiv oder Leistungsabschreibung).</td><td>höchstens zu den Anschaffungskosten
Ausnahme: Zu Handelszwecken erworbene Finanzinstrumente sind nur bei Kredit- und Finanzinstitutionen zum beizulegenden Zeitwert zu bewerten.</td></tr>
<tr><td>zusätzlich außerplanmäßige Abschreibung bei dauernder Wertminderung
Es gilt das gemilderte Niederstwertprinzip.</td><td>außerplanmäßige Abschreibung bei dauernder Wertminderung
Es gilt das gemilderte Niederstwertprinzip.</td></tr>
<tr><td colspan="2">Sonderfall vorübergehende Wertminderung bei Finanzanlagen</td></tr>
<tr><td colspan="2">• Es dürfen außerplanmäßige Abschreibungen bei einer vorübergehenden Wertminderung nur bei Finanzanlagen (z. B. Wertpapiere) vorgenommen werden. Es gilt das „eingeschränkte Niederstwertprinzip“.</td></tr>
<tr><td colspan="2">Wertaufholung</td></tr>
<tr><td colspan="2">• Es besteht ein Wertaufholungsgebot(-pflicht) gemäß § 253 Abs. 5 HGB, maximal bis zu den fortgeführten Anschaffungs- oder Herstellungskosten. Ausnahme: derivativer Geschäfts- oder Firmenwert (Wertaufholungsverbot).</td></tr>
</table>

Abb. 5.16: Bewertungsregeln für das Anlagevermögen

5.5.2 Bewertung des Umlaufvermögens

Die Vermögensgegenstände des Umlaufvermögens (z. B. Vorräte, Forderungen Wertpapiere, Bank- und Kassenbestände) sind zu den **Anschaffungs- oder Herstellungskosten** (§ 253 Abs. 1 Satz 1 HGB) oder zum niedrigeren beizulegenden Wert (§ 253 Abs. 4 Satz 1 HGB) anzusetzen. Bei der Bewertung des Umlaufvermögens muss das **strenge Niederstwertprinzip** berücksichtigt werden. Die folgende Abbildung zeigt die Bewertungsvorschriften für das Umlaufvermögen.

<table>
<tr><th colspan="3">Bewertung des Umlaufvermögens (allgemein)</th></tr>
<tr><td>Ausgangswert/Obergrenze</td><td colspan="2">Anschaffungs- oder Herstellungskosten gemäß § 253 Abs. 1 Satz 1 HGB</td></tr>
<tr><td>Bewertung zum Bilanzstichtag</td><td>Anschaffungs- oder Herstellungskosten (AK oder HK)</td><td>beizulegender Zeitwert</td></tr>
<tr><td></td><td colspan="2"></td></tr>
</table>

Abschreibungspflicht	Von zwei möglichen Werten muss **immer der niedrigere Wert** genommen werden. Es gilt das „strenge Niederstwertprinzip".
Wertaufholung	Es besteht ein **Wertaufholungsgebot(-pflicht)**, maximal bis zu den Anschaffungs- oder Herstellungskosten.

Abb. 5.17: Bewertungsregeln für das Umlaufvermögen

Bewertung des Umlaufvermögens (nach Bilanzposten)	
Posten	Ausgangsbewertung vor Abschreibungspflicht
Vorräte	Anschaffungs- oder Herstellungskosten
Forderungen, sonstige Vermögensgegenstände	• Nennwert: bei einwandfreien Forderungen • Barwert: unverzinsliche bzw. niedrig verzinsliche Forderungen • Währungsforderungen: Devisenkassamittelkurs
Wertpapiere und flüssige Mittel	• Anschaffungskosten • Nennwert • Geldkurs • Wechsel sind zu diskontieren

Abb. 5.18: Bewertungsmaßstäbe für das Umlaufvermögen

5.5.2.1 Bewertung der Vorräte

Zum Vorratsvermögen gehören:

- Roh-, Hilfs- und Betriebsstoffe,
- Vorprodukte und Fremdbauteile,
- fertige und unfertige Erzeugnisse/Dienstleistungen, sowie
- Handelswaren.

Für die Bewertung der Vorräte können die folgenden Bewertungsverfahren angewandt werden:

Bewertung der Vorräte

Einzelbewertung	Die Einzelbewertung ist immer korrekt.
verlustfreie Bewertung	Orientierung am Beschaffungs- oder Absatzmarkt
Bewertungsvereinfachungsverfahren	• Gruppenbewertung (einfach gewogene und gleitend gewogene Durchschnittsbewertung) • Verbrauchsfolgeverfahren (Fifo- und Lifo-Verfahren) • Bewertung mit Festwert
Der Niederstwerttest ist aufgrund des strengen Niederstwertprinzips immer durchzuführen.	

Abb. 5.19: Bewertung der Vorräte

5.5.2.2 Außerplanmäßige Abschreibung bei den Vorräten

Gemäß § 253 Abs. 4 HGB gilt für das Umlaufvermögen das **strenge Niederstwertprinzip**, d. h., es besteht eine Pflicht zur außerplanmäßigen Abschreibung bei vorübergehender Wertminderung auf einen niedrigeren vom Börsen- oder Marktpreis abgeleiteten Wert. Bei den Vorräten wird der Vergleichsmaßstab für den ermittelten Buchwert vom Absatz- oder Beschaffungsmarkt abgeleitet. Die folgende Tabelle gibt Ihnen einen Überblick.

<table>
<tr><th rowspan="2"></th><th rowspan="2">RHB-Stoffe</th><th colspan="2">unfertige und fertige Erzeugnisse</th><th rowspan="2">Handelswaren</th></tr>
<tr><th>nicht fremdbeziehbar</th><th>fremdbeziehbar</th></tr>
<tr><td>Normalbestände</td><td>Beschaffungsmarkt</td><td>Absatzmarkt</td><td>Beschaffungsmarkt</td><td rowspan="2">niedrigerer Wert aus Wiederbeschaffungswert und vom Verkaufswert abgeleiteter Wert
Alternativ: Gängigkeitsabschläge</td></tr>
<tr><td>Überbestände</td><td>Absatzmarkt</td><td colspan="2">Beschaffungs- oder Absatzmarkt (doppeltes Niederstwertprinzip)</td></tr>
</table>

Abb. 5.20: Anwendungsbereich des Beschaffungs- und des Absatzbereichs

Merke
Es besteht eine Pflicht zur Wertaufholung, wenn der Grund der Wertminderung nicht mehr besteht.

Übungsaufgabe 5.27: Bewertung zum Bilanzstichtag

Von einem Unternehmen sind zum Bilanzstichtag drei Posten zu bewerten. Hierbei handelt es sich um:

- Wertpapiere des Anlagevermögens: Anschaffungskosten am 01.01.01 = 100.000 €
- Maschine: Anschaffungskosten am 01.01.01 = 200.000 €, Nutzungsdauer 10 Jahre, lineare Abschreibung
- Vorräte: Anschaffungskosten am 01.01.01 = 80.000 €

a) Zum Bilanzstichtag am 31.12.01 liegen folgende beizulegende Werte (dauerhaft) vor:

- Wertpapiere des Anlagevermögens = 125.000 €
- Maschine = 190.000 €
- Vorräte = 95.000 €

b) Zum Bilanzstichtag am 31.12.02 liegen folgende beizulegende Werte (dauerhaft) vor:

- Wertpapiere des Anlagevermögens = 65.000 €
- Maschine = 125.000 €
- Vorräte = 60.000 €

c) Zum Bilanzstichtag am 31.12.02 liegen folgende beizulegende Werte (vorübergehend) vor:

- Wertpapiere des Anlagevermögens = 65.000 €
- Maschine = 125.000 €
- Vorräte = 60.000 €

Mit welchem Wert sind die drei Posten in der Bilanz zum 31.12.01 und zum 31.12.02 anzusetzen? Nutzen Sie bitte die folgenden Tabellen.

Fall a): Bewertung zum 31.12.01

Posten	Wert	Begründung
Wertpapiere		
Maschine		
Vorräte		

Fall b): Bewertung zum 31.12.02 (dauerhaft)

Posten	Wert	Begründung
Wertpapiere		
Maschine		
Vorräte		

Fall c): Bewertung zum 31.12.02 (vorübergehend)

Posten	Wert	Begründung
Wertpapiere		
Maschine		
Vorräte		

Die Lösung finden Sie online.

5.5.3 Bewertung der Verbindlichkeiten

Verbindlichkeiten sind in der Handelsbilanz **grundsätzlich** zu ihrem **Erfüllungsbetrag** anzusetzen (§ 253 Abs. 1 Satz 2 HGB). Der Erfüllungsbetrag ist der Betrag, der aufgewendet werden muss, um eine Verpflichtung zu begleichen. Hierbei spricht man auch vom Rückzahlungsbetrag (welcher benötigt wird, damit eine Verbindlichkeit erlischt).[58] Verbindlichkeiten, die aus Sach- und Dienstleistungsverpflichtungen entstanden sind, sind mit Vollkosten zu bewerten. Dazu zählen in der Regel alle Kostenarten einschließlich der Einzelkosten und den notwendigen Gemeinkosten. Verbindlichkeiten werden grundsätzlich nicht abgezinst – weder normalverzinsliche Verbindlichkeiten noch unverzinsliche oder niedrig verzinsliche Verbindlichkeiten.[59] Hierbei würde es sich um einen Verstoß gegen das Realisationsprinzip handeln, da es sich bei der Abzinsungsbuchung um eine Vorwegnahme zukünftiger Zinserträge handeln würde.[60]

Das Pendant zum Niederstwertprinzip für die Aktiv-Seite der Bilanz bildet das **Höchstwertprinzip** für die Passiv-Seite. Es besagt, dass für die **Bewertung von Verbindlichkeiten** in der Handelsbilanz, von zwei möglichen Werten, der **höhere Wert** angesetzt wird. Dies bedeutet, dass bei

[58] Heno, R.: Jahresabschluss nach Handelsrecht, Steuerrecht und internationalen Standards (IFRS), 2018, S. 537.

[59] Wulf, I. & Müller, S.: Bilanztraining – Jahresabschluss, Ansatz und Bewertung, 2016, S. 183.

[60] Heno, R.: Jahresabschluss nach Handelsrecht, Steuerrecht und internationalen Standards (IFRS), 2018, S. 538.

einem niedrigeren Zeitwert am Bilanzstichtag der höhere (historische) Erfüllungsbetrag bzw. umgekehrt bei einem höheren Zeitwert am Bilanzstichtag dieser höhere Wert in der Handelsbilanz passiviert werden muss.

Steuerrechtlich sind Verbindlichkeiten nach § 6 Abs. 1 Nr. 3 Satz 1 EStG unter sinngemäßer Anwendung des § 6 Abs. 1 Nr. 2 EStG zu bewerten. Demnach kommen als Bewertungsmaßstab für die Verbindlichkeiten in der Steuerbilanz die Anschaffungskosten und der Teilwert in Betracht. Da sich die Anschaffungskosten nicht so einfach auf die Verbindlichkeiten übertragen lassen, wird auch hier der Erfüllungsbetrag gemäß § 253 Abs. 1 Satz 2 HGB als Maßstab verwendet.[61] Steuerrechtlich müssen alle unverzinslichen Verbindlichkeiten mit einem Diskontierungszinssatz von 5,5 % abgezinst werden. Ausgenommen von der Abzinsung sind nur:

- Verbindlichkeiten, deren Restlaufzeit am Bilanzstichtag weniger als 12 Monate beträgt,
- Verbindlichkeiten, die verzinslich sind, und
- Verbindlichkeiten, die auf einer Anzahlung oder Vorausleistung beruhen.

Bewertung von Verbindlichkeiten nach HGB

Verbindlichkeiten	Bewertung
Grundsatz	Erfüllungsbetrag und Höchstwertprinzip
Rentenverpflichtung	versicherungsmathematischer Barwert
Disagio	Aktivierungswahlrecht nach § 250 Abs. 3 HGB
un- bzw. niedrigverzinsliche Verbindlichkeiten	Erfüllungsbetrag, keine Abzinsung
Fremdwährungsverbindlichkeiten	Erfüllungsbetrag am Tag der Buchung, ggf. höherer Stichtagswert bei Fremdwährungsverbindlichkeiten mit einer Restlaufzeit von über einem Jahr. Bei Fremdwährungsverbindlichkeiten mit einer Restlaufzeit von weniger als einem Jahr erfolgt die Bewertung zum Devisenkassamittelkurs, d. h. es können sowohl Kursverluste als auch Kursgewinne erfolgswirksam ausgewiesen werden.

Abb. 5.21: Bewertung von Verbindlichkeiten

Beispiel: Ansatz von Verbindlichkeiten nach dem Handelsrecht

Der XY AG wird zum Jahresende 01 ein Kredit in Höhe von 50.000 € gewährt. Bei Fälligkeit in zehn Jahren hat das Unternehmen 51.500 € zurückzuzahlen. Da das Handelsrecht vorschreibt, Verbindlichkeiten grundsätzlich mit ihrem Erfüllungsbetrag anzusetzen, muss der Rückzahlungsbetrag von 51.500 € passiviert werden.

Beispiel: Höchstwertprinzip bei der Bewertung von Verbindlichkeiten

Die XY GmbH hat im November 01 Waren aus den USA für 12.500 US$ bezogen. Die Verbindlichkeit ist in US-Dollar zu begleichen. Bei der Lieferung lag der Kurs bei 1,50 €/US$. Zum Bilanzstichtag ist der Dollarkurs gestiegen und beträgt 1,65 €/US$. Mit welchem Betrag ist die Verbindlichkeit am Bilanzstichtag, den 31.12.01, anzusetzen?

---

[61] Falterbaum, H. et al.: Buchführung und Bilanz, 2020, S. 799.

Lösung: Die Anschaffungskosten der Verbindlichkeit betrugen 18.750 €. Der Erfüllungsbetrag der Verbindlichkeit zum Bilanzstichtag beträgt 20.625 €. Die Verbindlichkeit wird mit dem höheren Erfüllungsbetrag in Höhe von 20.625 € bilanziert. Am Bilanzstichtag ist somit eine Buchung der Kursdifferenz vorzunehmen. Der Buchungssatz lautet:

Aufwendungen aus Kursdifferenzen	1.875	an	Verbindlichkeiten aLuL	1.875

Wie wäre die Verbindlichkeit anzusetzen, falls der Kurs zum Bilanzstichtag auf 1,45 €/US$ gesunken ist?

Lösung: Die Anschaffungskosten betrugen 18.750 €. Der Erfüllungsbetrag der Verbindlichkeit liegt in diesem Fall bei 18.125 €. Dem Höchstwertprinzip zufolge muss die Verbindlichkeit zum Bilanzstichtag mit den höheren Anschaffungskosten in Höhe von 18.750 € passiviert werden.

Übungsaufgabe 5.28

Diese Aufgabe und die Lösung finden Sie online.

5.5.3.1 Disagio

Ein Disagio (Abgeld) entsteht, wenn beispielsweise der Auszahlungsbetrag eines Darlehens geringer ist als der Erfüllungsbetrag. Beim Disagio besteht im handelsrechtlichen Jahresabschluss ein Bilanzierungswahlrecht, das Abgeld kann entweder sofort als Zinsaufwand ausgewiesen werden oder als aktiver Rechnungsabgrenzungsposten verbucht werden. Bei einer Aktivierung des Disagios wird der Rechnungsabgrenzungsposten planmäßig bis zum Ende der Laufzeit abgeschrieben. In beiden Fällen ist als Verbindlichkeit der höhere Erfüllungsbetrag zu passivieren. Steuerrechtlich besteht dagegen kein Wahlrecht, sondern ein Bilanzierungsgebot, d. h. das Disagio muss aktiviert werden.

Beispiel: Disagio

Ein Unternehmen nimmt im Januar ein endfälliges Darlehen über 100.000 € mit einem Disagio von 4 % auf. Die Darlehenslaufzeit beträgt vier Jahre.

Buchungssatz: Aktivierung des Disagios

Bank	96.000			
Aktiver RAP (Disagio)	4.000	an	Darlehen	100.000

Am Geschäftsjahresende:

Abschreibung Disagio	1.000	an	Aktiver RAP (Disagio)	1.000

Buchungssatz: Disagio wird als Aufwand verbucht

Bank	96.000			
Disagioaufwand (Zinsaufwand)	4.000	an	Darlehen	100.000

Das Disagio stellt eine Ausgabe dar, die mit dem Zufluss des Darlehensbetrages zustande gekommen ist, aber erst zu einer bestimmten Zeit nach dem Bilanzstichtag auftritt. Eine lineare Verteilung des Disagios tritt allerdings nur bei endfälligen Darlehen auf. Da das Abgeld zinsähnliche

Eigenschaften aufweist, ist es bei Tilgungsdarlehen (Annuitäten- und Ratendarlehen) auch dementsprechend zu behandeln. Das bedeutet, dass die Verteilung nicht mehr linear, sondern **degressiv** nach der Zinsstaffelmethode, stattfindet.[62]

Beispiel 7:[63] Disagio nach Steuerrecht mit degressiver Verteilung

Die XY GmbH nimmt im Januar 01 ein Annuitätendarlehen in Höhe von 200.000 € mit einem Disagio von 5 % und einer Laufzeit von 4 Jahren auf. Wie ist das Annuitätendarlehen steuerlich zu erfassen?

Da es sich hierbei um ein Tilgungsdarlehen handelt, wird das Disagio degressiv und nicht linear auf die Laufzeit von 4 Jahren verteilt. Nach der Zinsstaffelmethode ist das Disagio in Höhe von 10.000 € mit folgender Formel auf die Laufzeit zu verteilen: $S_n = n/2 \times (n+1)$ mit n = Anzahl der Raten. Daraus ergeben sich folgende jährliche Zahlungen:

$S_n = 4/2 \times (4+1) = 10$

Jahr 1 =	(10.000 € : 10) × 4 =	4.000 €
Jahr 2 =	(10.000 € : 10) × 3 =	3.000 €
Jahr 3 =	(10.000 € : 10) × 2 =	2.000 €
Jahr 4 =	(10.000 € : 10) × 1 =	1.000 €
Summe		10.000 €

Buchungssatz: Erfassung des Annuitätendarlehens im Januar 01

Bank	190.000			
Aktiver RAP (Disagio)	10.000	an	Darlehen	200.000

Abschreibung des Disagios Ende 01:

Abschreibung Disagio	4.000	an	Aktiver RAP (Disagio)	4.000

Abschreibung des Disagios Ende 02:

Abschreibung Disagio	3.000	an	Aktiver RAP (Disagio)	3.000

5.5.3.2 Agio

Ein eventuelles Agio (Erfüllungsbetrag ist niedriger als der Ausgabebetrag) ist als passiver Rechnungsabgrenzungsposten zu verbuchen und über die Laufzeit ertragswirksam aufzulösen.

Das Agio bildet den Gegensatz zum Disagio, welches wörtlich **Aufgeld** bedeutet. Dieses entsteht, wenn der Wert des Erfüllungsbetrags niedriger als der Ausgabebetrag ist. Das Agio tritt häufig in Verbindung mit einem Wertpapierkauf oder einer Kreditaufnahme auf. Man könnte also sagen, dass das Agio eine Gebühr darstellt, die die Kreditinstitute erheben. Die Verteilung des Agios erfolgt auch hier über einen aktiven Rechnungsabgrenzungsposten, was sowohl handelsbilanziell als steuerbilanziell zutrifft.

---

[62] Falterbaum, H. et al.: Buchführung und Bilanz, 2020, S. 347 f.

[63] ebd.

Beispiel: Agio

Ein Unternehmen kauft am 01.01.01 eine 5-jährige Inhaberschuldverschreibung über 100.000 € mit einen Auszahlungskurs von 95,0 % bei einer jährlichen Nominalverzinsung von 4 %.

Buchungssatz am 01.01.01: Agio wird als Ertrag verbucht.

Schuldverschreibung	100.000	an	Bank	95.000
		an	passiver RAP (Agio)	5.000

Buchungssatz am 31.12.01:

passiver RAP	1.000	an	Agioertrag	1.000
Bank	4.000	an	Zinsertrag	4.000

Beispiel: Agio

Ein Unternehmen geht am 01.01.00 an die Börse. Die Nennwertaktie hat einen Wert von einem Euro. Es werden 5 Mio. Aktien ausgegeben. Der Ausgabekurs der Aktie liegt bei 12 € pro Aktie.

Buchungssatz am 01.01.00:

Bank	60 Mio.	an	gezeichnetes Kapital	5 Mio.
		an	Kapitalrücklage (Agio)	55 Mio.

Übungsaufgabe 5.29

Diese Aufgabe und die Lösung finden Sie online.

5.5.4 Bewertung der Rückstellungen

Rückstellungen sind für Aufwendungen und Verluste zu erfassen, die am Bilanzstichtag dem Grunde nach bekannt sind, aber deren Höhe und/oder Fälligkeit nicht genau feststehen.

Gemäß § 253 Abs. 1 Satz 2 HGB sind Rückstellungen in Höhe des nach **vernünftiger kaufmännischer Beurteilung notwendigen Erfüllungsbetrages** anzusetzen. Durch die Verwendung des Begriffs „Erfüllungsbetrag" hat der Gesetzgeber eine Parallele zur Verbindlichkeitsbewertung gezogen und sichergestellt, dass künftige Preis- und Kostensteigerungen bei der Bewertung der Rückstellungen zu beachten sind. Auch beinhaltet der Begriff „kaufmännische Beurteilung", dass vorsichtig zu bewerten ist, was sich wiederum auch in § 252 Abs. 1 Nr. 4 HGB findet. Dort fordert der Gesetzgeber eine vorsichtige Bewertung und Berücksichtigung namentlich aller vorhersehbaren Risiken und Verluste, die bis zum Abschlusstag entstanden sind, selbst wenn diese zwischen dem Abschlusstag und der Aufstellung des Jahresabschlusses bekannt geworden sind. Gewinne sind nur zu berücksichtigen, wenn sie am Abschlusstag realisiert sind.

Rückstellungen mit einer Restlaufzeit von mehr als einem Jahr müssen abgezinst werden (§ 253 Abs. 2 HGB). Der Abzinsungszinssatz wird von der Deutschen Bundesbank monatlich bekannt gegeben.

Da Rückstellungen in ihrer Existenz und/oder ihrer Höhe unsicher sind, muss die Höhe der zu bildenden Rückstellung geschätzt werden.

5.5.4.1 Buchung der Bildung von Rückstellungen

Die Verbuchung der Rückstellungen erfolgt grundsätzlich zulasten des entsprechenden Aufwandskontos.

Beispiel: Bildung einer Gewerbesteuerrückstellung

Das Unternehmen rechnet mit einer Gewerbesteuernachzahlung in Höhe von 10.000 €.

Buchungssatz:

Gewerbesteuer	10.000	an	Gewerbesteuerrückstellung	10.000

5.5.4.2 Buchung der Rückstellungsauflösung

Rückstellungen werden grundsätzlich durch den entsprechenden Zahlungsvorgang, aber auch bei der Nichtinanspruchnahme aufgelöst. Es sind drei Fälle zu unterscheiden:

a) Die Rückstellung entspricht der tatsächlichen Inanspruchnahme (Auszahlung).
b) Die Rückstellung ist höher als die tatsächliche Inanspruchnahme (Auszahlung).
c) Die Rückstellung ist niedriger als die tatsächliche Inanspruchnahme (Auszahlung).

Beispiel zu a): Die Rückstellungshöhe entspricht der tatsächlichen Inanspruchnahme.

Es fällt tatsächliche eine Auszahlung in Höhe von 10.000 € vom Bankkonto an.

Buchungssatz:

Gewerbesteuersteuerrückstellung	10.000	an	Bank	10.000

Beispiel zu b): Die Rückstellung ist höher als die tatsächliche Inanspruchnahme.

Es fällt tatsächliche eine Auszahlung in Höhe von 9.000 € vom Bankkonto an.

Buchungssatz:

Gewerbesteuersteuerrückstellung	10.000	an	Bank	9.000
			sonstige betr. Erträge	1.000

Beispiel zu c): Die Rückstellung ist niedriger als die tatsächliche Inanspruchnahme.

Es fällt tatsächliche eine Auszahlung in Höhe von 11.500 € vom Bankkonto an.

Buchungssatz:

Gewerbesteuersteuerrückstellung	10.000			
sonstige betr. Aufwendungen	1.500	an	Bank	11.500

5.6 Handels- und steuerrechtliche Bewertungsmaßstäbe

In der folgenden Abbildung sind die Bewertungsmaßstäbe nach Handels- und Steuerrecht übersichtlich dargestellt:

	handelsrechtliche Maßstäbe (§§ 253-256 HGB)	steuerrechtliche Maßstäbe (§§ 6, 6a, 7ff EStG)
Gegenstände des Anlage- und Umlaufvermögens	• Anschaffungs- oder Herstellungskosten • fortgeführte Anschaffungs- oder Herstellungskosten • beizulegender niedrigere Wert (Zeitwert) • Börsen- oder Marktpreis	• Anschaffungs- oder Herstellungskosten • fortgeführte Anschaffungs- oder Herstellungskosten • Teilwert
Eigenkapital	• Nennwert	• kein vergleichbarer Ansatz = Übernahme (Nennwert)
Rückstellungen	• nach vernünftiger kaufmännischer Beurteilung notwendiger Erfüllungsbetrag • Abzinsungsgebot; Ausnahme u. a. kurzfristige Rückstellungen	• Anschaffungskosten oder höherer Teilwert • Abzinsungsgebot; Ausnahme u. a. kurzfristige Rückstellungen
Verbindlichkeiten	• Erfüllungsbetrag	• Anschaffungskosten oder höherer Teilwert

Abb. 5.22: Bewertungsmaßstäbe nach Handels- und Steuerrecht

Übungsaufgabe 5.30: Multiple Choice

Entscheiden Sie, welche der folgenden Aussagen richtig oder falsch sind.

	richtig	falsch
1) Für aktive latente Steuern besteht eine Aktivierungspflicht und für passive latente Steuern besteht ein Passivierungswahlrecht.		
2) Bei einer Emission von jungen Aktien ist das Aufgeld im Rahmen einer Kapitalerhöhung in die Verbindlichkeiten einzustellen.		
3) Neben der Bilanz und der Gewinn- und Verlustrechnung müssen alle Kapitalgesellschaften ihren Jahresabschluss um einen Anhang erweitern und einen Lagebericht erstellen.		
4) Bei einer Bürgschaft handelt es sich um eine Eventualverbindlichkeit, die nicht in einem Bilanzposten, sondern unter dem Bilanzstrich auszuweisen ist oder von Kapitalgesellschaften wahlweise im Anhang angegeben werden darf.		
5) Rückstellungen sind auch für Gewährleistungen zu bilden, die ohne rechtliche Verpflichtung erbracht werden.		

6) Ein passiver Rechnungsabgrenzungsposten ist für Ausgaben (Auszahlungen) zu bilden, die einen Aufwand, für eine bestimmte Zeit nach dem Bilanzstichtag, darstellen.		
7) Bei der planmäßigen geometrisch-degressiven Abschreibung wird am Ende der Nutzungsdauer der Wert null erreicht.		
8) Die lineare Abschreibung ist nur bei beweglichen Anlagegütern erlaubt.		
9) Erhaltene Skonti mindern die Anschaffungskosten.		
10) Geringwertige Wirtschaftsgüter bis 250 € (ohne USt) können sofort als Aufwand verbucht werden.		
11) Die lineare Abschreibung darf in der Handelsbilanz für alle abnutzbaren Vermögensgegenstände des Anlagevermögens angewendet werden.		
12) Eine außerplanmäßige Abschreibung bei abnutzbaren Anlagegütern wird durch Anwendung einer planmäßigen degressiven Abschreibung stets vermieden.		
13) Passive latente Steuern entstehen, wenn Schulden in der Handelsbilanz niedriger bewertet werden als in der Steuerbilanz.		

Übungsaufgabe 5.31 und 5.32

Alle Aufgaben und Lösungen finden Sie online.

Eigene Notizen

Schritt 6: Bilanzierung und Bewertung von latenten Steuern

Lernziele

Nach Bearbeitung dieses Kapitels werden Sie die folgenden Fragen beantworten können:

- Was sind latente Steuern und wozu dienen sie?
- Wie werden latente Steuern bewertet und berechnet?
- Wen betrifft die Bilanzierung von latenten Steuern?
- Wodurch entstehen latente Steuern?
- Gibt es ein Wahlrecht oder eine Pflicht zur Bilanzierung von latenten Steuern?
- Besteht bei der Bildung von aktiven latenten Steuern eine Ausschüttungssperre?

6.1 Latente Steuern

Latente Steuern (latent von lateinisch = verborgen) stellen den Unterschiedsbetrag zwischen den sich tatsächlich ergebenden betrieblichen Gewinnsteuern aufgrund der steuerlichen Gewinnermittlung und den fiktiven Gewinnsteuern dar, die sich ergeben würden, falls das handelsrechtliche Jahresergebnis die Bemessungsgrundlage für die Gewinnsteuer wäre.

Die latenten Steuern sind nach dem international üblichen **bilanzorientierten Temporary-Konzept** abzugrenzen. Steuerabgrenzungen sind somit auf Differenzen zwischen den Bilanzansätzen in der Handels- und Steuerbilanz vorzunehmen. Das hat zur Folge, dass auch auf **quasi-permanente** Differenzen und auf erfolgsneutral entstandene Differenzen Steuerabgrenzungen anzusetzen sind.

Abweichende Regelungen im Handels- und Steuerrecht führen dazu, dass die Wertansätze derselben Vermögens- bzw. Schuldposten in der Handels- und in der Steuerbilanz unterschiedlich hoch sein können. Des Weiteren werden einige Bilanzposten nur in der Handelsbilanz, aber nicht in der Steuerbilanz angesetzt.

Eine latente Steuerabgrenzung kommt nur bei der Erstellung der Handelsbilanzen in Betracht. Latente Steuern resultieren aus Ansatz- und Bewertungsunterschieden zwischen der Handels- und der Steuerbilanz. Daraus ergeben sich sowohl latente Steueransprüche (aktive latente Steuern) als auch latente Steuerschulden (passive latente Steuern). Aktive latente Steuern können außerdem aus ungenutzten steuerlichen Verlusten (Verlustvorträge) entstehen, wenn in den nächsten fünf Jahren eine Verlustverrechnung zu erwarten ist (§ 274 Abs. 1 Satz 4 HGB).

Aktive latente Steuern fallen, einfach ausgedrückt, dann an, wenn das Handelsbilanzergebnis niedriger ist als das Steuerbilanzergebnis (**Aktivierungswahlrecht**). Ist umgekehrt das Handelsbilanzergebnis höher als das Steuerbilanzergebnis, müssen **passive latente Steuern** gebildet werden (**Passivierungspflicht**). Zukünftige steuerliche Belastungen und Entlastungen werden durch den Ansatz latenter Steuern in der Handelsbilanz abgebildet, sofern ihre Ursache im betreffenden oder in einem früheren Geschäftsjahr liegt.

Merke

aktive latente Steuern = künftige „Steuer**ent**lastungen"

passive latente Steuern = künftige „Steuer**be**lastungen"

Mit der latenten Steuerabgrenzung im handelsrechtlichen Abschluss möchte man den Steueraufwand auf die Höhe des Handelsbilanzgewinnes abstimmen. Es wird unterstellt, dass der Handelsbilanzgewinn Steuerbemessungsgrundlage ist (und nicht der Steuerbilanzgewinn). Die tatsächlich zu zahlenden Steuern werden anhand der steuerlichen Gewinnermittlung festgesetzt.

6.1.1 Entstehungsmöglichkeiten für latente Steuern

Bei Vermögensgegenständen führt ein höherer Ansatz in der Steuerbilanz als in der Handelsbilanz zu aktiven latenten Steuern. In den zukünftigen Geschäftsjahren resultieren daraus höhere steuerliche Abschreibungen. Aufgrund dieser Tatsache ergibt sich eine steuerliche Entlastung zukünftiger, nach HGB ausgewiesener Gewinne.

Bei Schulden (z. B. Rückstellungen) führt ein niedrigerer steuerlicher Ansatz zu aktiven latenten Steuern, weil die zukünftige Realisation zu einem zusätzlichen steuerlichen Aufwand führt (z. B. eine Drohverlustrückstellung nach HGB, die steuerlich nicht gebildet werden darf).

Mögliche Gründe für die Entstehung von **aktiven** latenten Steuern:

- Die handelsrechtliche **Herstellungskostenermittlung** ist niedriger als die **steuerliche Herstellungskostenermittlung** (Ansatz der Herstellungskosten in der Handelsbilanz zu Teilkosten, während in der Steuerbilanz darüber hinaus die Verwaltungskosten und bestimmte Sozialkosten gemäß § 255 Abs. 2 Satz 3 HGB aktiviert werden),
- Verrechnung von **höheren Abschreibungen** in der Handelsbilanz als **steuerlich zulässig** (z. B. kürzere Nutzungsdauer, andere Abschreibungsmethode),
- Durchführung einer **außerplanmäßigen Abschreibung auf Finanzanlagen** bei einer voraussichtlich nicht dauerhaften Wertminderung gemäß § 253 Abs. 3 Satz 6 HGB. Steuerlich darf aber bei einer vorübergehenden Wertminderung keine außerplanmäßige Abschreibung vorgenommen werden,
- Festlegung einer kürzeren Abschreibungsdauer des entgeltlich erworbenen Geschäfts- oder Firmenwertes in der Handelsbilanz als die vorgeschriebenen 15 Jahre in der Steuerbilanz,
- Wahl von Bewertungsvereinfachungsverfahren bei den Vorräten, die zu einer steuerlich nicht zulässigen niedrigeren Vorratsbewertung führen,
- Es wird eine **Drohverlustrückstellung** in der Handelsbilanz passiviert, die aber in der Steuerbilanz verboten ist,
- Die Barwertberechnung der **Pensionsrückstellung** in der Handelsbilanz erfolgt mit einem niedrigeren Marktzinssatz als die **steuerlich** vorgeschriebenen **6 %.** Dies bedeutet, dass die Pensionsrückstellungen in der Handelsbilanz mit einem höheren Wert ausgewiesen werden als in der Steuerbilanz,
- Berücksichtigung von steuerlichen **Verlustvorträgen**, und
- Nichtaktivierung des Disagios in der Handelsbilanz gemäß § 250 Abs. 3 Satz 1 HGB. In der Steuerbilanz muss das Disagio unter dem Rechnungsposten aktiviert werden.

Der Ansatz aktiver latenter Steuern wird sich insbesondere ergeben, weil die Steuerabgrenzung auch für ungenutzte Verlustvorträge vorgeschrieben wird. Es dürfen aktive latente Steuern auf die steuerlichen Verlustvorträge nur in Höhe der innerhalb der nächsten fünf Jahre zu erwartenden Verlustverrechnung berücksichtig werden. Sobald die Steuerbelastung oder Steuerentlastung eintritt oder mit ihr nicht mehr zu rechnen ist, sind die Posten aufzulösen. Für einen aktivischen Überhang an latenten Steuern besteht nach § 268 Abs. 8 Satz 2 HGB eine Ausschüttungssperre und eine Pflicht zur Erläuterung im Anhang. Gemäß § 268 Abs. 8 Satz 2 HGB dürfen Gewinne nur ausgeschüttet werden, wenn die nach der Ausschüttung verbleibenden frei verfügbaren Rücklagen zuzüglich eines Gewinnvortrags und abzüglich eines Verlustvortrags mindestens den aktivierten latenten Steuern entsprechen.

Den ausschüttbaren Gewinn können Sie wie folgt berechnen:

	Jahresüberschuss/Jahresfehlbetrag
-	Verlustvortrag
+	Gewinnvortrag
-	Überhang der aktiven latenten Steuern über die passiven latenten Steuern
=	**ausschüttbarer Gewinn**

Abb. 6.1: Ermittlung des ausschüttbaren Gewinns

Merke

Niedrigere Vermögensgegenstände bzw. höhere Schulden in der Handelsbilanz, im Vergleich zur Steuerbilanz, führen zu aktiven latenten Steuern.

Mögliche Gründe für die Entstehung von **passiven** latenten Steuern:

- Ein Vermögensgegenstand wird in der Handelsbilanz höher bewertet als in der Steuerbilanz,
- Festlegung einer längeren Abschreibungsdauer des entgeltlich erworbenen Geschäfts- oder Firmenwertes in der Handelsbilanz als die vorgeschriebenen 15 Jahre in der Steuerbilanz,
- Bewertung von Vorräten in der Handelsbilanz bei steigenden Preisen mit dem Fifo-Verfahren, aber Bewertung in der Steuerbilanz mit dem Durchschnittsverfahren,
- Aktivierung von selbst geschaffenen immateriellen Vermögensgegenständen in der Handelsbilanz, während in der Steuerbilanz ein Aktivierungsverbot besteht,
- zum Zeitwert bewertete Finanzinstrumente bei Finanz- und Kreditinstitutionen, die zu Handelszwecken erworben wurden. Der Zeitwert ist höher als die Anschaffungskosten. Die Anschaffungs- oder Herstellungskosten stellen die Wertobergrenze in der Steuerbilanz dar.

Merke

Höhere Vermögensgegenstände oder niedrigere Schulden in der Handelsbilanz im Vergleich zur Steuerbilanz führen zu passiven latenten Steuern.

Die folgende Abbildung zeigt die latenten Steuern nach dem Handelsrecht:

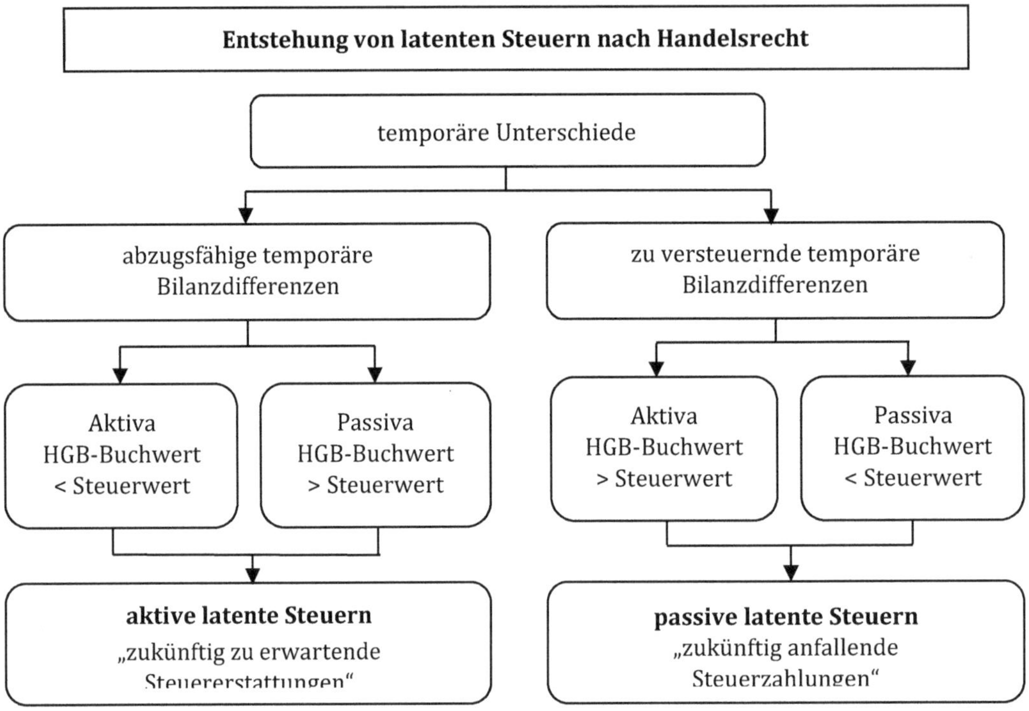

Abb. 6.2: Latente Steuern nach HGB und IFRS

Bei der Ermittlung der Steuerabgrenzung ist gemäß § 274 Abs. 2 HGB der unternehmensindividuelle Steuersatz im Zeitpunkt der Auflösung der Differenz heranzuziehen. Sind diese Steuersätze nicht bekannt, ist auf die am Bilanzstichtag gültigen individuellen Steuersätze abzustellen. Latente Steuern sind nicht abzuzinsen.

6.1.2 Verbuchung der latenten Steuern

Aktive latente Steuern

Zeitpunkt des Entstehens des Differenzbetrages:

aktive latente Steuern	an	latenten Steuerertrag

Auflösung des Postens:

latenter Steuerertrag	an	aktive latente Steuern

Passive latente Steuern

Zeitpunkt des Entstehens des Differenzbetrages:

latenter Steueraufwand	an	passive latente Steuern

Auflösung des Postens:

passive latente Steuern	an	latenten Steueraufwand

Beispiel: passive latente Steuern

Eine große GmbH aktiviert am Ende der Periode 01 Entwicklungsaufwendungen (= andere aktivierte Eigenleistungen) in Höhe von 60 T€ in der Handelsbilanz. Steuerrechtlich besteht bzgl. der Entwicklungsaufwendungen ein Aktivierungsverbot. Die anderen aktivierten Eigenleistungen werden in den Perioden 02 und 03 handelsrechtlich linear abgeschrieben. Der Ertragsteuersatz der GmbH beträgt 30 %. (Alle Angaben in T€)

Buchungssätze der Periode 01:

immaterielle Vermögensgegenstände	60	an	andere aktivierte Eigenleistungen	60
latenter Steueraufwand	18	an	passive latente Steuern	18

Buchungssatz der Periode 02:

Abschreibungen auf immaterielle Vermögensgegenstände	30	an	immaterielle Vermögensgegenstände	30
passive latente Steuern	9	an	latenten Steueraufwand	9

Buchungssatz der Periode 03:

Abschreibungen auf immaterielle Vermögensgegenstände	30	an	immaterielle Vermögensgegenstände	30
passive latente Steuern	9	an	latenten Steueraufwand	9

6.1.3 Ausweisvarianten der latenten Steuern in der Bilanz

Es ergeben sich gemäß § 274 HGB folgende Ausweisvarianten in der Bilanz:

1. **Bruttoausweis** = unsaldierter Ausweis aktiver und passiver latenter Steuern,
2. **Nettoausweis** = saldierter Ausweis aktiver und passiver latenter Steuern,
3. **unterbliebener Ausweis**, falls sich im Saldo eine aktive Latenz ergibt und das Ansatzwahlrecht für den Aktivsaldo nach § 274 Abs. 1 Satz 2 HGB nicht ausgeübt wird.[64]

Folgende **Ausnahmen** sind zu beachten:

- Latente Steuern müssen nur mittelgroße und große Kapitalgesellschaften sowie Gesellschaften i. S. d. § 264a HGB ermitteln. Kleinstkapitalgesellschaften, kleine Kapitalgesellschaften und kleine Gesellschaften i. S. d. § 264a HGB sind von der Ermittlung der latenten Steuern gemäß § 274a HGB befreit. Sie können jedoch den § 274 HGB freiwillig anwenden.
- Bei nicht publizitätspflichtigen Einzelunternehmen und Personengesellschaften besteht die Verpflichtung zum Bruttoausweis. Da der § 274 HGB nicht angewandt werden kann, muss auf § 249 Abs. 1 Satz 1 HGB zurückgegriffen werden und die latenten Steuern müssen als Rückstellung passiviert werden; ansonsten würde gegen das Realisationsprinzip und das Saldierungsverbot verstoßen werden. Des Weiteren besteht ein Ansatzverbot für aktive latente Steuern bei diesen Unternehmen.

---

64 Brönner et al.: Die Bilanz nach Handels- und Steuerrecht, 2016, S. 681.

Übungsaufgabe 6.1 und 6.2

Alle Aufgaben und Lösungen finden Sie online.

Eigene Notizen

Schritt 7: Gewinn- und Verlustrechnung

Lernziele

Nachdem Sie dieses Kapitel bearbeitet haben, werden Sie wissen, was eine Gewinn- und Verlustrechnung (GuV) ist, wie diese aufgebaut ist und welche Aussagekraft eine GuV hat. Ferner lernen Sie den Unterschied zwischen der **Kontoform** und der **Staffelform** mit den Varianten des Gesamt- und Umsatzkostenverfahrens der GuV kennen. Sie werden erfahren, welche Posten sich in der GuV befinden und wie sie gegliedert ist, sowie die größenabhängigen Erleichterungen kennenlernen.

7.1 Einführung

Im Gegensatz zur zeitpunktbezogenen Bilanz handelt es sich bei der Gewinn- und Verlustrechnung um eine **Zeitraumrechnung**, die der Erfolgsanalyse des Unternehmens dient.

Die **Gewinn- und Verlustrechnung (GuV)** gibt Auskunft über die Erfolgslage des Unternehmens. Sie erfasst die Erträge und Aufwendungen der jeweiligen Geschäftsperiode unabhängig davon, wann die entsprechenden Ein- und Auszahlungen stattfinden. Der § 242 Abs. 2 HGB schreibt für alle Kaufleute verpflichtend vor, dass der Kaufmann für den Schluss eines jeden Geschäftsjahres die Aufwendungen und Erträge des Geschäftsjahres gegenüberzustellen hat. Der **Saldo** zwischen den Erträgen und den Aufwendungen zeigt den **Jahreserfolg** (Gewinn und Verlust) wieder. Dieser Saldo erscheint dann in einer Summe auch in der Bilanz und erhöht bei einem Gewinn oder vermindert bei einem Verlust das Eigenkapital. Die GuV kann entweder in der Konto- oder in der Staffelform aufgestellt werden. Die folgende Abbildung zeigt die GuV in der Kontoform.

Gewinn- und Verlustrechnung in Kontoform

Aufwendungen			**Erträge**
Aufwandsarten	______	Ertragsarten	______
Saldo = Gewinn	______	(Saldo = Verlust)	______
Summe	______	Summe	______

Abb. 7.1: Gewinn- und Verlustrechnung in Kontoform

Bei der GuV in der Kontoform fehlt die Möglichkeit, zusammenhängende Erfolgskomponenten in Zwischensummen zusammenzufassen.

Deshalb ist für die Gewinn- und Verlustrechnung der **Kapitalgesellschaften** die **Staffelform** entweder nach dem **Gesamtkostenverfahren** oder nach dem **Umsatzkostenverfahren** als Gliederungsschema gesetzlich vorgeschrieben (§ 275 Abs. 1 Satz 1 HGB). Bei der Staffelform können sachlich zusammengehörige Aufwands- und Ertragsposten zusammengefasst und jeweilige Zwischensummen (z. B. Betriebsergebnis, Finanzergebnis, Ergebnis nach Steuern) ausgewiesen werden.

		Gesamtkostenverfahren (§ 275 Abs. 2 HGB)			**Umsatzkostenverfahren** (§ 275 Abs. 3 HGB)
1.		Umsatzerlöse	1.		Umsatzerlöse
2.	+/-	Erhöhung/Verminderung des Bestands an fertigen u. unfertigen Erzeugnissen	2.	-	Herstellungskosten der zur Erzielung der Umsatzerlöse erbrachten Leistungen
3.	+	andere aktivierte Eigenleistungen			
4.	+	sonstige betriebliche Erträge	3.	=	**Bruttoergebnis vom Umsatz**
5.	-	Materialaufwand a) für Roh-, Hilfs- und Betriebsstoffe und für bezogene Waren b) für bezogene Leistungen	4.	-	Vertriebskosten
	=	**Rohergebnis* (1 bis 5)**			
6.	-	Personalaufwand a) Löhne und Gehälter b) Sozialabgaben u. Altersversorgungsaufwand	5.	-	allgemeine Verwaltungskosten
7.	-	Abschreibungen a) auf immaterielle Vermögensgegenstände des Anlagevermögens und Sachanlagen b) auf Vermögensgegenstände des Umlaufvermögens, soweit diese die in der Kapitalgesellschaft üblichen Abschreibungen überschreiten	6.	+	sonstige betriebliche Erträge
8.	-	sonstige betriebliche Aufwendungen	7.	-	sonstige betriebliche Aufwendungen
	=	**Betriebsergebnis* (1 bis 8)**, oft auch als EBIT (= Earnings before Interest and Taxes) bezeichnet		=	**Betriebsergebnis* (1 bis 7)**, oft auch als EBIT = (Earnings before Interest and Taxes) bezeichnet
9.		Erträge aus Beteiligungen, davon aus verbundenen Unternehmen	8.		Erträge aus Beteiligungen, davon aus verbundenen Unternehmen
10.	+	Erträge aus anderen Wertpapieren und Ausleihungen des Finanzanlagevermögens, davon aus verbundenen Unternehmen	9.	+	Erträge aus anderen Wertpapieren und Ausleihungen des Finanzanlagevermögens, davon aus verbundenen Unternehmen
11.	+	sonstige Zinsen und ähnliche Erträge, davon aus verbundenen Unternehmen	10.	+	sonstige Zinsen und ähnliche Erträge, davon aus verbundenen Unternehmen
12.	-	Abschreibungen auf Finanzanlagen und auf Wertpapiere des Umlaufvermögens	11.	-	Abschreibungen auf Finanzanlagen und auf Wertpapiere des Umlaufvermögens
13.	-	Zinsen und ähnliche Aufwendungen, davon aus verbundenen Unternehmen	12.	-	Zinsen und ähnliche Aufwendungen, davon aus verbundenen Unternehmen
	=	**Finanzergebnis* (9 bis 13)**		=	**Finanzergebnis* (8 bis 12)**
		Gesamtergebnis			**Gesamtergebnis**
14.	-/+	Steuern vom Einkommen und Ertrag	13.	-/+	Steuern vom Einkommen und Ertrag
15.	=	**Ergebnis nach Steuern**	**14.**	=	**Ergebnis nach Steuern**
16.	-	sonstige Steuern	15.	-	sonstige Steuern
17.	=	**Jahresüberschuss/Jahresfehlbetrag**	16.	=	**Jahresüberschuss/Jahresfehlbetrag**

* Diese Posten werden im Grundschema nicht ausgewiesen. Sie wurden zur detaillierteren Erläuterung der Einzelergebnisse eingefügt.

Abb. 7.2: Gewinn- und Verlustrechnung in der Staffelform

7.2 Vergleich zwischen dem Gesamtkosten- und Umsatzkostenverfahren

Beim Gesamtkostenverfahren erfolgt die Gegenüberstellung der gesamten Aufwendungen und gesamten Erträge, die um die Bestandsveränderungen der fertigen und unfertigen Erzeugnisse sowie der anderen aktivierten Eigenleistungen korrigiert werden. Dagegen werden beim Umsatzkostenverfahren den Erträgen nur die Aufwendungen der abgesetzten Produkte gegenübergestellt. Damit besteht der Unterschied in der Berücksichtigung der Bestandserhöhungen und Bestandsminderungen der fertigen und unfertigen Erzeugnisse sowie der aktivierten Eigenleistungen.

Die folgende Abbildung zeigt den Unterschied der beiden Verfahren bei Bestandserhöhung der fertigen und unfertigen Erzeugnisse sowie bei anderen aktivierten Eigenleistungen.

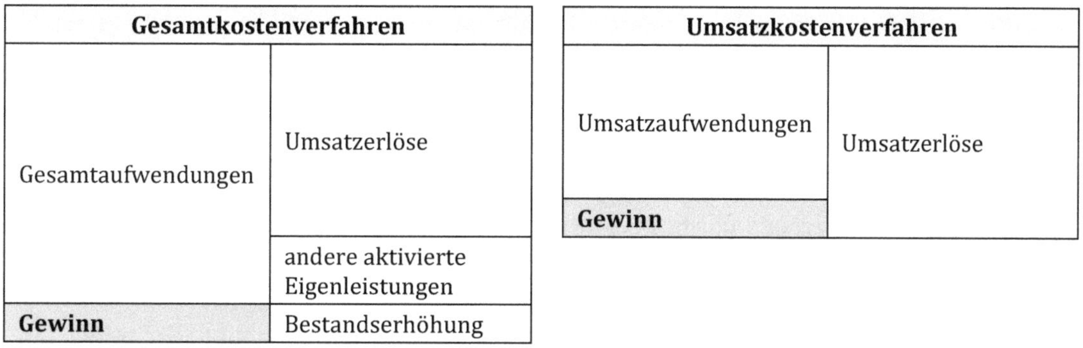

Abb. 7.3: Darstellung der GuV bei Bestandserhöhung und aktivierten Eigenleistungen

Die folgende Abbildung zeigt den Unterschied der beiden Verfahren bei einer **Bestandsminderung der fertigen und unfertigen Erzeugnisse**.

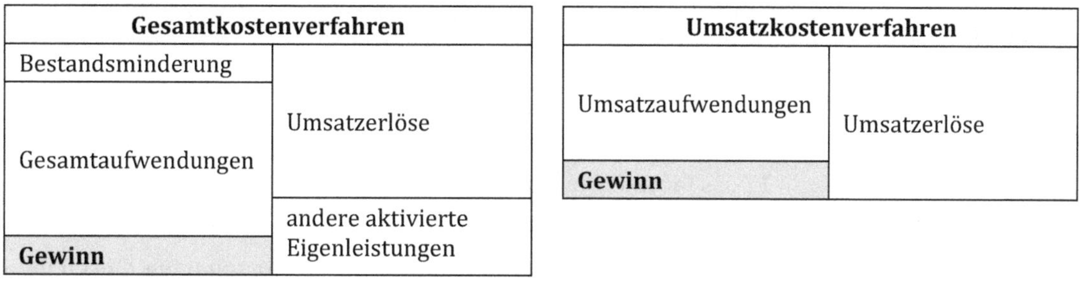

Abb. 7.4: Darstellung der GuV bei Bestandsminderung

Der ermittelte Gewinn ist bei beiden Verfahren identisch. Die Abweichungen der handelsrechtlichen Gliederungen nach dem Gesamtkostenverfahren und dem Umsatzkostenverfahren in Nummerierung und dem Inhalt einiger Posten werden in den folgenden Kapiteln aufgezeigt.

7.3 Gesamtkostenverfahren

Beim **Gesamtkostenverfahren** handelt es sich um eine Produktionserfolgsrechnung, d. h. es werden sämtlichen Erträgen der Periode (Umsatzerlöse, Bestandserhöhungen bei fertigen und unfertigen Erzeugnissen sowie anderen aktivierten Eigenleistungen) alle Aufwendungen der produzierten Mengeneinheiten der gleichen Periode gegenübergestellt. Das Gesamtkostenverfahren ist produktionsorientiert, die Gliederung der Aufwendungen erfolgt nach Aufwandsarten (Materialaufwand, Personalaufwand, Abschreibung). Es lässt sich beispielsweise die Lagerumschlaghäufigkeit ermitteln und es wird ein Einblick in die einzelnen Aufwandsarten gewährt.

Die **Gesamtleistung** fasst die Umsatzerlöse, die Bestandsänderungen der fertigen und unfertigen Erzeugnisse sowie die aktivierten Eigenleistungen zusammen.

Bei den **Erträgen** handelt es sich um:[65]

- Umsatzerlöse, die aus den Ausgangsrechnungen resultieren und mit den vereinbarten Verkaufspreisen zu berücksichtigen sind. Von den Erlösen sind die Erlösschmälerungen wie z. B. Rabatte, Skonti, direkt zurechenbare Boni oder Rücknahmen sowie die mit dem Umsatz direkt verbundenen Steuern abzuziehen. Hierunter fallen insbesondere die Verbrauchs- und Verkehrssteuern (z. B. Energie-, Strom-, Mineralöl-, Tabak- und Biersteuer).
- Bestandsveränderungen der fertigen und unfertigen Erzeugnisse, die zu Herstellungskosten bewertet werden. Sie sind bei einer Bestandserhöhung erfolgserhöhend (+) und bei einer Bestandsminderung erfolgsmindernd (-) zu berücksichtigen. Die jeweiligen Bestände zum Abschlussstichtag werden in den Bilanzposten „fertige Erzeugnisse“ und „unfertige Erzeugnisse“ ausgewiesen.
- Andere aktivierte Eigenleistungen, die zu Herstellungskosten bewertet werden. Es handelt sich um selbst erstellte Vermögensgegenstände des Anlagevermögens zur betrieblichen Nutzung, die nicht für die Weiterveräußerung bestimmt sind und daher nicht den Vorräten bzw. dem Umlaufvermögen zuzurechnen sind. Zu den aktivierten Eigenleistungen zählen z. B. selbst erstellte Maschinen oder Gebäude, selbst durchgeführte Großreparaturen und Erweiterungen.

Die GuV nach dem Gesamtkostenverfahren ermittelt das Jahresergebnis in **fünf Schritten**:

1. Die **Posten 1 bis 5** ergeben das **Rohergebnis**, das in der Gliederung nicht explizit ausgewiesen wird.
2. Die **Posten 1** bis **8** ergeben das **Betriebsergebnis**, das in der Gliederung nicht gesondert ausgewiesen wird.
3. Über die **Posten 9** bis **13** lässt sich das **Finanzergebnis** errechnen, das jedoch nicht gesondert ausgewiesen wird.
4. Betriebsergebnis und Finanzergebnis führen zum **Gesamtergebnis**.
5. Die **Posten 1** bis **14** ergeben das **Ergebnis nach Steuern** (Posten 15).
6. Nach **Abzug der sonstigen Steuern** (Posten 15 minus Posten 16) ermittelt das Gesamtkostenverfahren in Posten 17 das **Jahresergebnis (Jahresüberschuss/Jahresfehlbetrag)**.

Die Vorteile des Gesamtkostenverfahrens sind:

- Die Gewinn- und Verlustrechnung kann auf der Grundlage einer in **Kostenarten** eingeteilten Buchführung erstellt werden.
- Die periodengerechte Abgrenzung von Aufwendungen und Erträgen kommt besser zum Ausdruck.
- Es lässt sich die **Gesamtleistung** des Unternehmens errechnen (Umsatz +/- Bestandsveränderung der fertigen und unfertigen Erzeugnisse + andere aktivierte Eigenleistungen).
- Es werden die **wesentlichen Aufwandsarten**, wie z. B. Materialaufwand, Personalaufwand und Abschreibungen, als wichtige Bestimmungsgröße für die Ertragskraft gesondert ausgewiesen.
- Die **Abschreibungen** werden offen ausgewiesen, wodurch die Selbstfinanzierungskraft des Unternehmens deutlicher wird.
- Es ist keine Kostenstellenrechnung erforderlich.

---

[65] Bieg, H. und Waschbusch G.: Buchführung, 2021, S. 91.

7.3.1 Die Gewinn- und Verlustrechnung nach dem Gesamtkostenverfahren

1.	Umsatzerlöse
+/- 2.	Erhöhung oder Verminderung des Bestandes an fertigen und unfertigen Erzeugnissen
+ 3.	andere aktivierte Eigenleistungen
=	**Gesamtleistung***
+ 4.	sonstige betriebliche Erträge
=	**Betriebsleistung***
- 5.	Materialaufwand a) Aufwendungen für Roh-, Hilfs- und Betriebsstoffe und für bezogene Waren b) Aufwendungen für bezogene Leistungen
=	**Rohergebnis*** (Posten 1 bis 5)*
- 6.	Personalaufwand a) Löhne und Gehälter b) soziale Abgaben und Aufwendungen für Altersversorgung und für Unterstützung, davon für Altersversorgung
- 7.	Abschreibungen a) auf immaterielle Vermögensgegenstände des Anlagevermögens und Sachanlagen b) auf Vermögensgegenstände des Umlaufvermögens, soweit diese die in der Kapitalgesellschaft üblichen Abschreibungen überschreiten
- 8.	sonstige betriebliche Aufwendungen
=	**Betriebsergebnis** (vor Zinsen und Steuern (EBIT))* (Posten 1 bis 8)
+ 9.	Erträge aus Beteiligungen, davon aus verbundenen Unternehmen
+ 10.	Erträge aus anderen Wertpapieren und Ausleihungen des Finanzanlagevermögens, davon aus verbundenen Unternehmen
+ 11.	sonstige Zinsen und ähnliche Erträge, davon aus verbundenen Unternehmen
- 12.	Abschreibungen auf Finanzanlagen und auf Wertpapiere des Umlaufvermögens
- 13.	Zinsen und ähnliche Aufwendungen, davon an verbundene Unternehmen
(9 bis 13)	**Finanzergebnis*** (vor Steuern) (Posten 9 bis 13)
(1 bis 13)	**Gesamtergebnis***
-/+ 14.	Steuern vom Einkommen und vom Ertrag
= **15.**	**Ergebnis nach Steuern**
- 16.	sonstige Steuern
= **17.**	**Jahresüberschuss/Jahresfehlbetrag** (Jahresergebnis nach Steuern)

* Diese Posten werden im Grundschema nicht ausgewiesen. Sie wurden zur detaillierteren Erläuterung der Einzelergebnisse eingefügt.

Abb. 7.5: Gewinn- und Verlustrechnung nach dem Gesamtkostenverfahren

7.3.2 Inhalt und Aussagen der Gewinn- und Verlustrechnung nach dem Gesamtkostenverfahren

- **Umsatzerlöse:** Erlöse aus dem Verkauf von Umlaufvermögen und der Vermietung oder Verpachtung sowie aus der Erbringung von Dienstleistungen. Erträge aus Schrottverkäufen, oder Kantinenerlöse sowie Erträge aus Provisionen, Lizenzen und Patenten. Die auf die Erlöse entfallende Umsatzsteuer, Erlösschmälerungen (Rabatte, Boni und Skonti) oder direkt mit dem Umsatz verbundene Steuern sind zum Abzug zu bringen.
- **Erhöhung/Verminderung des Bestands an fertigen und unfertigen Erzeugnissen**: Dieser Posten entsteht durch Mengen- oder Wertänderungen. Mengenänderungen stellen sich beispielsweise ein, wenn der Verkauf größer oder kleiner als die Produktion war. Wertänderungen können sich aus einer Veränderung der Herstellungskosten oder durch Qualitätsabschläge, Bewertungsabschläge auf Ladenhüter oder Abschreibungen nach dem Niederstwertprinzip ergeben.
- **Andere aktivierte Eigenleistungen**: Hierbei handelt es sich um selbst hergestellte Vermögensgegenstände des Anlagevermögens, die nicht an Dritte verkauft werden, sondern zur Eigennutzung dienen, wie beispielsweise selbst erstellte Gebäude, Maschinen, Werkzeuge oder aktivierungspflichtige Großreparaturen, die der eigentlichen betrieblichen Nutzung dienen. Der Ausweis der aktivierten Eigenleistungen stellt einen Ertragsausweis dar. Die aktivierten Eigenleistungen werden in der Bilanz als Vermögensgegenstände erfasst, also „aktiviert".
- **Sonstige betriebliche Erträge:** Sammelposten, in dem alle Erträge, die nicht unter den Umsatzerlösen ausgewiesen sind, erfasst werden. Hierzu zählen beispielsweise Erträge aus der Auflösung von Rückstellungen, Erträge aus abgeschriebenen Forderungen, Erträge aus der Herabsetzung von Pauschalwertberichtigungen zu Forderungen, Erträge aus Zuschreibungen auf Vermögensgegenstände des Anlage- und Umlaufvermögens, Erträge aus Versicherungsentschädigungen, Aktivierung von unentgeltlich erworbenen Vermögensgegenständen, Erträge aus dem Verkauf von Gegenständen des Anlagevermögens, z. B. der Buchgewinn aus einem Grundstücksverkauf etc.
- **Materialaufwand:** Hierzu zählen der Materialverbrauch aus dem Fertigungsbereich für die Roh-, Hilfs- und Betriebsstoffe, aber auch die Aufwendungen für bezogene Waren und die bezogenen Fremdleistungen.
- **Rohergebnis:** Das Rohergebnis ist eine Zwischensumme der Gewinn- und Verlustrechnung und umfasst in der GuV nach dem Gesamtkostenverfahren (§ 275 Abs. 2 HGB) die Posten Nr. 1 bis Nr. 5 sowie in der GuV nach dem Umsatzkostenverfahren (§ 275 Abs. 3 HGB) die Posten Nr. 1 bis Nr. 3 und Nr. 6.
- **Personalaufwand:** Hierunter werden Löhne und Gehälter (brutto), soziale Abgaben (Arbeitgeberanteil zur Sozialversicherung und Beiträge zur Berufsgenossenschaft), Aufwendungen für die Altersvorsorge (Zuführungen zu Pensionsrückstellungen und Beiträge zu selbstständigen Versorgungseinrichtungen) sowie Unterstützungen (Unterstützungszahlungen für Invaliden, Heirats- und Geburtsbeihilfen) gefasst.
- **Abschreibungen:** Antizipierte Wertminderung von Vermögensgegenständen des Anlage- und Umlaufvermögens. Es ist zwischen planmäßigen und außerplanmäßigen Abschreibungen zu unterscheiden.
- **Sonstige betriebliche Aufwendungen:** Sammelposten für alle Aufwendungen aus der gewöhnlichen Geschäftstätigkeit, die nicht an anderer Stelle ausgewiesen werden. Sie umfassen u. a. übliche Abschreibungen auf Forderungen, Aufwendungen aus der Währungsumrechnung, Verluste aus Anlagenabgängen, Mieten, Leasingraten, Fahrzeugkosten, Versicherungen, Kommunikationsaufwand, Rechtsanwalts- und Beratungskosten, Zuführung zu Rückstellungen

(wenn die Aufwandsart noch nicht endgültig hinreichend bestimmbar ist). Zuführungen zu Pensionsrückstellungen bei Inanspruchnahme des Streckungswahlrechts im Zuge der BilMoG-Umstellung (Ausweis als Posten „Aufwendungen nach Art. 67 Abs. 1 und 2 EGHGB).

- **Betriebsergebnis:** Das Betriebsergebnis setzt sich beim Gesamtkostenverfahren aus den Posten 1 bis 8 und beim Umsatzkostenverfahren aus den Posten 1 bis 7 zusammen. Es hat von allen Ergebnissen die **größte Aussagekraft** hinsichtlich Beurteilung der Ertragsentwicklung. Das Betriebsergebnis enthält betriebliche Erträge und betriebliche Aufwendungen. Mischposten sind die sonstigen betrieblichen Erträge und die sonstigen betrieblichen Aufwendungen.
- **Erträge aus Beteiligungen:** Hierunter sind die laufenden Erträge auszuweisen, die im Beteiligungsverhältnis begründet sind (z. B. Dividenden von Kapitalgesellschaften, Gewinnanteile von Personengesellschaften etc.). Erträge aus der Veräußerung von Beteiligungen gehören nicht dazu.
- **Erträge aus anderen Wertpapieren und Ausleihungen des Finanzanlagevermögens:** Hierzu gehören Zinsen aus langfristigen Ausleihungen und Dividenden aus Aktien sowie ähnliche Ausschüttungen, die nicht Beteiligungen, Gewinngemeinschaften oder Gewinnabführungsverträgen zuzuordnen sind.
- **Sonstige Zinsen und ähnliche Erträge:** Ertragszinsen für Guthaben bei Kreditinstituten, Zinsen, Dividenden und dergleichen auf Wertpapiere des Umlaufvermögens etc. und zinsähnliche Erträge, wie z. B. Agio, Disagio, Kreditprovisionen, Kreditgebühren, sind hierunter gefasst, sofern sie nicht an anderer Stelle ausgewiesen werden.
- **Abschreibung auf Finanzanlagen und auf Wertpapiere des Umlaufvermögens:** Da es sich beim Finanzvermögen nicht um abnutzbares Vermögen handelt, werden hier ausschließlich außerplanmäßige Abschreibungen berücksichtigt.
- **Zinsen und ähnliche Aufwendungen:** Hierzu zählen insbesondere Zinsen für Verbindlichkeiten bei Kreditinstituten oder Lieferanten, Kreditprovisionen, Abschreibungen für ein aktiviertes Disagio und Aufwendungen aus der Aufzinsung von in Vorjahren abgezinsten Rückstellungen.
- **Finanzergebnis:** Das Finanzergebnis ist als **neutrales Ergebnis** zum einen von den Gegebenheiten des Geld- und Kapitalmarkts und zum anderen von den Beteiligungen abhängig, weniger von der Leistung des Managements. Es steht in keinem Zusammenhang mit der eigentlichen betrieblichen Tätigkeit (dem Zweck des Unternehmens). Der Saldo aus den Erträgen und den Aufwendungen, die sich aus den Anlagen am Geld- und Kapitalmarkt und der Inanspruchnahme der Fremdkapitalfinanzierung ergeben, stellt das Finanzergebnis dar.
- **Gesamtergebnis**: Dieses Zwischenergebnis umfasst den Saldo aller Erträge und Aufwendungen vor Steuern der abgelaufenen Periode, d. h. es umfasst das Betriebs- und Finanzergebnis des Unternehmens vor Steuern. Das Betriebsergebnis steht tendenziell für Nachhaltigkeit und Beeinflussbarkeit. Das Finanzergebnis ist zwar nachhaltig erzielbar, aber meist nicht beeinflussbar.
- **Steuern vom Einkommen und vom Ertrag:** Diese werden vom Ergebnis vor Steuern abgezogen, dabei handelt es sich im Wesentlichen um die nicht abzugsfähigen Betriebssteuern. Im Einzelnen sind dies die Körperschafts-, die Gewerbe- und die Kapitalertragsteuer sowie der Solidaritätszuschlag. Ebenfalls unter diesem Posten werden für die zuvor genannten Steuern auch Steuervorauszahlungen, Steuernachzahlungen und Steuererstattungen, für Vorjahre sowie für die Bildung und Auflösung von Steuerrückstellungen, ausgewiesen. Gemäß § 274 Abs. 2 Satz 3 HGB sind unter dem Posten „Steuern vom Einkommen und Ertrag" auch sämtliche Aufwendungen und Erträge aus der Passivierung und Aktivierung latenter Steuern gesondert auszuweisen.[66]

---

[66] Coenenberg, A. G. et al.: Jahresabschluss und Jahresabschlussanalyse, 2014, S. 547.

- **Ergebnis nach Steuern**: Dies entspricht dem Betriebsergebnis zuzüglich dem Finanzergebnis abzüglich der Steuern von Einkommen und Ertrag.
- **Sonstige Steuern:** Alle anderen Steuern, soweit sie handelsrechtlichen Aufwand darstellen und nicht aktivierungspflichtig bzw. durchlaufend sind, dürfen hier ausgewiesen werden, beispielsweise Kfz-Steuer, Grundsteuer, Ausfuhrzölle, Versicherungssteuer und Verbrauchssteuern (z. B. Mineralöl-, Bier-, Tabak-, Kaffee-, Branntweinsteuer).
- **Jahresüberschuss/Jahresfehlbetrag**: Bei dem Jahresüberschuss bzw. Jahresfehlbetrag handelt es sich um das handelsrechtliche Ergebnis eines Geschäftsjahres nach Steuern. Dieser Betrag ergibt sich als Saldo aller in der GuV ausgewiesenen Erträge, Aufwendungen und Steuern. Der Jahresüberschuss bzw. der Jahresfehlbetrag stellen die Ausgangsgrundlage für die Gewinnverwendung dar.

7.4 Umsatzkostenverfahren

Beim **Umsatzkostenverfahren** handelt es sich um eine Absatzerfolgsrechnung. Es werden den Verkaufserlösen der Periode nur die Umsatzkosten der verkauften Produkte/Leistungen gegenübergestellt. Die Bestandserhöhungen der fertigen und unfertigen Erzeugnisse sowie die selbst erstellten Vermögensgegenstände des Anlagevermögens werden nicht als Erträge und die dafür angefallenen Aufwendungen nicht als Aufwendungen erfasst. Die Bestandsminderungen an fertigen und unfertigen Erzeugnissen werden als Aufwendungen für abgesetzte Erzeugnisse ausgewiesen.

Das Umsatzkostenverfahren ist kostenstellenorientiert aufgebaut, daher müssen die Daten aus der Kosten- und Leistungsrechnung abgeleitet werden. Im Vergleich zum Gesamtkostenverfahren werden die Aufwendungen nicht nach Aufwandsarten (Material, Personal, Abschreibungen), sondern nach den Funktionsbereichen (Herstellung, Verwaltung, Vertrieb) unterteilt.

Die Gewinn- und Verlustrechnung nach dem Umsatzkostenverfahren (§ 275 Abs. 3 HGB) ermittelt das Jahresergebnis in grundsätzlich sechs Schritten:

1. Die **Posten 1** und **2** ermitteln das **Bruttoergebnis** vom Umsatz (Posten 3).
2. Über die **Posten 1** bis **7** lässt sich das **Betriebsergebnis** errechnen (nicht gesondert ausgewiesen).
3. Aus den **Posten 8** bis **12** ergibt sich das **Finanzergebnis** (nicht gesondert ausgewiesen).
4. Betriebsergebnis und Finanzergebnis führen zum **Gesamtergebnis**.
5. Die Posten 1 bis 13 ergeben das **Ergebnis nach Steuern** (Posten 14).
6. Nach Abzug der **sonstigen Steuern** (Posten 14 minus Posten 15) ermittelt das Umsatzkostenverfahren in **Posten 16** das **Jahresergebnis (Jahresüberschuss/Jahresfehlbetrag)**.

7.5 Gewinn- und Verlustrechnung nach dem Umsatzkostenverfahren

1.	Umsatzerlöse
- 2.	Herstellungskosten der zur Erzielung der Umsatzerlöse erbrachten Leistungen
= 3.	**Bruttoergebnis vom Umsatz** (Posten 1 bis 2)
- 4.	Vertriebskosten
- 5.	allgemeine Verwaltungskosten
+ 6.	sonstige betriebliche Erträge
- 7.	sonstige betriebliche Aufwendungen
=	**Betriebsergebnis** (vor Steuern und Zinsen (EBIT))* (Posten 1 bis 7)
+ 8.	Erträge aus Beteiligungen, davon aus verbundenen Unternehmen
+ 9.	Erträge aus anderen Wertpapieren und Ausleihungen des Finanzanlagevermögens, davon aus verbundenen Unternehmen
+ 10.	sonstige Zinsen und ähnliche Erträge, davon aus verbundenen Unternehmen
- 11.	Abschreibungen auf Finanzanlagen und auf Wertpapiere des Umlaufvermögens
- 12.	Zinsen und ähnliche Aufwendungen, davon an verbundene Unternehmen
=	**Finanzergebnis** (vor Steuern)* (Posten 8 bis 12)
(1 bis 12)	**Gesamtergebnis*** (Posten 1 bis 12)
+/- 13.	Steuern vom Einkommen und vom Ertrag
= **14.**	**Ergebnis nach Steuern**
- 15.	sonstige Steuern
= **16.**	**Jahresüberschuss/Jahresfehlbetrag** (Jahresergebnis nach Steuern)

* Diese Posten werden im Grundschema des Umsatzkostenverfahrens nicht explizit ausgewiesen.

Abb. 7.6: Gewinn- und Verlustrechnung nach dem Umsatzkostenverfahren

Als **Vorteile** des Umsatzkostenverfahrens werden angeführt:

- Das Umsatzkostenverfahren führt zu einem **aussagefähigeren Betriebsergebnis**, insbesondere für die kurzfristige (z. B. monatliche) Erfolgsrechnung.
- Bei einer entsprechenden Gliederung der **Aufwendungen** nach den **Produktarten** kann der Erfolgsbeitrag einzelner Produktarten aufgezeigt werden.
- Der Zusammenhang zwischen Kosten und Leistung des Unternehmens wird sichtbar.
- Es erfolgt eine „verursachungsgerechte" Zuordnung von Aufwendungen zu den Funktionsbereichen des Unternehmens.
- Die internationale Vergleichbarkeit von Gewinn- und Verlustrechnungen wird erleichtert.
- Das Umsatzkostenverfahren entspricht dem Kalkulationsschema des Unternehmens.
- Das Umsatzkostenverfahren ist gut geeignet für Industriebetriebe mit Serienfertigung und für Handelsbetriebe.

Es müssen der Materialaufwand (GKV-Posten 5) und der Personalaufwand (GKV-Posten 6) im Anhang angegeben werden.

7.5.1 Ergebnisrechnung nach dem Umsatzkostenverfahren

Das „**Bruttoergebnis vom Umsatz**" (Posten 3) ergibt sich aus der Differenz zwischen „Umsatzerlösen" (Posten 1) und den „Herstellungskosten der zur Erzielung der Umsatzerlöse erbrachten Leistungen (Posten Nr. 2). Im Vergleich zu den Posten 1 bis 3 des Gesamtkostenverfahrens (§ 275 Abs. 2 HGB), die die betriebliche **Gesamtleistung** darstellen, bezieht sich die Größe „Bruttoergebnis vom Umsatz" die **Absatzleistung** des Unternehmens.

Die „Herstellungskosten der zur Erzielung der Umsatzerlöse erbrachten Leistungen" enthalten die gesamten, auf die Absatzleistung entfallenden Herstellungsaufwendungen des laufenden Geschäftsjahres und die in früheren Perioden im Rahmen der Vorratsbewertung aktivierten Aufwendungen, soweit diese Vorräte (fertige und unfertige Erzeugnisse) in das abgesetzte Leistungsvolumen eingehen. Im Falle des Lagerabgangs, bei dem die Vorräte verkauft wurden, ist zu berücksichtigen, dass der Umfang der unter Posten 2 zu verrechnenden Aufwendungen davon abhängt, welche Aufwendungen bzw. Kosten im Zeitpunkt des Lageraufbaus in der Bilanz aktiviert wurden.

Unter dem Posten 2 erscheinen somit:

- soweit die Produktion der abgesetzten Leistungen durch Vorräteabbau bestritten wird, die – in früheren Perioden des Lageraufbaus im Rahmen der Vorratsbewertung – **tatsächlich aktivierten Aufwendungen**, und
- die gesamten **fertigungs- und materialbezogenen laufenden Aufwendungen** des ablaufenden Geschäftsjahres, soweit sie auf die Absatzleistung entfallen.

7.6 Überblick über die beiden Verfahren

Gliederung der Gewinn- und Verlustrechnung in verkürzter Form

Gesamtkostenverfahren (§ 275 Abs. 2 HGB)		**Umsatz**kostenverfahren (§ 275 Abs. 3 HGB)
Posten		Posten
1 bis 8	= Betriebsergebnis	1 bis 7
9 bis 13	+ Finanzergebnis	8 bis 12
	Gesamtergebnis	
14	- Steuern von Einkommen und Ertrag	13
15	= Ergebnis nach Steuern	14
16	- sonstige Steuern	15
17	= Jahresüberschuss/Jahresfehlbetrag	16

Abb. 7.7: Gegenüberstellung von Gesamt- und Umsatzkostenverfahren

Produktionserfolgsrechnung beim Gesamtkostenverfahren

	Ertrag	=	Gesamtleistung der Periode (Umsatzerlöse – Bestandsabnahme + Bestandserhöhung + andere aktivierte Eigenleistungen)
-	Aufwand	=	Produktionsaufwand der Periode
=	**Ergebnis** (Gewinn oder Verlust)		

Abb. 7.8: Produktionserfolgsrechnung nach dem Gesamtkostenverfahren

Umsatzerfolgsrechnung beim Umsatzkostenverfahren

	Ertrag	=	Umsatzerlöse der Periode
-	Aufwand	=	Umsatzaufwand (Produktionsaufwand + Bestandsabnahme – Bestandserhöhung der fertigen und unfertigen Erzeugnisse)
=	**Ergebnis** (Gewinn oder Verlust)		

Abb. 7.9: Absatzerfolgsrechnung nach dem Umsatzkostenverfahren

Im Ergebnis stimmen die Produktionsrechnung (Gesamtkostenverfahren) und die Absatzerfolgsrechnung (Umsatzkostenverfahren) überein.

Erfassung der Bestandsveränderungen in der GuV

Das Betriebsergebnis nach dem **Gesamtkostenverfahren** ergibt sich, indem der gesamte Produktionsertrag (= Gesamtleistung) zuzüglich der sonstigen Erträge den gesamten in einer Periode entstandenen betrieblichen Aufwendungen gegenübergestellt wird. Nach dem Umsatzkostenverfahren ergibt sich das Bruttoergebnis vom Umsatz durch Gegenüberstellung der Umsatzerlöse $E(X_a)$ und der hierfür aufgebrachten Aufwendungen (umsatzbezogene Herstellungskosten $A(X_a)$).

	Gesamtkostenverfahren		**Umsatzkostenverfahren**
	Umsatzerlöse $E(X_a)$		Umsatzerlöse $E(X_a)$
+/-	Bestandsveränderung $[E(X_p) - E(X_a)]$	-	umsatzbezogene Herstellungskosten $A(X_a)$
+	andere aktivierte Eigenleistungen		
=	**Gesamtleistung** $E(X_p)$	=	**Bruttoergebnis vom Umsatz**
+	sonstige betriebliche Erträge	-	Vertriebskosten
-	Materialaufwand	-	allgemeine Verwaltungskosten
-	Personalaufwand	+	sonstige betriebliche Erträge
-	Abschreibungen	-	sonstige betriebliche Aufwendungen
-	sonstige betriebliche Aufwendungen		
=	**Betriebsergebnis**	=	**Betriebsergebnis**

Abb. 7.10: Ermittlung des Betriebsergebnisses

Beispiel: Gesamt- und Umsatzkostenverfahren

Es wird der Kontenabschluss nach dem Gesamt- und dem Umsatzkostenverfahren dargestellt, wobei von einem einstufigen Produktionsprozess ausgegangen wird. Folgende Daten liegen vor:

produzierte Menge X_p	200 St.	
abgesetzte Menge X_a	120 St.	
diverse Aufwendungen $A(X_p)$	2.000 €	
Herstellungskosten pro Stück (2.000 € : 200 Stück)	10 €/St.	
Umsatzerlöse $E(X_a)$ (120 St. à 20 €/St.)	2.400 €	
Anfangsbestand Fertigfabrikate (50 St. à 10 €/St.)	500 €	
Endbestand Fertigfabrikate (130 St. à 10 €/St.)	1.300 €	SBK (Bestand)
Bestandsmehrung (80 St. à 10 €/St.)	800 €	GuV (Ertrag)

Der Kontenabschluss nach dem **Gesamtkostenverfahren** sieht wie folgt aus:

S	Fertigerzeugnisse		H
AB	500	SB	1.300
Bestands-erhöhung	800		
	1.300		1.300

S	Schlussbilanzkonto		H
FE	1.300		

S	Herstellungsaufwand		H
HK-Aufwand $A(X_p)$	2.000	Saldo	2.000
	2.000		2.000

S	Umsatzerlöse		H
Saldo	2.400	Erlöse $E(X_a)$	2.400
	2.400		2.400

S	Gewinn- und Verlustkonto		H
Herstellungsaufwand $A(X_p)$	2.000	Umsatzerlöse	2.400
Gewinn (Saldo)	**1.200**	Bestandserhöhung	800
	3.200		3.200

Der Kontenabschluss nach dem **Umsatzkostenverfahren** sieht wie folgt aus:

S	Fertigerzeugnisse		H
AB	500	Abgang	1.200
Zugang	2.000	SB	1.300
	2.500		2.500

S	Schlussbilanzkonto		H
FE	1.300		

S	Herstellungsaufwand		H
Aufwand A(Xa)	1.200	Saldo	1.200
	1.200		1.200

S	Umsatzerlöse		H
Saldo	2.400	Erlöse E(Xa)	2.400
	2.400		2.400

S	Gewinn- und Verlustkonto		H
Umsatzaufwand A(Xa)	1.200	Umsatzerlöse	2.400
Gewinn (Saldo)	**1.200**		
	2.400		2.400

An diesem Beispiel können Sie erkennen, dass nach dem **Umsatzkostenverfahren** die zur Herstellung der Fertigerzeugnisse getätigten Aufwendungen nicht über das GuV-Konto, sondern vielmehr auf das Bestandskonto „Fertigerzeugnisse" als Zugang im Soll gebucht werden. Das Ertragskonto „Umsatzerlöse" gibt seinen Saldo an die Habenseite des GuV-Kontos ab.

Nachdem der Endbestand des Kontos „Fertigerzeugnisse" auf das Schlussbilanzkonto übertragen wurde, bleibt im Haben des Kontos „Fertigerzeugnisse" ein Saldo in Höhe des Abgangs übrig. Dieser Abgang, der mit dem Wareneinsatz im Handelsbetrieb vergleichbar ist, entspricht der abgesetzten Menge X_a bewertet zu Herstellungskosten und wird als Aufwand im GuV-Konto gebucht. Hier stehen sich die Umsatzerlöse und die für die Erzielung dieser Leistung erforderlichen Aufwendungen, die im Beispiel 1.200 € betragen, gegenüber.

Im Vergleich zum Gesamtkostenverfahren baut das Umsatzkostenverfahren eine Brücke von der Finanzbuchhaltung zur Kostenrechnung. Mithilfe der kurzfristigen Erfolgsrechnung kann man herausfinden, welche Produkte mit Gewinn und welche mit Verlust produziert und abgesetzt werden. Für diese Art der Erfolgskontrolle kann das Umsatzkostenverfahren gute Vorarbeit liefern. Das Gesamtkostenverfahren ist zur Erfolgskontrolle weniger geeignet, da es den Aufwand nach Aufwandsarten (Personalaufwand, Rohstoffaufwand etc.) gliedert und nicht wie erforderlich nach Produkten.

Beispiel: Gesamt- und Umsatzkostenverfahren

Von dem Einprodukt-Unternehmen der Schmid & Meier OHG liegen folgende Daten vor:

- Produktionsmenge: 2.000 Stück/Jahr
- Absatzmenge: 1.700 Stück/Jahr
- Verkaufspreis pro Stück: 500 €/Stück
- Fertigungslöhne pro Stück (= Fertigungseinzelkosten): 100 €/Stück
- Fertigungsmaterial pro Stück (= Materialeinzelkosten): 100 €/Stück

Die Kostenstruktur des Unternehmens ist aus dem vereinfachten Betriebsabrechnungsbogen (BAB) ersichtlich:

Kostenarten		**Kostenstellen**			
Einzelkosten		Material	Fertigung	Verwaltung	Vertrieb
Fertigungslöhne	200.000 €		200.000 €		
Fertigungsmaterial	200.000 €	200.000 €			
Summe Einzelkosten	**400.000 €**				
Gemeinkosten					
sonstige Personalkosten	110.000 €	20.000 €	30.000 €	40.000 €	20.000 €
Betriebs-/Materialkosten	150.000 €	90.000 €	45.000 €	5.000 €	10.000 €
Abschreibungen					
planmäßig	70.000 €	10.000 €	35.000 €	15.000 €	10.000 €
außerplanmäßig	30.000 €	10.000 €	10.000 €		10.000 €
Summe Gemeinkosten	**360.000 €**	**130.000 €**	**120.000 €**	**60.000 €**	**50.000 €**
Summe Gesamtkosten	**760.000 €**				

Die **Gewinn- und Verlustrechnung** wird zum einen nach dem **Gesamtkostenverfahren** und zum anderen nach dem **Umsatzkostenverfahren** aufgestellt. Dabei wird der Lagerzugang mit der Wertuntergrenze der Herstellungskosten bewertet.

Die Herstellungskosten zu Vollkosten je Stück errechnen sich wie folgt:

	Materialeinzelkosten	100 €/St.
+	Materialgemeinkosten (Zuschlagssatz = 65 %)	+ 65 €/St.
+	Fertigungseinzelkosten (Fertigungslöhne)	+ 100 €/St.
+	Fertigungsgemeinkosten (Zuschlagssatz = 60 %)	+ 60 €/St.
=	**Herstellungskosten (Wertuntergrenze)**	**= 325 €/St.**

Die Herstellungskosten je fertiges Erzeugnis betragen 325 €/St.

GuV nach dem Gesamtkostenverfahren	Aufwand	Ertrag
1. Umsatzerlöse (1.700 St. × 500 €/St.)		+ 850.000 €
2. Bestandserhöhung (300 St. × 325 €/St.)		+ 97.500 €
5. Materialaufwand (200.000 € + 150.000 €)	- 350.000 €	
6. Personalaufwand (200.000 € + 110.000 €)	- 310.000 €	
7. Abschreibungen (davon außerplanmäßig 30.000 €)	- 100.000 €	
8. sonstige betriebliche Aufwendungen	0 €	
Betriebsergebnis		**= 187.500 €**

GuV nach dem Umsatzkostenverfahren	Aufwand	Ertrag
1. Umsatzerlöse (1.700 St. × 500 €/St.)		+ 850.000 €
2. umsatzbezogene Herstellungskosten (= 325 €/St. × 1.700 St.)	- 552.500 €	
3. **Bruttoergebnis vom Umsatz**		**= 297.500 €**
4. Vertriebskosten (inkl. außerplanmäßige Abschreibung)	- 50.000 €	
5. allgemeine Verwaltungskosten	- 60.000 €	
7. sonstige betriebliche Aufwendungen	0 €	
Betriebsergebnis		**= 187.500 €**

Der Posten 2 enthält alle Einzel- und Gemeinkosten des Fertigungs- und Materialbereichs, die anteilig auf die abgesetzten Erzeugnisse entfallen (325 €/St. × 1.700 St. = 552.500 €). Da auch die lagerzugangsbezogenen Material- und Fertigungsgemeinkosten im Rahmen der Vollkostenbewertung mit aktiviert wurden und die auf den Material- und Fertigungsbereich entfallenden außerplanmäßigen Abschreibungen (20.000 €) unter Posten 2 erfasst wurden, geht der Posten 7 „sonstige betriebliche Aufwendungen" leer aus.

7.7 Rohergebnis

Kleine und mittelgroße Kapitalgesellschaften unterliegen geringeren Publizitätsanforderungen bei der Gewinn- und Verlustrechnung (GuV). Sie müssen bei der GuV nur das Rohergebnis ausweisen. Das Rohergebnis wird wie folgt ermittelt:

Rohergebnis nach dem Gesamtkostenverfahren (GKV):

	Umsatzerlöse
+/-	Bestandsveränderungen der fertigen und unfertigen Erzeugnisse
+	andere aktivierte Eigenleistungen
+	sonstige betriebliche Erträge
-	Materialaufwand
=	**Rohergebnis (GKV)**

Abb. 7.11: Ermittlung des Rohergebnisses nach dem Gesamtkostenverfahren

Rohergebnis nach dem Umsatzkostenverfahren (UKV):

	Umsatzerlöse
-	Herstellungskosten der zur Erzielung der Umsätze erbrachten Leistungen
+	sonstige betriebliche Erträge
=	**Rohergebnis (UKV)**

Abb. 7.12: Ermittlung des Rohergebnisses nach dem Umsatzkostenverfahren

Merke

Das Rohergebnis nach dem Umsatzkostenverfahren wird regelmäßig niedriger sein als das Rohergebnis nach dem Gesamtkostenverfahren, da aufgrund der Systematik des Umsatzkostenverfahrens im Posten „Herstellungskosten der zur Erzielung der Umsatzerlöse erbrachten Leistungen" anteilige Personalaufwendungen und anteilige Abschreibungen enthalten sind, die in die Berechnung des Rohergebnisses nach dem Gesamtkostenverfahren nicht eingehen.

Übungsaufgaben 7.1, 7.2, 7.3, 7.4, 7.5, 7.6 und **7.7**

Alle Aufgaben und Lösungen finden Sie online.

Schritt 8: Anhang

Lernziele

In diesem Kapitel werden Sie einen Überblick über die im Anhang enthaltenen und zusätzlich erläuternden Informationen erhalten. Ferner werden Sie die handelsrechtlichen Anforderungen an die Angaben des Anhangs kennenlernen. Sie sollten einen Anlagenspiegel erstellen können.

8.1 Einführung

Kapitalgesellschaften und haftungsbeschränkte Personenhandelsgesellschaften i.S.d. § 264a HGB haben den Jahresabschluss um einen **Anhang** zu erweitern, der mit der Bilanz und der Gewinn- und Verlustrechnung eine Einheit bildet (erweiterter Jahresabschluss; § 264 Abs. 1 Satz 1 HGB).

Dem Anhang obliegt die Aufgabe die anderen Jahresabschlusselemente näher zu erläutern, zu ergänzen, zu korrigieren und die Bilanz bzw. die GuV von bestimmten Angaben zu entlasten.

In welchem Umfang und mit welchen Details ein Anhang zu erstellen ist, hängt davon ab, wie ein Unternehmen die Wahlrechte hinsichtlich der Zuordnung von Angaben zu einzelnen Teilen des Jahresabschlusses in Anspruch nimmt und außerdem von der Größe der Kapitalgesellschaft.

	Kleinstkapitalgesellschaften	kleine Kapitalgesellschaften	mittelgroße Kapitalgesellschaften	große Kapitalgesellschaften
Aufstellung Anhang	kann verzichtet werden	verkürzt	ungekürzt	ungekürzt

Abb. 8.1: Umfang des Anhangs

Im **Anhang** (§§ 284–288 HGB) werden **Erläuterungen zur Bilanz und zur Gewinn- und Verlustrechnung** gegeben. Dort findet man Pflichtangaben, Wahlpflichtangaben, zusätzliche Angaben und freiwillige Angaben.

Die Anhangangaben, die sich auf die Bilanz und GuV beziehen sind gemäß § 284 Abs. 1 Satz 1 HGB in der vorgeschriebenen Reihenfolge der Gliederungsschemata der einzelnen Bilanzposten und der Posten der GuV zu machen.

- **Pflichtangaben:** Erläuterungen, Angaben, Darstellungen, Aufgliederungen, Ausweise und Begründungen zur Bilanz und Gewinn- und Verlustrechnung, zu den einzelnen Posten, zum Inhalt und zu den Bilanzierungs-, Bewertungs- und Abschreibungsmethoden, Währungsumrechnungsmethoden sowie zu den Durchbrechungen der Ausweis- und Bewertungsstetigkeit. Erläuterung des Zeitraums, über den ein entgeltlich erworbener (derivativer) Geschäfts- oder Firmenwert abgeschrieben wird. Ergänzende Angaben zu latenten Steuersalden und Änderungen dieser Salden im Berichtsjahr.

- **Wahlpflichtangaben:** Sie können entweder im Anhang oder in der Bilanz bzw. Gewinn- und Verlustrechnung gemacht werden.
- **Zusätzliche Angaben:** Sie dienen dazu, ein den tatsächlichen Verhältnissen entsprechendes Bild der Vermögens-, Finanz- und Ertragslage zu vermitteln (§ 264 Abs. 2 Satz 2 HGB).
- **Freiwillige Angaben:** Sie bieten den Adressaten des Jahresabschlusses weitere Informationen, z. B. Finanz- und Kapitalflussrechnungen, Substanzerhaltungsrechnungen, Sozialbilanzen, Segment- und Umweltberichterstattungen, Prognose-, Wertschöpfungs- und Eigenkapitalveränderungsrechnungen.

8.2 Funktionen des Anhangs

Der Anhang erfüllt verschiedene Funktionen. In erster Linie dient er der **Information**. Die Posten der Bilanz und Gewinn- und Verlustrechnung werden erläutert und die Bewertungsmethoden angegeben. Außerdem wird die Aussagefähigkeit der Bilanz und der Gewinn- und Verlustrechnung erhöht, da alle zusätzlichen Angaben im Anhang zu finden sind und sie deshalb die Bilanz und die Gewinn- und Verlustrechnung nicht unnötig aufblähen. Die Angaben müssen der Wahrheit entsprechen, sie müssen klar und übersichtlich sein und sich auf die wesentlichen Sachverhalte konzentrieren. Die folgenden Funktionen hat der Anhang:

- **Erläuterungs- und Interpretationsfunktion: Ergänzung** und **Erläuterung** der Informationen von Bilanz und GuV zur Verbesserung der Aussagefähigkeit der Rechnungslegung. Es sind Angaben über Bilanzierungs- und Bewertungsmethoden zu machen, die auf einzelne Posten der Bilanz und GuV angewandt wurden.
- **Korrekturfunktion:** Zusätzliche Angaben zur Vermeidung von Fehlinterpretationen, wie z. B. Abweichungen von bisher angewandten Bilanzierungs- und Bewertungsmethoden und deren Einfluss auf die Vermögens-, Finanz- und Ertragslage.
- **Entlastungsfunktion:** Das Zahlenwerk von Bilanz und Gewinn- und Verlustrechnung ist sehr komplex, weshalb bestimmte Informationen (z. B. Aufgliederungen) ohne Informationsverlust in den Anhang verlagert werden können, um dadurch mehr Klarheit bei der Bilanz und GuV zu erzielen.
- **Ergänzungsfunktion:** Zusatzinformationen, die nicht in der Bilanz und GuV enthalten sind. Dies betrifft vor allem nicht bilanzierungsfähige Sachverhalte, die aber wichtige Informationen für die Vermögens-, Finanz- und Ertragslage des Unternehmens liefern können. Hier kann es zu Überschneidungen mit dem Lagebericht kommen.

8.3 Aufbau des Anhangs

Für den Anhang sind die Grundsätze ordnungsmäßiger Buchführung (GoB) zu beachten (§ 264 Abs. 2 HGB). Dies bedeutet, dass die Angaben im Anhang klar und übersichtlich sowie unbedingt der Wahrheit entsprechen müssen. Der Anhang kann beispielsweise nach folgendem Schema gegliedert werden:[67]

I. Allgemeine Angaben zum Jahresabschluss, zu Bilanzierungs-, Bewertungsmethoden und Währungsumrechnung

II. Erläuterung der einzelnen Posten der Bilanz und der Gewinn- und Verlustrechnung
   - Bilanz
   - Gewinn- und Verlustrechnung

---

[67] Bitz, M. et al.: Der Jahresabschluss, 2014, S. 336.

III. Sonstige Angaben
- Haftungsverhältnisse und sonstige finanzielle Verpflichtungen
- Angaben zu Vorratsaktien, eigenen Aktien, genehmigtem Kapital etc.
- Mitarbeiter
- Bezüge, Vorschüsse, Kredite und Haftungsverhältnisse von bzw. gegenüber Organmitgliedern
- Beziehungen zu verbundenen Unternehmen und Beteiligungen
- andere Angaben

IV. Namen der Organmitglieder

Ausgewählte sonstige wesentliche Pflichtangaben gemäß § 285 HGB

Es werden die wichtigsten Pflichtangaben nach § 285 HGB dargestellt:[68]

- Angabe des Gesamtbetrags der Verbindlichkeiten mit einer Restlaufzeit von mehr als fünf Jahren sowie der gesicherten Verbindlichkeiten, zzgl. der Art und Form der Sicherheiten (§ 285 Nr. 1 HGB),
- es ist über die nicht in der Bilanz enthaltene Geschäfte bzgl. der finanziellen Auswirkungen zu berichten, sofern dies für die Beurteilung der Finanzlage notwendig ist (§ 285 Nr. 3 HGB),
- Angaben bzgl. der sonstigen finanziellen Verpflichtungen, die nicht in der Bilanz angegeben sind, sofern diese Verpflichtungen die Altersvorsorge und Verpflichtungen gegenüber verbundenen und assoziierten Unternehmen betreffen (§ 285 Nr. 3a HGB),
- Angaben über Anteile an anderen Unternehmen, bei denen der Anteilsbesitz der Herstellung einer dauerhaften Verbindung dienen soll (§ 285 Nr. 11 HGB),
- Erläuterung des Zeitraums, über den ein entgeltlich erworbener Geschäfts- oder Firmenwert abgeschrieben wird (§ 285 Nr. 13 HGB),
- Angaben zum Mutterunternehmen der Kapitalgesellschaft: Änderungen und Erweiterung der Vorschriften zu Angaben des den Konzernabschluss aufstellenden Mutterunternehmens (§ 285 Nr. 14 u. 14a HGB),
- es sind Angaben zum Bestehen von verbrieften Rechten im Falle des Vorhandenseins von Genussscheinen, Wandelschuldverschreibungen, Optionsscheinen oder vergleichbaren Rechten zu machen (§ 285 Nr. 15a HGB),
- bei Geschäften mit nahestehenden Personen und Unternehmen sind zumindest die wesentlichen, nicht zu marktüblichen Bedingungen zu Stande gekommenen Geschäfte anzugeben (§ 285 Nr. 21 HGB),
- es ist der Gesamtbetrag der Forschungs- und Entwicklungskosten des Geschäftsjahres und der davon auf selbst geschaffene immaterielle Vermögensgegenstände des Anlagevermögens entfallende Betrag anzugeben (§ 285 Nr. 22),
- es sind Erläuterungen zu den Beträgen und Arten von gebildeten Bewertungseinheiten zur Absicherung von Risiken zu machen,
- Angabe zu den Berechnungsverfahren und grundlegenden Annahmen bei Pensionsrückstellungen (§ 285 Nr. 24),
- Angabe der Anschaffungskosten und der beizulegenden Zeitwerte der verrechneten Vermögensgegenstände des Deckungsvermögens sowie der Erfullungsbetrag der verrechneten Schulden und der verrechneten Aufwendungen und Erträge (§ 285 Nr. 25 HGB),

---

[68] Rinker, C.: Bilanzen, 2020, S. 228 f.; Kahle, H. u. Kopp, N.: Grundzüge der Handels- und Steuerbilanz, 2021, S. 302 ff.

- Angabe und Aufschlüsselung der nach § 268 Abs. 8 HGB ausschüttungsgesperrten Beträge (§ 285 Nr. 28 HGB).
- Es sind die latenten Steuern herzuleiten und ergänzende Angaben zu latenten Steuersalden und Änderungen dieser Salden im Berichtsjahr vorzunehmen (§ 285 Nr. 29 u. 30 HGB),
- es sind der Betrag und Art der außergewöhnlichen Aufwendungen und Erträge anzugeben (§ 285 Nr. 31 HGB) sowie periodenfremde Aufwendungen und Erträge zu erläutern (§ 285 Nr. 32 HGB),
- Nachtragsbericht: Angabe von besonderen Vorgängen nach Ende des Geschäftsjahres und deren finanzielle Auswirkungen (§ 285 Nr. 33 HGB),
- es ist der Ergebnisverwendungsvorschlag oder der Ergebnisverwendungsbeschluss anzugeben (§ 285 Nr. 34 HGB).

Für kleine und mittelgroße Kapitalgesellschaften gelten bestimmte Erleichterungen (§ 288 HGB). Unter bestimmten Voraussetzungen sind Kleinstkapitalgesellschaften von der Aufstellung des Anhangs befreit.

8.4 Beispielhafter Anhang eines Geschäftsberichtes

Im Folgenden ist ein beispielhafter Anhang des Bayer AG Konzerns dargestellt, um den vorherigen allgemeinen Aufbau an einem konkreten Beispiel darzustellen. Hierbei ist zu erkennen, dass das Unternehmen zuerst auf die allgemeinen Angaben eingeht; im Anschluss finden sich eine Erläuterung zur Gewinn- und Verlustrechnung, zur Bilanz sowie zusätzliche Angaben zur Kapitalflussrechnung, und abschließend werden Informationen zu sonstigen Angaben dargestellt.

<table>
<tr><th>Konzernabschluss des Bayer-Konzerns für das Geschäftsjahr 2022</th></tr>
<tr><td>1. Anhang Bayer-Konzern</td></tr>
<tr><td>• Allgemeine Angaben
• Auswirkungen von neuen Rechnungslegungsstandards
• Grundlagen und Methoden der Bilanzierung sowie Unsicherheiten aufgrund von Schätzungen
• Erläuterungen zur Segmentberichterstattung
• Konsolidierungskreis und Beteiligungen
• Entwicklung des Konsolidierungskreises
• Akquisitionen und sonstige Erwerbe
• Nicht fortgeführtes Geschäft, zur Veräußerung gehaltene Vermögenswerte und Verbindlichkeiten sowie Desinvestitionen</td></tr>
<tr><td>2. Erläuterungen zur Gewinn- und Verlustrechnung</td></tr>
<tr><td>• Umsatzerlöse
• Sonstige betriebliche Erträge
• Sonstige betriebliche Aufwendungen
• Personalaufwand und Beschäftigte
• Finanzergebnis
• Beteiligungsergebnis</td></tr>
</table>

• Zinsergebnis • Sonstige finanzielle Aufwendungen und Erträge • Steuern • Auf nicht beherrschende Anteile entfallendes Ergebnis • Ergebnis je Aktie
3. Erläuterungen zur Bilanz
• Geschäfts- oder Firmenwerte sowie sonstige immaterielle Vermögenswerte • Sachanlagen • Anteile an at-equity bewerteten Beteiligungen • Sonstige finanzielle Vermögenswerte • Vorräte • Forderungen aus Lieferungen und Leistungen • Sonstige Forderungen • Eigenkapital • Pensionsrückstellungen und ähnliche Verpflichtungen • Andere Rückstellungen • Finanzverbindlichkeiten • Verbindlichkeiten aus Lieferungen und Leistungen • Sonstige Verbindlichkeiten • Finanzinstrumente • Finanzinstrumente nach Kategorien • Fälligkeitsanalyse • Informationen zu Derivaten • Leasingverhältnisse • Haftungsverhältnisse und sonstige finanzielle Verpflichtungen • Rechtliche Risiken
4. Erläuterungen zur Kapitalflussrechnung
• Zu-/Abfluss aus operativer, investiver sowie aus Finanzierungstätigkeit
5. Sonstige Erläuterungen
• Honorare des Abschlussprüfers • Beziehungen zu nahestehenden Unternehmen und Personen • Gesamtbezüge des Vorstands und des Aufsichtsrats sowie gewährte Kredite • Nachtragsbericht

Abb. 8.2: Anhangangaben des Konzernabschlusses der Bayer AG[69]

[69] Bayer AG, Geschäftsbericht 2022, S. 15 ff.

8.5 Anlagenspiegel/Anlagengitter

Die Entwicklung der einzelnen Posten des Anlagevermögens ist im Anhang in einem separaten Anlagenspiegel darzustellen (§ 284 Abs. 3 HGB). Dabei sind, ausgehend von den gesamten Anschaffungs- oder Herstellungskosten (AHK), die Zugänge, Abgänge, Umbuchungen, Zuschreibungen und Abschreibungen des Geschäftsjahres sowie die Entwicklung der kumulierten Abschreibungen und deren gesamten Höhe gesondert aufzuführen. Der Anlagenspiegel verdeutlicht die Abschreibungs- und Investitionspolitik des Unternehmens. Für Kleinstkapitalgesellschaften und kleine Kapitalgesellschaften entfällt die Pflicht zur Aufstellung eines Anlagenspiegels.

Ein Anlagenspiegel (bzw. auch Anlagengitter genannt) könnte in drei Blöcken wie folgt aufgebaut sein (AK/HK = Anschaffungs- oder Herstellungskosten), wobei freiwillige Ergänzungen möglich sind. Die folgenden Tabellen stellen die wertmäßigen Veränderungen des Anlagevermögens während eines Geschäftsjahres, ausgehend von den Anschaffungs- oder Herstellungskosten, übersichtlich dar:

Gesonderte Darstellung für jeden Posten des Anlagevermögens						
Bilanzposten (alle Angaben in T€)	Anschaffungs- oder Herstellungskosten					
	(1)	(2)	(2a)	(3)	(4)	(5)
	Bestand am Jahresanfang zu historischen AK/HK	Zugänge AK/HK des Jahres	davon aktivierte FK-Zinsen des Jahres	Umbuchungen AK/HK des Jahres	Abgänge des Jahres zu historischen AK/HK	Bestand am Jahresende zu historischen AK/HK

Abb. 8.3: Anlagengitter gemäß § 284 Abs. 3 HGB (Teil 1)

Gesonderte Darstellung für jeden Posten des Anlagevermögens								
Bilanzposten (alle Angaben in T€)	Abschreibungen						Buchwert	
	(6)	(7)	(8)	(9)	(10)	(11)	(12)	(13)
	Beginn des GJ (kumuliert)	Zugänge (Abschreibungen im GJ)	Umbuchungen	Abgänge	Zuschreibungen im GJ	Ende des GJ (kumuliert)	Buchwert des Stichtags (GJ)	Buchwert des Vorjahres

Abb. 8.4: Anlagengitter gemäß § 284 Abs. 3 HGB (Teil 2)

Spalte 1: Anschaffungs-/Herstellungskosten (AHK)

Im Brutto-Anlagenspiegel sind in dieser Spalte die kumulierten historischen Anschaffungs- oder Herstellungskosten sämtlicher zu Beginn des Geschäftsjahres vorhandenen Vermögensgegenstände des Anlagevermögens erfasst. Die Anschaffungs- oder Herstellungskosten des Geschäftsjahres werden folgendermaßen ermittelt:

	Ermittlung der Anschaffungs- oder Herstellungskosten
	Anschaffungs- oder Herstellungskosten zu Beginn des vorangegangenen Geschäftsjahres
+	Zugänge des vorangegangenen Geschäftsjahres zu AK/HK
-	Abgänge des vorangegangenen Geschäftsjahres zu AK/HK
+/-	Umbuchungen zu AK/HK im vorangegangenen Geschäftsjahr
=	**Anschaffungs- oder Herstellungskosten zu Beginn des Geschäftsjahres**

Abb. 8.5: Ermittlung der Anschaffungs- oder Herstellungskosten

Spalte 2: Zugänge

Ein Anlagezugang liegt vor, wenn ein Vermögensgegenstand in das sogenannte wirtschaftliche Eigentum des Unternehmens übergeht oder eine im Bau befindliche Anlage fertiggestellt wird. Auch nachträgliche Anschaffungs- oder Herstellungskosten sind als Zugang zu erfassen. Der Zugang wird mit den Anschaffungs- oder Herstellungskosten gebucht.

Spalte 2a: Aktivierte Fremdkapitalzinsen

Fremdkapitalzinsen, die als Teil der Herstellungskosten aktiviert wurden, können für jeden Anlagevermögenposten angegeben werden. Es genügt, wenn bei den allgemeinen Angaben der Bewertungsmethoden für selbstgeschaffene immaterielle VG des AV, Sachanlagen und das Vorratsvermögen bei der Darstellung des Inhalts der aktivierten HK auf die Einbeziehung der FK-Zinsen und auf ihren Umfang hingewiesen wird.[70]

Spalte 3: Umbuchungen

Umbuchungen erfolgen nicht aufgrund von Mengen- oder Wertänderungen des Anlagevermögens, sondern beinhalten lediglich die **Umgliederung** bereits vorhandener Anlagewerte auf andere Posten des Anlagenspiegels, z. B. ein in Bau befindliches Gebäude des Kontos „Anlagen in Bau" wird nach der Fertigstellung auf das Konto „Gebäude" umgebucht. Es kann aber auch ein Wechsel vom Umlaufvermögen ins Anlagevermögen oder umgekehrt in Betracht kommen.

Spalte 4: Abgänge

Beim Abgang eines Vermögensgegenstandes des Anlagevermögens durch Verkauf, Tausch, Entnahme oder Verschrottung werden die ursprünglich aktivierten historischen Anschaffungs- oder Herstellungskosten in voller Höhe unter den Abgängen erfasst. Die auf die ausgeschiedenen Vermögensgegenstände entfallenden kumulierten Abschreibungen müssen daher im Jahr des Abgangs aus der entsprechenden Spalte des Anlagenspiegels entfernt werden.

Spalte 5: Anschaffungs- oder Herstellungskosten am Ende des Geschäftsjahres

Hier werden die historischen Anschaffungs- oder Herstellungskosten aller am Ende des Geschäftsjahres vorhandenen Anlagegüter erfasst. Der Stand ergibt sich für jeden Bilanzposten aus den Werten der Spalten (1) + (2) +/- (3) – (4) = (5).

Spalte 6: Kumulierte Abschreibungen zu Beginn des Geschäftsjahres

Die kumulierten Abschreibungen umfassen alle in früheren Geschäftsjahren vorgenommenen planmäßigen und außerplanmäßigen Abschreibungen auf die zu Beginn des Geschäftsjahres vorhandenen Anlagegegenstände.

[70] Beck`scher Bilanz-Kommentar, 2020, S. 1298.

Spalte 7: Zugänge (Abschreibungen des laufenden Geschäftsjahres)

Es sind nur die Abschreibungen des laufenden Geschäftsjahres aufzunehmen. In der Spalte kumulierte Abschreibungen sind sie enthalten. Der Betrag muss grundsätzlich mit dem Posten „Abschreibungen" in der Gewinn- und Verlustrechnung übereinstimmen.

Spalte 8: Umbuchungen

Umbuchungen innerhalb der Abschreibungen sind dann zu erfassen, wenn Vermögensgegenstände aus einem Posten in einen anderen Posten des Anlagevermögens umgegliedert werden.

Spalte 9: Abgänge

Die kumulierten Abschreibungen auf Vermögensgegenstände müssen eliminiert werden, wenn Vermögensgegenstände im laufenden Geschäftsjahr abgegangen sind oder umgebucht wurden und nicht mehr zum Anlagevermögen gehören.

Spalte 10: Zuschreibungen

Zuschreibungen stellen wertmäßige Erhöhungen des Anlagevermögens dar. Hierbei handelt es sich in der Regel um außerplanmäßige Abschreibungen der Vorjahre, die rückgängig gemacht werden oder um sogenannte **Nachaktivierungen**. Die Zuschreibung erfolgt, wenn die Gründe für die außerplanmäßigen Abschreibungen nicht mehr bestehen. Es könnte sich aber auch um eine Nachaktivierung handeln, die aufgrund einer steuerlichen Außenprüfung veranlasst wurde, bei der eine Aufwandsverrechnung in der Steuerbilanz nicht anerkannt wurde und nachaktiviert werden muss.

Spalte 11: Kumulierte Abschreibungen am Ende des Geschäftsjahres

Die kumulierten Abschreibungen sind die aus vergangenen Jahren einschließlich des aktuellen Geschäftsjahres aufgelaufenen Abschreibungen sämtlicher vorhandener Anlagegüter. Die kumulierten Abschreibungen lassen sich für jeden Posten des Anlagevermögens wie folgt berechnen:

	kumulierte Abschreibungen zu Beginn des Geschäftsjahres (Spalte 6)
-	Zuschreibungen des Vorjahres (Spalte 10)
+	Abschreibungen des aktuellen Geschäftsjahres (Spalte 7)
-	auf Abgänge entfallende kumulierte Abschreibungen (Spalte 9)
+/-	auf Umbuchungen entfallende kumulierte Abschreibungen (Spalte 8)
=	**kumulierte Abschreibungen des Geschäftsjahres (Spalte 11)**

Abb. 8.6: Ermittlung der kumulierten Abschreibungen

Spalte 12: Buchwert zum Schluss des Geschäftsjahres

Für die einzelnen Vermögensgegenstände, die am Ende des Geschäftsjahres noch zum Betriebsvermögen gehören, errechnet sich der jeweilige Buchwert wie folgt:

	Anschaffungs- oder Herstellungskosten zu Beginn des Geschäftsjahres (Spalte 1)
+	Zugänge zu den Anschaffungs- oder Herstellungskosten (Spalte 2)
+/-	Umbuchungen im laufenden Geschäftsjahr (Spalte 3)
-	Abgänge zu den Anschaffungs- oder Herstellungskosten (Spalte 4)
-	kumulierte Abschreibungen zu Beginn des Geschäftsjahres (Spalte 6)
-	Abschreibungen des Geschäftsjahres (Spalte 7)
+/-	Umbuchungen bei den Abschreibungen (Spalte 8)

-	Abgänge aus Abschreibungen (Spalte 9)
+	Zuschreibungen im laufenden Geschäftsjahr (Spalte 10)
=	**Buchwert zum Schluss des Geschäftsjahres (Spalte 12)**

Abb. 8.7: Ermittlung des Buchwertes zum Geschäftsjahresende[71]

Spalte 13:Buchwert am Ende des vorangegangenen Geschäftsjahres

Es werden die Restbuchwerte aller im Anlagenspiegel aufgeführten Vermögensgegenstände zum vorangegangenen Abschlussstichtag dargestellt.

Beispiel für Anlagenspiegel (Anlagengitter): Jahresabschluss der Deutz AG 2020, S. 6 und 7

Anlagenspiegel der DEUTZ AG									
Bilanzposten (Angaben Mio. €)	**Anschaffungs- und Herstellungskosten**								
	01.01.20	Zugänge	akt. Zinsen	Zugänge Konzern	Investitionszuwendungen	Abgänge	Abgänge Konzern	Umbuchungen	31.12.20
Selbst geschaffene immaterielle VG	69,4	12,5	0,1	0,1				-0,1	81,9
Konzessionen, Schutzrechte, Lizenzen	130,6	3,5						0,1	134,2
geleistete Anzahlungen	0,0								0,0
Immaterielle Vermögensgegenstände	**200,0**	**16,0**	**0,1**	**0,1**	**0,0**	**0,0**		**0,0**	**216,1**
Grundstücke, Bauten	210,4	0,5							210,9
Maschinen	377,8	9,6				3,3		9,6	393,7
BGA	289,7	19,1				5,7		4,6	307,7
gel. Anzahlungen, Anlagen in Bau	17,8	6,2						-14,2	9,8
Sachanlagen	**895,7**	**35,4**	**0,0**	**0,0**	**0,0**	**9,0**		**0,0**	**922,1**
Anteile an verbundenen Unternehmen	319,5	8,1							327,6
Ausleihungen an verbundene Unternehmen	8,0	0,4				4,0			4,4
Beteiligungen	5,0								5,0
Sonstige Beteiligungen	0,0								0,0
Sonstige Ausleihungen	0,0								0,0
Finanzanlagen	**332,5**	**8,5**	**0,0**	**0,0**	**0,0**	**4,0**	**0,0**	**0,0**	**337,0**
Anlagevermögen	**1.428,2**	**59,9**	**0,1**	**0,0**	**0,0**	**13,0**	**0,0**	**0,0**	**1.475,2**

Abb. 8.8: Beispiel für den Anlagenspiegel anhand der DEUTZ AG, Jahresabschluss 2020, 2021, S. 6.

[71] Baetge et al.: Bilanzen, 2021, S. 289.

Anlagenspiegel der DEUTZ AG								
Bilanzposten (Angaben Mio. €)	**Abschreibungen**						**Buchwerte**	
	01.01.20	Zugänge	Abgänge	Außerplanmäßige Abschreibung	Umbuchungen	31.12.20	31.12.20	31.12.19
Selbst geschaffene immaterielle VG	13,9	5,5		4,9		24,3	57,6	55,5
Konzessionen, Schutzrechte, Lizenzen	105,5	5,4		4,5		115,4	18,8	25,1
geleistete Anzahlungen	0,0					0,0	0,0	0,0
Immaterielle Vermögensgegenstände	**119,4**	**10,9**	**0,0**	**9,4**	**0,0**	**139,7**	**76,4**	**80,6**
Grundstücke, Bauten	100,7	5,1		0,2		106,0	104,9	109,7
Maschinen	310,2	13,2	3,3	0,5		320,6	73,1	67,6
BGA	225,0	19,9	5,6	0,7		240,0	67,7	64,7
gel. Anzahlungen, Anlagen in Bau	0,0					0,0	9,8	17,8
Sachanlagen	**635,9**	**38,2**	**8,9**	**1,4**	**0,0**	**666,6**	**255,5**	**259,8**
Anteile an verbundenen Unternehmen	2,5			19,0		21,5	306,1	317,0
Ausleihungen an verbundene Unternehmen	0,0					0,0	4,4	8,0
Beteiligungen	0,5			0,6		1,1	3,9	4,5
Sonstige Beteiligungen	0,0					0,0	0,0	0,0
Sonstige Ausleihungen	0,0					0,0	0,0	0,0
Finanzanlagen	**3,0**	**0,0**	**0,0**	**19,6**	**0,0**	**22,6**	**314,4**	**329,5**
Anlagevermögen	**49,1**	**8,9**	**30,4**	**0,0**	**0,0**	**828,9**	**646,3**	**669,9**

Abb. 8.9: Beispiel für den Anlagenspiegel anhand der DEUTZ AG, Jahresabschluss 2020, 2021, S. 7.

Merke

Ein Anlagenspiegel stellt eine Auflistung der einzelnen Posten des Anlagevermögens mit den Anschaffungs- oder Herstellungskosten und deren Wertentwicklung dar.

Übungsaufgabe 8.1: Erstellen eines Anlagenspiegels

Aus der Anlagenkartei der „Technischen Anlagen und Maschinen" liegen Ihnen folgende Informationen vor:

- historische Anschaffungskosten zu Beginn des Geschäftsjahres = 950 T€
- kumulierte Abschreibungen zum Geschäftsjahresende des Vorjahres = 540 T€
- Buchwert des Vorjahres = 410 T€
- Anschaffung einer Maschine im Geschäftsjahr = 320 T€
- Abschreibungen des Geschäftsjahres = 90 T€

Erstellen Sie den Anlagenspiegel. Nutzen Sie bitte die folgende Tabelle.

Bilanzposten (Angaben in T€)	Historische AK/HK	Zugänge des GJ (+)	Abgänge des GJ (-)	Umbuchungen des GJ (+/-)	Zuschreibungen des GJ (+)	Abschreibungen (kumuliert) (-)	Buchwert GJ (=)	Buchwert Vorjahr	Abschreibungen des GJ
	(1)	(2)	(3)	(4)	(5)	(6)	(7)	(8)	(9)
Technische Anlagen und Maschinen									

Die Lösung finden Sie online.

Übungsaufgaben 8.2, 8.3 und 8.4

Alle Aufgaben und Lösungen finden Sie online.

8.6 Verbindlichkeitenspiegel

Der Verbindlichkeitenspiegel stellt eine Aufgliederung von Verbindlichkeiten und deren Restlaufzeiten unter Angabe gewährter Sicherheiten dar und gibt Aufschluss über die Veränderungen der Verbindlichkeiten eines Unternehmens während seines Geschäftsjahres. Er ist zwingend im Anhang des Jahresabschlusses von (mindestens mittelgroßen) Kapitalgesellschaften aufzuführen und laut § 285 Nr. 2 HGB nach vorgeschriebenem Schema zu gliedern.

Dabei sind alle Bilanzposten der Verbindlichkeiten in einem Verbindlichkeitenspiegel enthalten. Dazu gehören unter anderem Verbindlichkeiten gegenüber Kreditinstituten, Verbindlichkeiten aus Lieferungen und Leistungen sowie Verbindlichkeiten gegenüber verbundenen Unternehmen.

Die Restlaufzeiten der Verbindlichkeiten werden in folgende drei Zeitspannen aufgeschlüsselt:

- weniger als ein Jahr,
- zwischen ein und fünf Jahren,
- mehr als fünf Jahre.

Die folgende Abbildung zeigt die Struktur eines Verbindlichkeitenspiegels in vereinfachter Form:

Verbindlichkeiten	Gesamtbetrag		davon mit einer Restlaufzeit von			Sicherheiten	
	Vorjahr	aktuelles Jahr	bis zu 1 Jahr	1 bis 5 Jahre	über 5 Jahre	Betrag	Art, Form
1. Anleihen							
2. Verbindlichkeiten ggü. Kreditinstituten							
3. erhaltene Anzahlungen auf Bestellungen							
...							
8. sonstige Verbindlichkeiten - davon aus Steuern - davon im Rahmen der sozialen Sicherheit							
Summe							
Angaben gemäß § 266 Abs. 1 i. V. m. Abs, 3 C. HGB	§ 265 Abs. 2 HGB		§ 268 Abs. 5 Satz 1 HGB	§ 268 Abs. 5 Satz 1 HGB	§ 285 Nr. 1a i.V.m. Nr. 2 HGB	§ 285 Nr. 1b i. V. m. Nr. 2 HGB	

Abb. 8.10: Vereinfachte Darstellung des Verbindlichkeitenspiegels[72]

Laut § 42 Abs. 3 GmbHG ist bei der Erstellung des Verbindlichkeitenspiegels zu beachten, dass eventuell bestehende Verbindlichkeiten gegenüber Gesellschaftern unter den „sonstigen Verbindlichkeiten" gesondert auszuweisen bzw. im Anhang anzugeben sind.

Als im Verbindlichkeitenspiegel angegebene Sicherheiten könnten beispielsweise Grundschulden, Eigentumsvorbehalt, Sicherungsübereignungen und Forderungsabtretungen aufgeführt sein.

Beispiel: Verbindlichkeitenspiegel der XY GmbH

Verbindlichkeitenspiegel zum 31.12.01 der XY GmbH (in T€)

Verbindlichkeiten	Gesamtbetrag	davon mit einer Restlaufzeit von			Sicherheiten	
	aktuelles Jahr	bis zu 1 Jahr	1 bis 5 Jahre	über 5 Jahre	Betrag	Art, Form
Verbindlichkeiten gegenüber Kreditinstituten	3.829	2.996	821	12	1.477	Grundschulden
erhaltene Anzahlungen	6.708	6.708	0	0	0	
Verbindlichkeiten aus Lieferungen und Leistungen	2.287	2.276	11	0	2.235	Eigentumsvorbehalt
sonstige Verbindlichkeiten	496	496	0	0	0	
Summe	13.320	9.565	605	3.150	6.064	

Abb. 8.11: Beispielhafte Darstellung eines Verbindlichkeitenspiegels

[72] In Anlehnung an: Littkemann, J.; Holtrup, M. & Reinbacher, P.: Jahresabschluss, 2014, S. 170.

8.7 Rückstellungsspiegel

Ein Rückstellungsspiegel dient dazu, den Überblick über die bilanzierten Rückstellungen zu erhalten und zu behalten, sowie Informationen über Einzelposten und die Entwicklung von Rückstellungen einfach herauszulesen. Mithilfe eines Rückstellungsspiegels lassen sich Rückstellungen im Laufe mehrerer Geschäftsjahre beobachten und analysieren.

Ein Rückstellungsspiegel ist im Anhang des Jahresabschlusses zu führen. Es wird die Entwicklung der Rückstellungen in Tabellenform dargestellt. Beispielhaft wird der Rückstellungsspiegel der DMG MORI AG (ehemals Gildemeister AG) abgebildet.

(alle Angaben in T€)	01.01.20	Zuführungen	Inanspruchnahmen	Auflösungen	Veränderung Konsolidierungskreis	Sonstige Veränderungen	31.12.20
Verpflichtung aus dem Personalbereich	112.211	59.594	71.489	3.737	40	-1.969	94.650
Risiken aus Gewährleistungen und Nachrüstungen	58.033	40.746	30.805	3.470	0	-983	63.521
Verpflichtungen aus dem Vertriebsbereich	55.762	21.279	13.710	5.995	0	-1.877	55.459
Rechts-, Beratungs- und Jahresabschlusskosten	4.216	2.262	2.275	437	5	-227	3.544
Übrige	52.575	21.250	15.276	9.875	35	-887	47.822
Gesamt	**282.797**	**145.131**	**133.555**	**23.514**	**80**	**-5.943**	**264.996**

Abb. 8.12: Rückstellungsspiegel der DMG MORI AG[73]

Beispiel: Ausschnitt eines Rückstellungsspiegels

Art der Rückstellung	Stand 01.01.01	Inanspruchnahme	Auflösung	Zuführung	Stand 31.12.01
Pensionsrückstellungen	80.000 €	-0 €	-0 €	+10.000 €	90.000 €
Steuerrückstellungen	23.500 €	-23.500 €	-0 €	+13.000 €	13.000 €
Prozesskostenrückstellungen	6.000 €	-2.200 €	-3.800 €	+0 €	0 €

Erläuterung des Rückstellungsspiegels

- Die Pensionsrückstellungen wurden laut Gutachten um 10.000 € erhöht. Bisher scheint kein Mitarbeiter Pensionszahlungen zu erhalten, da keine Rückstellung aufgelöst wurde.
- Die Steuerrückstellungen wurden genau richtig oder vielleicht auch zu niedrig gebildet und im Abschlussjahr wird mit einer Steuernachzahlung in Höhe von 13.000 € gerechnet.
- Die Prozesskostenrückstellungen wurden zu hoch gebildet, und zwar um 3.800 €. Die Rechnung betrug nur 2.200 €.

[73] DMG MORI AG: Geschäftsbericht 2020, 2021, S. 139.

Die Erträge aus der Auflösung von Rückstellungen sind in der GuV als sonstige betriebliche Erträge auszuweisen. Die Neubildung einer Rückstellung ist in der GuV der jeweiligen Aufwandsart zuzuordnen.

Übungsaufgabe 8.5: Rückstellungsspiegel

Die XY GmbH weist zum 31.12.01 folgende Rückstellungen aus:

Rückstellungen	Buchwert zum 31.12.01
Rückstellungen für unterlassene Instandhaltung	350 T€
Rückstellung für Personalstrukturmaßnahmen	380 T€
Drohverlustrückstellungen	190 T€
Rückstellungen für Gewährleistungen	120 T€

Die zum 31.12.01 bestehenden Rückstellungen haben sich auf den 31.12.02 folgendermaßen entwickelt:

[1] Unterlassene Instandhaltungen: Es wurden Instandhaltungen in Höhe von 280 T€ in den ersten drei Monaten des neuen Geschäftsjahres nachgeholt. Zum 31.12.02 besteht ein neuer Sanierungsbedarf. Das Dach der Fabrikhalle soll bis spätestens 28.02.03 für 450 T€ repariert werden.

[2] Im Geschäftsjahr 02 konnten die Personalstrukturmaßnahmen abgeschlossen werden. Für die Abfindungen mussten jedoch 460 T€ gezahlt werden.

[3] Die Drohverlustrückstellung wurde in voller Höhe in Anspruch genommen.

[4] Die Gewährleistungsrisiken resultieren aus Umsatzerlösen aus dem Geschäftsjahr 01. Der Garantiezeitraum beträgt fünf Jahre. Zwischenzeitlich hat sich die wahrscheinliche Inanspruchnahme auf 100 T€ reduziert.

Erstellen Sie den Rückstellungsspiegel zum 31.12.02 und nutzen Sie bitte die folgende Tabelle.

Rückstellungen	Buchwert 01.01.02	Inanspruchnahme	Auflösung	Zuführung	Buchwert 31.12.02
unterlassene Instandhaltung					
Personalstrukturmaßnahmen					
Drohverlustrückstellungen					
Gewährleistungen					

Die Lösung finden Sie online.

Schritt 9: Lagebericht

Lernziele

In diesem Kapitel lernen Sie, welche Unternehmen einen Lagebericht aufstellen müssen. Sie bekommen einen Überblick über die in einem Lagebericht zu enthaltenen Informationen. Ferner werden Sie die handelsrechtlichen Anforderungen an die Angaben des Lageberichts kennenlernen.

Der Lagebericht als Bestandteil der Finanzberichterstattung hat in den letzten Jahren erheblich an Bedeutung gewonnen. Mittelgroße und große Kapitalgesellschaften sowie haftungsbeschränkte Personenhandelsgesellschaften (§ 264a Abs. 1 HGB) müssen einen Lagebericht aufstellen, den Lagebericht prüfen lassen und offenlegen. Der Lagebericht ist beim elektronischen Bundesanzeiger einzureichen und bekannt machen zu lassen.

9.1 Bestandteile des Lageberichts

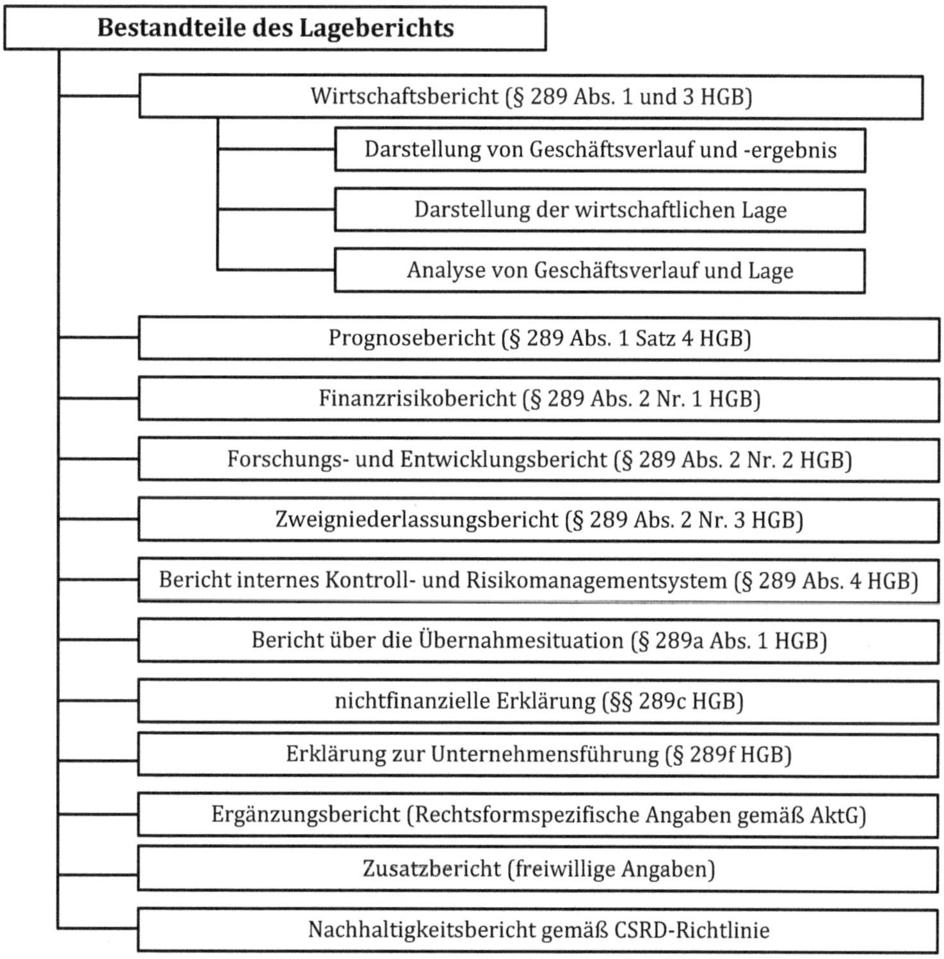

Abb. 9.1: Bestandteile des Lageberichts[74]

[74] In Anlehnung an: Baetge, J. et al.: Bilanzen, 2021, S. 767 und Bitz, M. et al.: Der Jahresabschluss, 2014, S. 350.

9.2 Bedeutung des Lageberichts

Der Lagebericht stellt gemäß § 289 HGB ein ergänzendes Rechnungslegungsinstrument zum Jahresabschluss von mittelgroßen und großen Kapital- und haftungsbeschränkten Personengesellschaften i. S. d. § 264a Abs. 1 HGB sowie eingetragene Genossenschaften (§ 336 Abs. 2 Satz 1 HGB) (§ 264 Abs. 1 Satz 1 2. HS HGB) dar. Er ist zusammen mit dem Jahresabschluss innerhalb der ersten drei Monate des Geschäftsjahres für das vergangene Geschäftsjahr durch die Geschäftsführung (Vorstand) aufzustellen.

Der Zweck des Lageberichtes besteht somit aus der Vermittlung zukunftsorientierter Informationen, die nicht in der Bilanz, der Gewinn- und Verlustrechnung oder dem Anhang wiedergegeben werden können. Unter der Bedingung, dass ein den tatsächlichen Verhältnissen entsprechendes Bild der Lage entsteht (siehe § 289 Abs. 1 HGB), soll er Auskunft über den Geschäftsverlauf einschließlich des Geschäftsergebnisses und der wirtschaftlichen Lage der Gesellschaft geben. Im Lagebericht können das Ergebnis interpretiert sowie Branchenvergleiche und subjektive Stellungnahmen vorgenommen werden.

Durch zusätzliche Angaben und zukunftsorientierte Informationen bezüglich den Chancen und den Risiken, ermöglicht der Lagebericht den externen und internen Adressaten einen besseren Einblick in die wirtschaftliche Lage des Unternehmens.

9.3 Wirtschaftsbericht

Im Wirtschaftsbericht werden der Geschäftsverlauf, das Geschäftsergebnis, die Lage der Gesellschaft sowie die Risiken der künftigen Entwicklung dargestellt und analysiert. Anhand des Geschäftsverlaufs soll den Adressaten aufgezeigt werden, wie sich das Unternehmen innerhalb der Berichtsperiode entwickelt hat. Es sind Informationen über die Absatz-, Beschaffungs- und Produktionsseite des Unternehmens erforderlich. Alle Komponenten und Faktoren sind einzeln zu untersuchen. Dabei sind sowohl externe Rahmenbedingungen des Unternehmens wie z. B. Umwelt, Markt und Wettbewerb als auch interne Faktoren wie z. B. bilanzpolitische Maßnahmen, Sachverhaltsgestaltungen und Ausübung von Ermessensspielräumen zu berücksichtigen. In die Analyse sind die wichtigsten finanziellen Leistungsindikatoren einzubeziehen, wie beispielsweise Rentabilitäts- und Finanzierungskennzahlen oder Kennzahlen zur Kapitalstruktur. Große Kapitalgesellschaften sollten hierbei auch nichtfinanzielle Leistungsindikatoren berücksichtigen. Hierzu zählen Aspekte wie Managementqualität, Ausbildungsstand der Mitarbeiter, Kundenkreis und -zusammensetzung etc. Unternehmen ist es jedoch erlaubt, bestimmte Detailinformationen für sich zu behalten, falls diese beim Unternehmen zu Schäden oder Nachteilen führen könnten.[75] [76] [77]

Darüber hinaus soll aus der Darstellung des Geschäftsverlaufs erkennbar sein, ob das Management künftige Entwicklung positiv oder negativ beurteilt. Es wird eine Wertung vom Management verlangt. Das Management sollte dabei auch auf die Entwicklung der Branche und die Stellung des Unternehmens innerhalb dieser Branche eingehen.

Eine Gesamtaussage zur aktuellen wirtschaftlichen Lage schließt den Wirtschaftsbericht ab.

---

[75] Vgl. Fink, C.; Kajüter, P.: Lageberichterstattung: Erstellung und Prüfung nach HGB, DRS und IFRS, 2021, S. 167 ff.

[76] Vgl. Bitz, M. et al.: Der Jahresabschluss, 2014, S. 351 ff.

[77] Vgl. Ellenrieder, J.: Lagebericht erstellen für den Jahresabschluss, 2012, abgerufen am 07.10.2015.

Praxisbeispiel: Wirtschaftsbericht der Deutschen Telekom AG

„Wir haben 2020 unsere wichtigsten Unternehmensziele erreicht und zum Teil sogar übertroffen. Und das trotz der Belastungen aus der Coronavirus-Pandemie. Unser Konzernumsatz ist um 25,4 % auf 101,0 Mrd. € gestiegen. Bei organischer Betrachtung ist der Konzernumsatz um 3,0 % gestiegen. Dabei sind v. a. der Erwerb von Sprint, die Veräußerung der Prepaid-Sparte von Sprint an DISH sowie die Effekte aus der Währungsumrechnung berücksichtigt. Angesichts der Rahmenbedingungen entwickelte sich das Geschäft in den operativen Segmenten Deutschland, Europa und Group Development gut. Dies ist Ergebnis des starken Kundenzuspruchs, der sich v. a. im Mobilfunk- und Breitband-Geschäft zeigt. Im US-Geschäft konnte T-Mobile US den höchsten Kundenzuwachs ihrer Unternehmensgeschichte verzeichnen: Auf vergleichbarer Basis erhöhte sich die Zahl der Post-paid-Kunden um 5,5 Mio. Im Systemgeschäft hingegen sind die Auswirkungen der Pandemie spürbar: In Verbindung mit der unterjährig hinter den Erwartungen liegenden Entwicklung im klassischen IT-Geschäft führte dies im dritten Quartal 2020 zu einer Wertminderung der langfristigen Vermögenswerte.“ (Quelle: Deutsche Telekom AG, Geschäftsbericht 2020, S. 46)

Übungsaufgabe 9.1

Diese Aufgabe und die Lösung finden Sie online.

9.4 Prognosebericht

Der Prognosebericht soll die zukünftigen Erwartungen der Unternehmensentwicklung erläutern und ergänzt die primär vergangenheitsorientierte Darstellung und Analyse des Geschäftsverlaufs. Die Unternehmensleitung gibt eine Einschätzung zum Geschäftsverlauf und zur zukünftigen Lage der Unternehmung ab. Zu erwähnen sind alle wesentlichen Entwicklungen und Ereignisse, die den Geschäftsverlauf und die Lage des Unternehmens prägen werden. Der zeitliche Rahmen der Prognose beträgt in der Regel ein Jahr.

Der Prognosebericht ist hierbei das Bindeglied zwischen dem abgelaufenen Geschäftsjahr und der laufenden Berichtsperiode. Die Bereiche des Prognoseberichts sollen zukunftsorientiert erläutert und beurteilt werden. Darunter zählen beispielsweise die erwartete Ertragsentwicklung, die geplanten Investitions- und Finanzierungsvorhaben, die Entwicklung einzelner Geschäftsfelder, anstehende Großaufträge, Umwandlungen oder Unternehmensbeteiligungen. Zusätzlich zu diesen unternehmensspezifischen Ausführungen sind auch Aussagen über die Erwartungen im Hinblick auf die allgemeine wirtschaftliche Entwicklung im Branchen- bzw. globalen Umfeld und seiner Dynamik mit seinen ökologischen, technologischen und politisch-rechtlichen Faktoren vorzunehmen. Wie beim Wirtschaftsbericht ist es keine Pflicht, Geschäfts- und Betriebsgeheimnisse sowie sonstige Sachverhalte, die dem Unternehmen schaden könnten, preiszugeben.[78] [79] [80]

[78] Vgl. Fink, C.; Kajüter, P.: Lageberichterstattung: Erstellung und Prüfung nach HGB, DRS und IFRS, 2021, S. 241 ff.

[79] Vgl. Bitz, M. et al.: Der Jahresabschluss, 2014, S. 353 f.

[80] Vgl. Ellenrieder, J.: Lagebericht erstellen für den Jahresabschluss, 2012, abgerufen am 01.10.2015.

Praxisbeispiel: Prognosebericht der Volkswagen AG – Entwicklung der Märkte für PKW

„Wir erwarten, dass sich die Märkte für Pkw im Jahr 2021 in den einzelnen Regionen uneinheitlich entwickeln werden. Insgesamt wir das einheitliche Nachfragevolumen von Neufahrzeugen – vorbehaltlich einer erfolgreichen Eindämmung der Covod-19-Pandemie – voraussichtlich spürbar über dem des Berichtszeitjahres liegen, jedoch das Niveau vor der Pandemie nicht erreichen. Für die Jahre 2022 bis 2025 rechnen wir weltweit mit einer wachsenden Nachfrage nach Pkw." (Quelle: Volkswagen AG, Geschäftsbericht 2020, S. 167)

9.5 Chancen- und Risikobericht

Die Darstellung von Chancen und Risiken, welchen das Unternehmen möglicherweise in der Zukunft ausgesetzt sein wird, ist ein wichtiger Teil des Lageberichts. Unter Chancen definiert man zukünftige mögliche Marktpotenziale und unter Risiko eine mögliche negative Entwicklung. Chancen, Risiken und deren Entwicklungen können in den Prognosebericht integriert oder als eigenständiger Bericht mit Verweisen auf den Prognosebericht dargestellt werden (DRS 20.117).

Praxisbeispiel: Gesamtaussage zur Risiko- und Chancensituation der Volkswagen AG

„Die Gesamtrisiko- und Chancensituation ergibt sich für den Volkswagen Konzern aus den zuvor dargestellten Einzelrisiken und -chancen. Um die Beherrschung dieser Risiken zu gewährleisten, haben wir ein umfangreiches Risikomanagementsystem geschaffen. Die größten Risiken über alle Risikokategorien hinweg bestehen für den Volkswagen Konzern in einer negativen Markt- und Absatzentwicklung, in Bezug auf Qualität und Cyber-Sicherheit sowie in einer nicht bedarfs- und anforderungsgerechten Produktentwicklung insbesondere im Hinblick auf Elektromobilität und Digitalisierung. Darüber hinaus stellt die Nichterreichung CO_2-bezogener Vorgaben ein Risiko dar." (Quelle: Volkswagen AG, Geschäftsbericht 2020, S. 201)

Auch bei der Chancenberichterstattung wird hauptsächlich nur über die wesentlichen Chancen berichtet. Alle Chancen sind einzeln darzustellen und die positiven Auswirkungen, die bei Eintritt der Chance entstehen, zu analysieren. Bedeutende Veränderungen zum Vorjahr sind hervorzuheben. Generell gilt für die Risikoberichterstattung dieselbe Regelung wie für die Chancenberichterstattung.

Praxisbeispiel: Chancen- und Risikobericht – Chancenmanagementsystem (CMS) der DMG MORI AG

„Leistungswirtschaftliche Chancen ergeben sich durch die permanente Optimierung unserer Prozesse in den Bereichen Produktion, Technologie, Qualität und Logistik. Wir richten unsere Fertigungswerke sukzessive auf voll digitalisierte Prozesse insbesondere in den Bereichen Produktion und Logistik nachhaltig für Umwelt und Gesellschaft. Chancen als ökologisch verantwortungsbewusster und nachhaltiger Hersteller von Investitionsgütern und Anbieter von ganzheitlichen Technologielösungen sehen wir in unserer Nachhaltigkeitsstrategie. Bereits seit Mai 2020 ist der auf die eigene Wertschöpfung bezogene „Company Carbon Footprint" von DMG MORI klimaneutral. Seit 2021 ist die gesamte Wertschöpfungskette unserer Fertigungslösungen – vom Rohstoff bis zur Auslieferung unserer Maschinen zum Kunden – CO_2-neutral." (Quelle: DMG MORI AG, Geschäftsbericht 2020, S. 78)

Die Bedeutung der einzelnen Risiken bzw. Risikofelder bemisst sich anhand der Eintrittswahrscheinlichkeit und dem potenziellen Schadensausmaß eines Risikos. In der folgenden Darstellung der Risiken der Henkel AG & Co. KGaA sind die jeweiligen Maßnahmen zur Risikobegrenzung berücksichtigt (Nettobetrachtung).

Praxisbeispiel: Darstellung der wesentlichen Risikofelder der Henkel AG & Co. KGaA

Risikoart	Eintrittswahrscheinlichkeit	mögliche finanzielle Auswirkung
Operative Risiken		
Beschaffungsrisiko	moderat	wesentlich
Produktionsrisiken	moderat	wesentlich
Umfeld- und Branchenrisiken	hoch	wesentlich
Funktionale Risiken		
Finanzwirtschaftliche Risiken		
• Ausfallrisiko	niedrig	wesentlich
• Liquiditätsrisiko	niedrig	unwesentlich
• Währungsrisiko	hoch	wesentlich
• Zinsrisiko	moderat	unwesentlich
• Risiken aus Pensionsverpflichtungen	moderat	unwesentlich
• Risiken aus Pensionsverpflichtungen (Einfluss auf das Eigenkapital)	hoch	wesentlich
Politische Umfeldrisiken	niedrig	wesentlich
Rechtliche Risiken	niedrig	wesentlich
IT- und Cyber-Risiken	niedrig	wesentlich
Personalrisiken	moderat	unwesentlich
Risiken in Verbindung mit der Reputation des Unternehmens und der Marken	niedrig	wesentlich
Umwelt-, Sicherheits- und Gesundheitsrisiken	moderat	wesentlich
Unternehmensstrategische Risiken		

(Quelle: Henkel AG & Co. KGaA, Geschäftsbericht 2020, S. 154)

9.6 Finanzrisikobericht

In diesem Bericht soll insbesondere auf die Verwendung von Finanzinstrumenten eingegangen werden. Gemäß § 289 Abs. 2 Nr. 2 HGB sind die Risikomanagementziele und -methoden des Unternehmens sowie die Absicherungsstrategien und -maßnahmen aller wichtigen Transaktionen zu nennen, die bei Sicherungsgeschäften erfasst werden. Über Preisänderungs-, Ausfall- und Liquiditätsrisiken und Risiken aus Zahlungsstromschwanken muss separat berichtet werden.[81]

[81] Vgl. Bitz, M. et al.: Der Jahresabschluss, 2014, S. 355.

9.7 Forschungs- und Entwicklungsbericht

Es sind Forschungs- und Entwicklungsaktivitäten angegeben, die selbst oder durch Dritte realisiert werden. Zudem macht der Bericht Angaben zu wichtigen Forschungsfeldern, über Forschungs- und Entwicklungsinvestitionen und -einrichtungen. Er gibt auch Aufschluss über die Gesamthöhe der Ausgaben und daraus resultierende Erfolgspotenziale und Möglichkeiten. Es folgt ein globaler Eindruck über die Aktivität und Intensität der Forschungs- und Entwicklungsbemühungen.

Praxisbeispiel: Forschung und Entwicklung der DMG MORI AG

„Die Aufwendungen für Forschung und Entwicklung betrugen 66,7 Mio. € (Vorjahr: 72,0 Mio. €). An der Entwicklung unserer Produkte arbeiten 560 Mitarbeiter (Vorjahr: 583 Mitarbeiter). Dies entspricht wie im Vorjahr einem Anteil von 15 % der Gesamtbelegschaft der Werke. Die Innovationsquote im Segment „Werkzeugmaschinen" betrug 6,4 % (Vorjahr 5,0 %). Die Investitionen in Neuentwicklungen werden in den Erläuterungen zu den Segmenten als aktivierte Eigenleistungen aufgeführt.

Unsere Forschungs- und Entwicklungsaktivitäten sind dezentral organisiert und werden durch ein zentrales Produktentwicklungsgremium koordiniert. Diese Struktur ermöglicht den Aufbau hoher Produktkompetenz und bietet gleichzeitig Synergieeffekte durch werksübergreifende Zusammenarbeit." (Quelle: DMG MORI AG, Geschäftsbericht 2020, S. 42 f.)

9.8 Zweigniederlassungsbericht

Im Zweigniederlassungsbericht werden elementare Informationen über nicht rechtsfähige Zweigniederlassungen im In- und Ausland und über Neueröffnungen sowie Schließungen von Zweigniederlassungen wiedergegeben. Gibt es viele Zweigniederlassungen, sind regionale Zusammenfassungen erlaubt. Dabei sollten jedoch zumindest angegeben werden: Gegenstand und Sitz der Zweigniederlassung, Änderungen zum Vorjahr, wesentliche Investitionsvorhaben, Vertriebsprogramme, Tätigkeitsschwerpunkte und die Mitarbeiterzahl, um die wirtschaftliche Situation der Zweigniederlassung beurteilen zu können.

Praxisbeispiel: Zweigniederlassungsbericht der FRoSTA AG

„Die Produktion an den deutschen Standorten ist über Zweigniederlassungen organisiert:

- FRoSTA AG Werk Bremerhaven
  (vormals F. Schottke Zweigniederlassung der FRoSTA AG)
- FRoSTA AG Werk Bobenheim-Roxheim
  (vormals Rheintal Tiefkühlkost Zweigniederlassung der FRoSTA AG)
- FRoSTA AG Werk Lommatzsch
  (vormals Elbtal Tiefkühlkost Zweigniederlassung der FRoSTA AG)"

(Quelle: FRoSTA AG, Geschäftsbericht 2020, S. 16)

Praxisbeispiel: Auszug aus dem Vergütungsbericht der Deutschen Bank AG – Gesamtvergütung

„Die fixe Vergütung wird erfolgsunabhängig gewährt und besteht aus der Grundvergütung, etwaig gewährten Zulagen, den Beiträgen zur Altersversorgung sowie den „Sonstigen Leistungen". Die **Grundvergütung** beträgt für den Vorstandsvorsitzenden jährlich 3,4 Mio. €. Der stellvertretende Vorstandsvorsitzende erhält eine Grundvergütung von jährlich 3,0 Mio. €. Die Grundvergütung des Chief Financial Officer und des Chief Risk Officer hat der Aufsichtsrat mit Wirkung vom 1. August 2020 auf jährlich 2,6 Mio. €. festgelegt. Die Grundvergütung der übrigen ordentlichen Vorstandsmitglieder beträgt jährlich 2,4 Mio. €. Da die Geschäftsbereiche Unternehmensbank und Investmentbank derzeit nicht eigenständig im Vorstand vertreten sind, wurde die Grundvergütung für ein Vorstandsmitglied mit alleiniger Zuständigkeit für die Unternehmensbank oder die Investmentbank nicht festgelegt." (Quelle: Deutsche Bank AG, Geschäftsbericht 2020, S. 194)

9.9 Bericht zur Übernahmesituation der Gesellschaft

Unternehmen der Rechtsform AG und Kommanditgesellschaften auf Aktien (KGaA) müssen im Lagebericht übernahmerelevante Daten angeben ungeachtet, ob eine Übernahme bevorsteht oder nicht. Es werden in den §§ 289a bzw. 315a Satz 1 HGB die folgenden Mindestangaben zum Bilanzstichtag für die Vorbereitung einer möglichen Übernahme definiert. Die Mindestangaben umfassen: die Zusammensetzung des gezeichneten Kapitals; Stimmrecht- und Übertragungsbeschränkungen; etwaige direkte oder indirekte Beteiligungen am Kapital, wenn diese 10 % der Stimmrechte überschreiten; Sonderrechte, die Kontrollbefugnisse verleihen; Beteiligungen von Mitarbeitern am Kapital, Aktien mit Sonderrechten; Bestimmungen zur Ernennung sowie Abberufung von Vorstandsmitgliedern; Vorstandsbefugnisse zur Ausgabe oder Rückkauf von Aktien, zugrunde gelegte Absprachen, die beim Kontrollwechsel wirken und Entschädigungsvereinbarungen bei einem Übernahmeangebot..[84]

Praxisbeispiel: Auszug: Übernahmerechtliche Angaben – Kapitalverhältnisse

„Das Grundkapital der Volkswagen AG lief sich am 31. Dezember 2020 auf 1.283.315.873,28 €.

Es setzte sich aus 295.089.818 Stamm- und 206.205.445 Vorzugsaktien zusammen. Der Anteil einer Aktie am Grundkapital beträgt 2,56 €." (Quelle: Volkswagen AG, Geschäftsbericht 2020, S. 94)

Praxisbeispiel: Auszug: Übernahmerechtliche Angaben – Wesentliche Vereinbarungen des Mutterunternehmens im Falle eines Kotrollwechsels infolge eines Übernahmeangebots

„Ein Bankenkonsortium hat der Volkswagen AG am Ende des Geschäftsjahres 2019 eine syndizierte Kreditlinie über 10,0 Mrd. € eingeräumt, die derzeit bis Dezember 2025 läuft." ... (Quelle: Volkswagen AG, Geschäftsbericht 2020, S. 95)

[84] Fink, C.; Kajüter, P..: Lageberichterstattung: Erstellung und Prüfung nach HGB, DRS und IFRS, 2021, S. 310 ff.

9.10 Internes Kontrollsystem und internes Risikomanagementsystem im Hinblick auf den Rechnungslegungsprozess

Kapitalmarktorientierte Kapitalgesellschaften i. S. d. § 264d HGB sind zusätzlich dazu verpflichtet, die wesentlichen Merkmale des **internen Kontroll- und des Risikomanagementsystems**, also die Strukturen und Prozesses im Hinblick auf den Rechnungslegungsprozess, im Konzernlagebericht (§§ 289 Abs. 5, 315 Abs. 2 Nr. 5 HGB) aufzuführen. Der Fokus liegt einerseits auf dem Prozess der Rechnungslegung; andererseits auf den Organisations- sowie Kontroll- und Überwachungsstrukturen zur Sicherstellung der bilanziell richtigen Erfassung, Aufbereitung und Würdigung von unternehmerischen Sachverhalten und deren Übernahme in die externe Rechnungslegung.

9.11 Erklärung zur Unternehmensführung

Zusätzlich haben börsennotierte sowie bestimmte kapitalmarktorientierte Aktiengesellschaften eine **Erklärung zur Unternehmensführung gemäß § 289f HGB,** d. h. eine sogenannte „Corporate Governance-Erklärung, abzugeben. Dabei besteht das Wahlrecht, entweder im Lagebericht auf die Internetseite mit den geforderten Angaben zu verweisen oder die Erklärung selbst in den Lagebericht aufzunehmen.

In die **Erklärung** sollen folgende Elemente aufgenommen werden:

- die Entsprechenserklärung zur Umsetzung der Empfehlungen des Deutschen Corporate Governance Kodex (§ 161 AktG),
- es ist ein Link zur Internetseite der Gesellschaft, auf der der Vergütungsbericht über das letzte Geschäftsjahr und der Vermerk des Abschlussprüfers öffentlich zugänglich gemacht werden, einzufügen,[85]
- die relevanten Angaben zu Unternehmensführungspraktiken, die über die gesetzlichen Anforderungen hinaus angewandt werden, nebst dem Hinweis, wo sie öffentlich zugänglich sind und
- eine Beschreibung der Arbeitsweise von Vorstand und Aufsichtsrat, Informationen zur Erreichung des Frauenanteils in Aufsichtsrat und Vorstand sowie Angaben zu Zusammensetzung und Arbeitsweise von deren Ausschüssen.

Große Kapitalgesellschaften haben zusätzlich nichtfinanzielle Leistungsindikatoren wie z. B. Umwelt- und Arbeitnehmerbelange zu erläutern.

Praxisbeispiel: Konzernerklärung zur Unternehmensführung – Zusammenarbeit mit dem Aufsichtsrat

„Der Aufsichtsrat berät und überwacht den Vorstand bei der Leitung des Unternehmens. Er ist in Entscheidungen, die von grundlegender Bedeutung für das Unternehmen sind, über Zustimmungsvorbehalte unmittelbar eingebunden. Turnusmäßig erörtert der Aufsichtsrat der Volkswagen AG zudem Überlegungen zur strategischen Ausrichtung des Volkswagen Konzerns mit dem Vorstand. Die beiden Gremien analysieren gemeinsam regelmäßig den Stand der Strategieumsetzung. Der Vorstand informiert den Aufsichtsrat regelmäßig, zeitnah und umfassend in schriftlicher oder mündlicher Form über alle relevanten Fragen insbesondere der Strategie, der Planung, der Geschäftsentwicklung, der Risikolage und des Risikomanagements sowie der Compliance." (Quelle: Volkswagen AG, Geschäftsbericht 2020, S. 56)

[85] Baetge, J.; Kirsch, H. J. & Thiele, S.: Bilanzen, 2021, S. 802.

9.12 Zusatzbericht

Da der Gesetzgeber nur einen Mindestumfang bzgl. des Inhalts des Lageberichts vorschreibt, können darüber hinaus gehende freiwillige Angaben im Lagebericht aufgenommen werden. Die Unternehmensleitung kann die freiwilligen Angaben zur informativen Selbstdarstellung nutzen.[86] Als freiwillige Berichtsinhalte bieten sich z. B. an:

- Angaben zu den Zielen und Strategien des Unternehmens,
- Mehrjahresübersichten über Bilanzdaten (z. B. Anlagevermögen, Umlaufvermögen, Eigenkapital oder Fremdkapital),
- Mehrjahresübersichten über Ergebnisdaten,
- Mehrjahresübersichten zu wichtigen Kennzahlen,
- Mehrjahresübersichten über die Ausschüttungsentwicklung,
- Mehrjahresübersichten über die Aktienkursentwicklung (bei börsennotierten Gesellschaften) und
- Wertschöpfungsrechnung.

Übungsaufgabe 9.2 und 9.3

Alle Aufgaben und Lösungen finden Sie online.

9.13 Grundsätze der Lageberichterstattung

Inhaltliche Grundsätze des Lageberichts definieren §§ 289 und 315 HGB. Richtlinien zu Umfang und Form des Lageberichts bestimmt das HGB nicht. Im Folgenden werden die Grundsätze einer ordnungsmäßigen (Konzern-)Lageberichterstattung nach DRS 20 erläutert:[87]

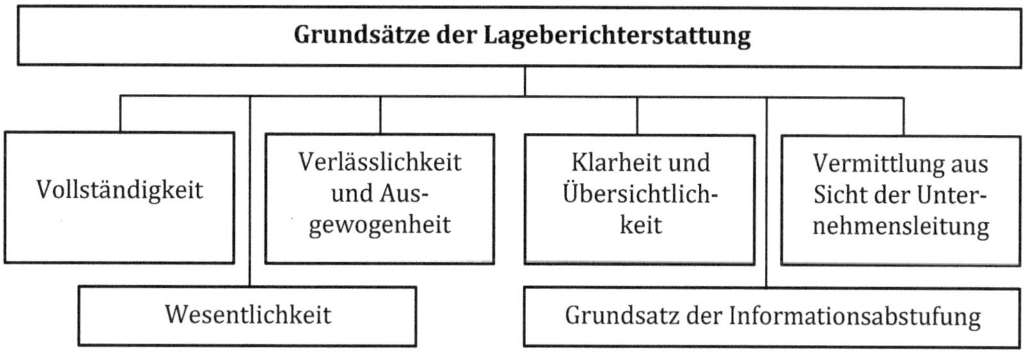

Abb. 9.2: Grundsätze der Lageberichterstattung

[86] Baetge, J.; Kirsch, H.-J. & Thiele, S.: Bilanzen, 2021, S. 804 ff.

[87] Vgl. Wulf, I. & Rentzsch, N.: Lageberichterstattung von immateriellen Werten insbesondere in KMU, 2013, S. 43.

9.13.1 Vollständigkeit

Der Grundsatz der Vollständigkeit (gemäß DRS 20.12-16) verlangt keine quantitative, sondern eine qualitative Vollständigkeit. Das heißt, es wird keine lückenlose Berichterstattung über alle Geschäftsvorfälle erwartet, sondern es muss eine Gesamtbeurteilung des Geschäftsverlaufs, der wirtschaftlichen Lage und der voraussichtlichen Entwicklung möglich sein. Das Selektieren unternehmensspezifischer Daten, um eine vollständige Dokumentation anzufertigen, liegt im Ermessensbereich jedes Unternehmens. Der Grundsatz verpflichtet zur separaten Darstellung negativer und positiver Perspektiven.[88]

9.13.2 Verlässlichkeit und Ausgewogenheit

Verlässlichkeit und Ausgewogenheit (gemäß DRS 20.17-19) bedeuten, dass Annahmen, Verlaufs- und Zustandsprognosen plausibel, nachvollziehbar und frei von Widersprüchen sein müssen. Zudem sollten Fakten, Hypothesen und Prognosen eindeutig getrennt werden und Folgerungen müssen schlüssig erklärt sein. Um dem Grundsatz der Verlässlichkeit treu zu bleiben, ist offenzulegen, welche Schätzverfahren angewandt wurden und welche Folgen für die Unternehmung abzusehen sind, wenn Annahmen nicht eintreffen. Auf diese Weise soll ein Mindestmaß an Objektivität erzielt werden.

9.13.3 Klarheit und Übersichtlichkeit

Dieser Grundsatz (gemäß DRS 20.20-30) verlangt eine prägnante, übersichtliche und verständliche Darstellung. Hierzu ist eine eindeutig und logisch strukturierte Darstellung der Inhalte gefordert. Von mehrdeutigen und irreführenden Angaben, die die tatsächliche Lage der Unternehmung verschleiern, ist abzusehen. Es ist ein nachvollziehbarer Zusammenhang zum Jahresabschluss herzustellen. Ebenso legt dieser Grundsatz fest, dass sich der Lagebericht auf den Abschluss beziehen soll, wenn z. B. die Berechnung einiger Kennzahlen der Bilanz oder GuV nachvollziehbar erläutert werden soll.[89]

9.13.4 Vermittlung der Sicht der Unternehmensleitung

Gemäß des DRS 20.31 müssen im Lagebericht Einschätzungen und Beurteilungen der Unternehmensleitung wiedergegeben werden. Im HGB wird eine umfassende Analyse von Geschäftsverlauf und Lage gefordert. Da diese Analyse stets in der Verantwortung der Unternehmensleitung liegt, wird damit auch die subjektive Sichtweise der Unternehmensleitung vermittelt.

Die Vermittlung aus der Sicht der Unternehmensleitung gibt zusätzlich Daten über interne Entscheidungsprozesse bekannt. Das dient dazu, Informationsasymmetrien zwischen der Unternehmensleitung und den Investoren abzubauen. Der Investor erhält einen Einblick in die Entscheidungsprozesse und -strukturen des Unternehmens.

9.13.5 Wesentlichkeit

Der Lagebericht sollte sich gemäß DRS 20.32-33 auf die Vermittlung von wesentlichen Informationen konzentrieren, woraus sich ein gewisses Spannungsverhältnis zwischen dem Grundsatz der Vollständigkeit und dem Grundsatz der Wesentlichkeit ergibt. Durch das Fokussieren auf wesentliche Informationen soll vermieden werden, dass der Berichtsadressat durch zu viele Informationen den Überblick verliert.

---

[88] Fink, C.; Kajüter, P. & Winkeljohann, N.: Lageberichterstattung: HGB, DRS und IFRS – Practice Statement Management Commentary, 2013, S. 59 ff.

[89] ebd., S. 64 ff.

9.13.6 Informationsabstufung

Der Detaillierungsgrad und Ausführungen im Lagebericht orientieren sich an den spezifischen Gegebenheiten des Unternehmens, wie beispielsweise der Größe, der Branche und der Aktivität auf dem Kapitalmarkt. Nach dem Grundsatz der Informationsabstufung hat die Berichterstattung in kleinen, wenig diversifizierten Unternehmen sowie in nicht kapitalmarktorientierten Unternehmen einen geringeren Detaillierungsgrad und beinhaltet weniger ausführliche Beschreibungen als die Berichterstattung von großen, hochdiversifizierten und kapitalmarktorientierten Unternehmen. Gerechtfertigt wird dies mit dem Wettbewerbsnachteil, den kleine, wenig diversifizierte und nicht kapitalmarktorientierte Unternehmen erleiden, wenn diese die gleichen Auskünfte wie große, diversifizierte und kapitalmarktorientierte Unternehmen geben.[90]

Übungsaufgabe 9.4

Diese Aufgabe und ihre Lösung finden Sie online.

[90] Fink, C.; Kajüter, P. & Winkeljohann, N.: Lageberichterstattung: HGB, DRS und IFRS – Practice Statement Management Commentary, 2013, S. 64 ff.

Eigene Notizen

Schritt 10: Nachhaltigkeitsberichterstattung / nichtfinanzielle Berichterstattung im Lagebericht

Lernziele

In diesem Kapitel werden Sie einen Einblick in die wachsende Bedeutung der nichtfinanziellen Berichterstattung erhalten. Sie lernen die mit der Corporate Sustainability Reporting Directive (CSRD) verbundene erweiterte Berichtspflichten der Unternehmen und die erwarteten Informationsbedürfnisse der Stakeholder zur Nachhaltigkeitsberichtserstattung kennen.

10.1 Einführung

Das nachhaltige Wirtschaften hat in den letzten Jahren erheblich an Bedeutung gewonnen, da ein gesamtgesellschaftlicher Wertewandel u. a. auf den Klimawandel mit der globalen Erwärmung, die Achtung der Menschenrechte und der Bekämpfung der Korruption stattgefunden hat. Daher wird öffentlich immer stärker gefordert, dass Unternehmen nicht nur ökonomische, sondern auch ökologische und soziale Verantwortung für ihr Handeln übernehmen müssen.

Seit 2017 sind gemäß § 289b HGB große Kapitalgesellschaften oder haftungsbeschränkte Personenhandelsgesellschaften oder Genossenschaften mit mehr als 500 Arbeitnehmern, wenn sie kapitalmarktorientiert sind, zur Veröffentlichung einer **„nichtfinanziellen Berichterstattung" (Nachhaltigkeitsbericht)** verpflichtet. Neben der **Beschreibung des Geschäftsmodells** der Kapitalgesellschaft liegt der Fokus des Inhaltes auf **nichtfinanziellen Aspekten**:[91] Die nichtfinanzielle Berichterstattung kann als **nichtfinanzielle Erklärung** im Lagebericht integriert sein (§ 289b Abs. 1 HGB) oder als eigenständiger **nichtfinanzieller Bericht** z. B. auf der Homepage veröffentlicht werden (§ 289b Abs. 3 HGB). Die Möglichkeiten der nichtfinanziellen Berichterstattung bis Ende 2022 zeigt die folgende Abbildung.

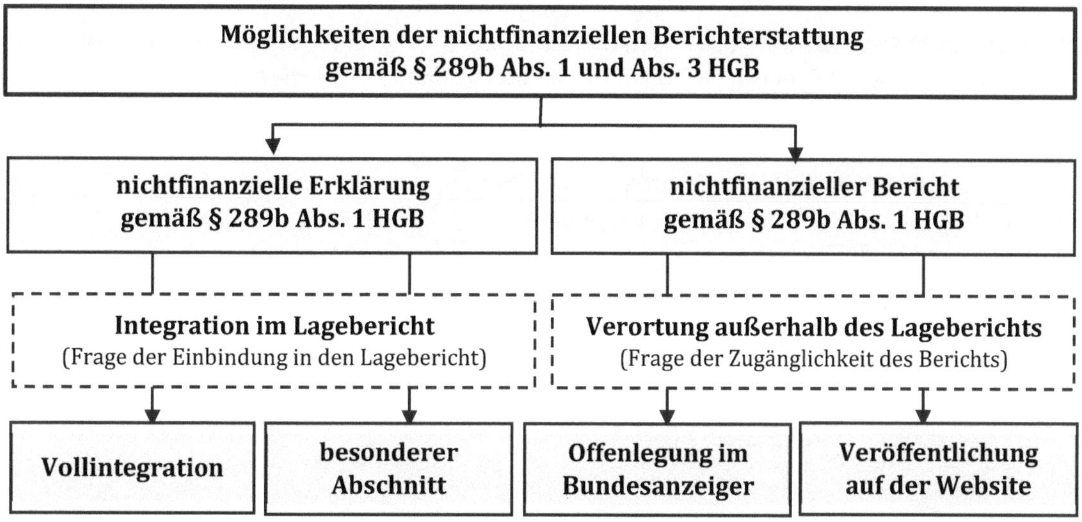

Abb. 10.1: Möglichkeiten bei der nichtfinanziellen Berichterstattung[92]

---

[91] Zimmerman, J., et al.: Buchführung und Bilanzierung nach IFRS und HGB, 2020, S. 37 und Scheffler, E.: Bilanzen richtig lesen, 2022, S. 225.

[92] in Anlehnung an Meyer, C. u. Theile, C.: Bilanzierung nach Handels- und Steuerrecht, 2021, S. 400.

10.2 Abgrenzung der berichtspflichtigen Unternehmen

Eine verpflichtende Berichterstattung über CSRD (= Corporate Sustainability Reporting Directive) betrifft:

- seit 2017: alle **großen kapitalmarktorientierten Kapitalgesellschaften** mit durchschnittlich mehr als 500 Mitarbeitern, haftungsbeschränkte Personenhandelsgesellschaften[93] (z. B. GmbH & Co. KG) oder Genossenschaften[94], die die oben genannten Voraussetzungen erfüllen; alle großen Kreditinstitute[95] und Versicherungsunternehmen[96] mit mehr als 500 Mitarbeitern.

Die durch das EU-Parlament am 5. Januar 2023 verabschiedete „Corporate Sustainability Reporting Directive (CSRD)" führt zu einer tiefgreifenden Änderung des Umfanges und der Art der Nachhaltigkeitsberichterstattung von Unternehmen. Mit der CSRD wurden bestehende Regeln zur nichtfinanziellen Berichterstattung erheblich ausgeweitet. Die Prämissen „kapitalmarktorientiert" wurde aufgegeben. Mit der Ausweitung der Berichtspflicht steigt die Zahl der berichtspflichtigen Unternehmen Schätzungen zufolge EU-weit von ca. 11.600 auf ca. 49.000. Betroffen sind die folgenden Kapitalgesellschaften und Personenhandelsgesellschaften mit ausschließlich haftungsbeschränkten Gesellschaftern:[97] Die Pflicht einen Nachhaltigkeitsbericht zu erstellen und die damit verbundene Prüfungspflicht, wird kontinuierlich auf Unternehmen kleiner Größenklassen ausgedehnt. Dies betrifft folgende Unternehmen, die einen:

- **CSRD-Bericht in 2025 über das Geschäftsjahr 2024**: Verpflichtend für Unternehmen, falls die durch die Non-Financial Reporting Directive (NFRD) bereits verankerten Kriterien erfüllt werden;
- **CSRD-Bericht in 2026 über das Geschäftsjahr 2025**: Die Verpflichtung gilt für im bilanzrechtlichen Sinne große Unternehmen (wenn zwei der dort beschriebenen drei Größenkriterien in zwei aufeinanderfolgenden Jahren erfüllt werden), mit
- einer Bilanzsumme von mindestens 20 Mio. €,
- Nettoumsatzerlöse von mindestens 40 Mio. €,
- einer durchschnittlichen Zahl von mindestens 250 Beschäftigten während des Geschäftsjahres.
- **CSRD-Bericht in 2027 über das Geschäftsjahr 2026**: Zusätzlich verpflichtend für Unternehmen im bilanzrechtlichen Sinne kleine und mittlere Unternehmen (KMU), die börsennotiert sind,
- **CSRD-Bericht in 2028 über das Geschäftsjahr 2027**: Zusätzlich verpflichtend für Drittstaatenunternehmen, die mindestens eine Tochtergesellschaft oder Zweigniederlassung in der EU haben und die in der EU einen erwirtschafteten Nettoumsatz über 150 Mio. € in den vergangenen beiden Geschäftsjahren erwirtschaftet haben,

CSRD-Bericht erstellen müssen.

Kleine und mittelgroße Unternehmen sind gesetzlich nicht zu einer **nichtfinanziellen Berichterstattung** verpflichtet. Dennoch werden zur dauerhaften Belieferung berichtspflichtiger Unternehmen oftmals CSRD[98]-Berichte für kleine und mittlere Unternehmen notwendig sein, denn Großunternehmen möchten i. d. R. ihre gesamte Lieferkette als nachhaltig nachweisen können. Dies setzen

---

[93] Vgl. § 264a HGB.

[94] Vgl. § 336 Abs. 2 Satz 1 Nr. 2 HGB.

[95] Vgl. § 340a Abs. 1a HGB.

[96] Vgl. § 341a Abs. 1a HGB.

[97] https://www.csr-in-deutschland.de/DE/CSR-Allgemein/CSR-Politik/CSR-in-der-EU/Corporate-Sustainability-Reporting-Directive/corporate-sustainability-reporting-directive-art.html, abgerufen am 27.07.2023
CSR - Corporate Sustainability Reporting Directive (CSRD) (csr-in-deutschland.de)

[98] CSRD = Corporate Social Responsibility Directive

sie durch festgeschriebene Nachhaltigkeitskriterien fest, nach denen ihre Lieferanten bewertet werden. Die Lieferantenauswahl und Auftragsfreigabe werden auf Grundlage eines Lieferanten-Ratings erstellt.[99]

Unternehmen, die in den Anwendungsbereich der **CSRD** fallen, müssen künftig über Folgendes berichten[100]:

- Beschreibung des Geschäftsmodells und der Strategie,
- die gesetzten Nachhaltigkeitsziele sowie die Fortschritte auf dem Weg zur Erreichung der Ziele,
- die Rolle der Verwaltungs-, Leitungs- und Aufsichtsorgane in Bezug auf Nachhaltigkeitsfaktoren,
- die Richtlinien und Maßnahmen in Bezug auf Nachhaltigkeitsaspekte,
- Beschreibung der bedeutendsten negativen Auswirkungen des Unternehmens auf Nachhaltigkeitsfaktoren,
- die wichtigsten Risiken in Bezug auf Nachhaltigkeitsaspekte, einschließlich ihrer wichtigsten Abhängigkeiten von solchen Aspekten, und wie sie diese Risiken steuern, und
- die Art und Weise, wie sie die Informationen, über die sie berichten, ermittelt haben.

Die betroffenen Unternehmen werden künftig dazu verpflichtet werden, qualitative und quantitative Informationen, zukunftsgerichtete und rückblickende Informationen sowie Informationen, die kurz-, mittel- und langfristige Zeithorizonte abdecken, zur Verfügung zu stellen. Sofern angemessen, sollen die Berichtsinhalte auch Informationen über die Wertschöpfungskette des Unternehmens, einschließlich der eigenen Geschäftstätigkeit, Produkte und Dienstleistungen des Unternehmens, seiner Geschäftsbeziehungen und seiner Lieferkette beinhalten.

10.3 Corporate Social Responsibility (CSR)

Der Begriff „Corporate Social Responsibility" (CSR) bezeichnet die gesellschaftliche Verantwortung von Unternehmen bezüglich des nachhaltigen Wirtschaftens. Die Geschäftstätigkeiten von Unternehmen können negative Begleiterscheinungen, wie beispielsweise Umweltverschmutzung oder Diskriminierung am Arbeitsplatz, hervorrufen. Um das soziale Miteinander und die Erhaltung einer intakten Umwelt zu bewahren, werden Unternehmen verpflichtet, einen Beitrag zur Nachhaltigkeit leisten.

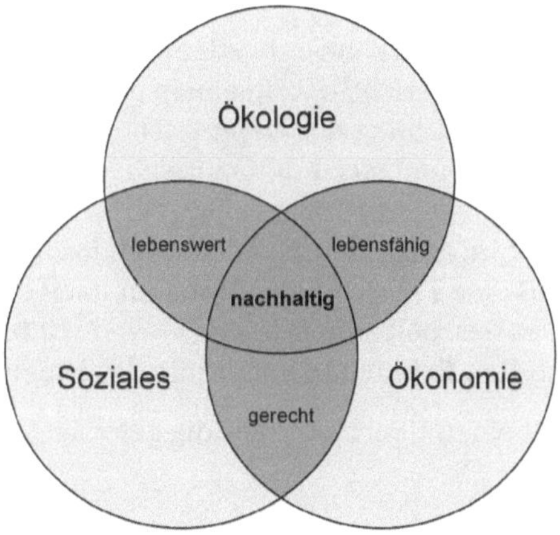

Abb. 10.2: Triple Bottom Line-Ansatz[101]

[99] Vgl. Deloitte: CSR-Richtlinie-Umsetzungsgesetz, 2017, S. 22.

[100] Europäische Kommission veröffentlicht vorgeschlagene Richtlinie zur Nachhaltigkeitsberichterstattung von Unternehmen (iasplus.com)https://www.iasplus.com/de/news/2021/april/csrd (Abruf am 05.12.2021)

[101] in Anlehnung an Vieweg, W.: Nachhaltige Marktwirtschaft, 2019, S. 28.

Die **CSR** kann mithilfe des **Triple Bottom Line-Ansatzes** abgebildet werden. In der Praxis wird häufig der Begriff der Nachhaltigkeit analog zu dem Begriff **CSR**. In der Triade aus Ökologie, Ökonomie und Sozialem sind diese drei Elemente gleichberechtigt, wie aus der Abbildung 10.2 zu erkennen ist.

Die Schnittmenge der drei Bereiche stellt die CSR bzw. das nachhaltige unternehmerische Handeln dar.[102]

Ökologische Nachhaltigkeit

Unter dem Begriff „ökologische Nachhaltigkeit" versteht man den bewussten und effizienten Umgang mit Ressourcen im Hinblick auf ausreichende Bestände für nachkommende Generationen. Ziel ist es, negative Effekte wie z. B. einen erhöhten CO_2-Ausstoß zu vermeiden bzw. zu reduzieren. Generell gilt: Die Nachhaltigkeit kann nur sichergestellt werden, wenn nicht mehr Ressourcen verbraucht werden als regenerativ erzeugt werden können. Die Bilanz aus Verbrauch und Nachwachsen darf nicht negativ sein.[103]

Ökonomische Nachhaltigkeit

Ein wesentliches Unternehmensziel ist, langfristig am Markt erfolgreich zu agieren und dauerhaft bestehen zu können. Dies wird von den Shareholdern gefordert und spiegelt sich beispielsweise in der Marktkapitalisierung eines Unternehmens wider. Dabei sollten die Unternehmensprozesse nachhaltig und gewinnorientiert ausgerichtet sein, um das wirtschaftliche Wachstum und das Fortbestehen eines Unternehmens sicherzustellen.[104]

Soziale Nachhaltigkeit

Die „soziale Nachhaltigkeit" bezieht sich auf die langfristige soziale Gerechtigkeit. Der Begriff soziale Gerechtigkeit umfasst die Verteilung von Gütern zwischen den Menschen. Güter können sowohl physische (z. B. Nahrungsmittel, Medikamente oder Wohnraum) als auch psychische (z. B. Gesundheit, Sicherheit, Bildung) sein. Die Unternehmen können sich dabei auf ihre eigenen Mitarbeiter(innen) konzentrieren oder zusätzlich noch ihre Lieferanten miteinbeziehen. Des Weiteren ist auch eine lokale, Länder oder Kontinente übergreifende Betrachtungsweise möglich.[105]

10.4 Berichtsformat und Inhalt der nichtfinanziellen Berichterstattung

Die **nichtfinanzielle Berichterstattung** kann entweder im (Konzern-)Lagebericht integriert oder an einer anderen Stelle im Geschäftsbericht, d. h. in einem gesonderten Abschnitt dargestellt werden. Hier ist die Frist zur Veröffentlichung des Lageberichts maßgeblich. Andererseits kann das Unternehmen auch einen separaten und meist umfangreicheren Nachhaltigkeitsbericht erstellen. Um diesen der Öffentlichkeit zugänglich zu machen, wird dieser gemeinsam mit dem Lagebericht im Bundesanzeiger oder auf der Internet-Seite der Unternehmung veröffentlicht. Hier gilt gemäß § 289b Abs. 3 Satz 1 Nr. 2 HGB eine Frist von vier Monaten nach dem Abschlussstichtag. Die Erstellung des Berichts muss jedes Geschäftsjahr erfolgen.[106] Viele Unternehmen nutzen die Variante der gesonderten **nichtfinanziellen Erklärung** außerhalb des Lageberichts.[107]

Die folgende Tabelle vermittelt einen Überblick über die geforderten Angaben der nichtfinanziellen Berichterstattung.

---

[102] Vgl. Vieweg, W.: Nachhaltige Marktwirtschaft, 2019, S. 28.

[103] Vgl. Jacob, M.: Digitalisierung & Nachhaltigkeit, 2019, S. 14 f.

[104] Vgl. ebd.

[105] Vgl. ebd.

[106] Vgl. Deloitte: CSR-Richtlinie-Umsetzungsgesetz, 2017, S. 7 f.

[107] Vgl. Deutsches Rechnungslegungs Standards Committee e.V.: CSR-Studie, 2021, S. 14 f.

Umweltbelange	Arbeitnehmerbelange	soziale Aspekte	Einhaltung der Menschenrechte	Bekämpfung von Korruption und Bestechung
• Wasserverbrauch • Treibhausgasemissionen • Luftverschmutzung • Nutzung erneuerbarer Energien • Schutz biologischer Vielfalt	• Geschlechtergleichstellung • Arbeitsbedingungen • Gewerkschaftsrechte • Gesundheitsschutz • Arbeitssicherheit	• gesellschaftliche Engagement des Unternehmens • Dialog auf kommunaler oder regionaler Ebene • Schutzmaßnahmen lokaler Gemeinschaften	• Angaben zur Vermeidung von Menschenrechtsverletzungen	• Darstellung der bestehenden Instrumente zur Bekämpfung von Korruption und Bestechung

Tab. 10.1: Inhalte der nichtfinanziellen Erklärung

Zudem sind wesentliche Risiken, die die in der obigen Tabelle genannten Punkte betreffen, zu nennen. Der unternehmensinterne Umgang mit diesen Risiken wird als wichtig erachtet und soll transparent dargestellt werden. Ferner müssen noch die wichtigsten nichtfinanziellen Leistungsindikatoren, welche für die Geschäftstätigkeit von Bedeutung sind, beschrieben werden.[108]

Angaben über zukünftige Belange, auch solche, über die Verhandlungen geführt werden, können in der nichtfinanziellen Erklärung ausgelassen werden. Dies kann der Fall sein, wenn die Veröffentlichung ein berechtigtes Geheimhaltungsinteresse des Unternehmens verletzt. Dadurch könnte dem Unternehmen ein erheblicher Nachteil zugefügt werden. Das Weglassen der Angaben ist ausschließlich erlaubt, wenn eine tatsächliche und getreue Beurteilung möglich bleibt. Sobald die Gründe entfallen, ist das Unternehmen verpflichtet, die Belange in die darauffolgende nichtfinanzielle Erklärung zu integrieren.[109]

10.4.1 Rahmenwerke für die Erstellung der nichtfinanziellen Berichterstattung

Unternehmen haben bei der nichtfinanziellen Berichterstattung zur besseren Vergleichbarkeit ihrer Engagements die Möglichkeit nationale, unionsbasierte oder internationale Rahmenwerke zu verwenden. Dabei orientieren sie sich an Rahmenwerken, wie z. B. Eco-Management & Audi Scheme (EMAS), Global Compact der Vereinten Nationen, die Leitlinien der Organisation für wirtschaftliche Zusammenarbeit und Entwicklung (OECD) für multinationale Unternehmen oder der Global Reporting Initiative (GRI).[110] Die Rahmenwerke haben das Ziel, die Berichte zu standardisieren und Leistungsindikatoren zu ermitteln. Dadurch wird der Inhalt der nichtfinanziellen Erklärung besser messbar und vergleichbar.

---

108 Vgl. Schröder, N.: CSR-Richtlinie-Umsetzungsgesetz, 2021, S. 55 ff.

109 Vgl. § 289e HGB.

110 Vgl. Schröder, N.: CSR-Richtlinie-Umsetzungsgesetz, 2021, S. 55.

Auf **internationaler Ebene** ist die **Global Reporting Initiative (GRI)**, eine gemeinnützige Multi-Stakeholder-Stiftung, von großer Bedeutung.[111] Ihr Ziel ist ein weltweiter Leitfaden für die CSR-Berichterstattung.[112] Dieser hat sich zu einem weltweiten Standard entwickelt und ist in vier Hauptbereiche (allgemeine Standards „GRI 100", Ökonomie „GRI 200", Ökologie „GRI 300" und soziale Aspekte „GRI 400") untergliedert.[113] Zur Messbarkeit der Erreichung von Zielen und deren Fortschritte in den Bereichen wurden Leistungsindikatoren eingeführt.

Die Europäische Kommission hat die Leitlinien für die Berichterstattung über nichtfinanzielle Informationen mit einem Nachtrag zur klimabezogenen Berichterstattung ergänzt. Dies betrifft künftig für die klimabezogene Berichterstattung den **GRI 305** für Emissionen und den **GRI 302** für Energie. Der **GRI 305** betrachtet folgende **Emissionen**:[114]

- Treibhausgase (THG),
- Ozon abbauende Substanzen,
- Stickstoffoxide,
- Schwefeloxide und
- andere signifikante Luftemissionen.

Der **GRI 302** befasst sich mit den Angaben zum **Energieverbrauch**. Dieser wird nach Brennstoffen aufgeschlüsselt:[115]

- nicht erneuerbare Quellen (z. B. Öl und Kohle). und
- erneuerbare Quellen (z. B. grüner Wasserstoff).

Ferner sind die Mengen verbrauchter und verkaufter Energie entsprechend den Kategorien:

- elektrischer Strom,
- Wärmeenergie,
- Kühlenergie und Dampf

anzugeben.

In **Deutschland** spielt der **Deutsche Nachhaltigkeitskodex (DNK)** eine wichtige Rolle. Er dient zum Aufbau einer Nachhaltigkeitsstrategie, erleichtert den Einstieg in die nichtfinanzielle Berichterstattung, folgt den Vorgaben der GRI und ist weniger umfangreich. Aufgrund seiner geringeren Komplexität ist er für kleine und mittelständige Unternehmen zu empfehlen. Er sorgt, ebenso wie der GRI, für eine bessere Vergleichbarkeit von Nachhaltigkeitsberichtserstattung. Für die Erfüllung des DNK ist das Unternehmen verpflichtet, eine Entsprechenserklärung abzugeben. In dieser DNK-Erklärung ist über die vier Themenfelder und die 20 DNK-Kriterien zu berichten.[116] Wie in der folgenden Tabelle dargestellt, lassen sich die Kriterien in zwei Hauptkategorien unterteilen. Zum einen in das **Nachhaltigkeitskonzept**, unter dem die Strategie und das Prozessmanagement fallen und zum anderen in die **Nachhaltigkeitsaspekte**, die sich mit der Umwelt und der Gesellschaft befassen.

---

[111] Vgl. Mayer, K.: 125 Fragen und Antworten, 2020, S. 114 f.

[112] Vgl. Stibbe, R.: CSR-Erfolgssteuerung, 2019, S. 91 ff.

[113] Fink, C. u. Kajüter, P.: Lageberichterstattung, 2021, S. 56 ff.

[114] Hartau, J.; Lüdecke, M. Müller, S.: Umsetzung der Nachhaltigkeitsberichtserstattung in mittelständischen Unternehmen, 2021, S. 514 - 519.

[115] Ebd., S. 518.

[116] Vgl. Mayer, K.: 125 Fragen und Antworten, 2020, S. 112.

Nachhaltigkeitskonzept		**Nachhaltigkeitsaspekte**	
Strategie	**Prozess-management**	**Umwelt**	**Gesellschaft**
• strategische Analyse und Maßnahmen • Wesentlichkeit • Ziele • Tiefe der Wertschöpfungskette	• Verantwortung • Regeln und Prozesse • Kontrolle • Anreizsysteme • Beteiligung von Anspruchsgruppen • Innovations- und Produktmanagement	• Inanspruchnahme von natürlichen Ressourcen • Ressourcenmanagement • klimarelevante Emissionen	• Arbeitnehmerrechte • Chancengerechtigkeit • Qualifizierung • Menschenrechte • Gemeinwesen • politische Einflussnahme • gesetzes- und richtlinienkonformes Verhalten

Abb. 10.3: Kriterien des Deutschen Nachhaltigkeitskodex (DNK)[117]

10.4.2 Prüfung der nichtfinanziellen Berichterstattung

Handelsrechtlich muss bisher die nichtfinanzielle Erklärung oder der gesonderte nichtfinanzielle Bericht gemäß § 317 Abs. 2 S. 4 HGB nur einer formalen Prüfung durch einen Abschlussprüfer unterzogen werden. Eine inhaltliche Prüfung findet **bisher** nicht statt. Bei der Erstellung eines gesonderten nichtfinanziellen Berichts muss der Abschlussprüfer des (Konzern-)Lageberichts nur überprüfen, ob dieser ordnungsgemäß vier Monate nach Abschlussstichtag auf der Internetseite des Unternehmens gemäß § 317 Abs. 2 S. 5 HGB veröffentlicht wurde.

Künftig soll eine **inhaltliche** Prüfungspflicht für alle berichtspflichtigen Unternehmen eingeführt werden, um die Glaubwürdigkeit der Nachhaltigkeitsberichte zu erhöhen. Aus dem Richtlinienentwurf geht die Verantwortlichkeit von Vorstand und Aufsichtsrat für die Nachhaltigkeitsberichterstattung hervor. Der Prüfungsausschuss hat künftig auch die Nachhaltigkeitsberichterstattung sowie die dafür notwendigen Systeme und Prozesse zu überwachen.

Um die Glaubwürdigkeit der Angaben und den Stellenwert der nichtfinanziellen Erklärung zu erhöhen, ist eine externe Prüfung zu empfehlen.[118] Dieser Empfehlung schließt sich der GRI an.[119]

Prozessimplementierung im Unternehmen für die nichtfinanzielle Berichterstattung

Die nichtfinanzielle Berichterstattung ist das Ergebnis eines jährlich immer wiederkehrenden Prozesses. Dieser sollte im Unternehmen etabliert werden, um die Berichterstellung zu optimieren und zu vereinfachen. Er lässt sich in sechs Schritte zusammenfassen, die in der nachfolgenden Abbildung dargestellt sind.

---

[117] in Anlehnung an: Rat für Nachhaltige Entwicklung: Leitfaden zum Deutschen Nachhaltigkeitskodex, 2020, S. 7.

[118] Vgl. Mayer, K.: 125 Fragen und Antworten, 2020, S. 91.

[119] Vgl. ebd., S. 114 f.

Abb. 10.4: Implementierungsprozess

Zunächst wird unter dem Gesichtspunkt der Nachhaltigkeit mit einer Ist-Analyse begonnen. Anschließend sollte der Rahmen für die Berichterstattung definiert und standardisiert werden. Die Zielsetzung sollte einen fokussierten Blick auf die relevanten Themen haben. Eine standardisierte Berichterstattung ermöglicht eine bessere Vergleichbarkeit der nichtfinanziellen Aspekte zwischen verschiedenen Unternehmen. Dies ist für Investoren und Kapitalgeber hilfreich. Im dritten Schritt sollten konkrete messbare Ziele angegeben werden. Sie stellen die Grundlage dar, um im nächsten Schritt, der Erstellung der nichtfinanziellen Erklärung, Daten zu analysieren und diese quantitativ zu bewerten. So kann überprüft werden, ob und inwieweit Ziele erfüllt wurden. Eine anschließende externe Prüfung ist optional. Der letzte Schritt ist die Veröffentlichung der nichtfinanziellen Erklärung.[120]

10.5 Chancen und Risiken der nichtfinanziellen Erklärung

Chancen ergeben sich für die Unternehmen z. B. durch eine Imageverbesserung, höhere Planungssicherheit, Vertrauen und Glaubwürdigkeit bei den Stakeholdern und einer besseren Marktposition. Ein weiterer bedeutender Aspekt könnte die Erschließung von neuen Absatzmärkten sein. Dies könnte durch gezielte CSR-Marketingmaßnahmen geschehen. Unternehmen können aufgrund einer höheren Zufriedenheit von Kunden, Arbeitnehmern und Investoren, diese Gruppen langfristig an sich binden.[121] Durch eine höhere Transparenz, die sich durch die Nachhaltigkeitsberichte ergibt, wird auch mehr Vertrauen und Glaubwürdigkeit beim Kunden und den Investoren geschaffen.[122]

Bei der nichtfinanziellen Erklärung wird im Gegensatz zur Finanzberichterstattung vor allem über zukunftsorientierte Aspekte berichtet. Diese ermöglichen dem Unternehmen, seine Stellung am Markt zu festigen und die positiven Auswirkungen des unternehmerischen Handelns zu publizieren.[123]

---

[120] Vgl. Mayer, K.: 125 Fragen und Antworten, 2020, S. 88 f.

[121] Vgl. Stibbe, R.: CSR-Erfolgssteuerung, 2019, S. 22.

[122] Vgl. Deloitte: CSR-Richtlinie-Umsetzungsgesetz, 2017, S. 23.

[123] Vgl. Mayer, K.: 125 Fragen und Antworten, 2020, S. 92.

Neben den Chancen bestehen für das Unternehmen aber auch Risiken durch eine nichtfinanzielle Erklärung. Zum einen riskieren Unternehmen, die gesetzlich zu einer nichtfinanziellen Erklärung verpflichtet sind, hohe Geldstrafen bei Nichtveröffentlichung. Diese können zwischen 50.000 € und 10 Mio. € liegen.[124] Als Risiken stehen der hohe Ressourcenaufwand und die Gefahr eines Wettbewerbsnachteils durch „Greenwashing" gegenüber. Als Greenwashing wird die Marketingstrategie eines Unternehmens bezeichnet, bei dem es sich als besonders nachhaltig darstellt. In der Realität stehen keine entsprechenden Maßnahmen den Behauptungen gegenüber. Wenn das Unternehmen Greenwashing betreibt, kann dies zu einem gegensätzlichen Effekt des Images beitragen, als das Unternehmen sich ursprünglich erhoffte. Das Unternehmen könnte daher seine Authentizität und somit Kunden, Geschäftspartner und Investoren verlieren.[125]

Auch ist Abstimmungsaufwand innerhalb eines Unternehmens sehr groß, da zur Erstellung eine umfangreiche Abstimmung zwischen Fachbereichen, Vorstand, Tochtergesellschaften und externen Dienstleistern erforderlich ist.

Ziel der nichtfinanziellen Erklärung ist es, neben der Nachhaltigkeit innerhalb der Prozesse im Unternehmen, auch die gesamten Lieferketten zu betrachten. Dies ist bei vielen Lieferketten aufgrund der hohen Komplexität und der Anzahl an Lieferketten sehr schwierig zu gewährleisten.[126]

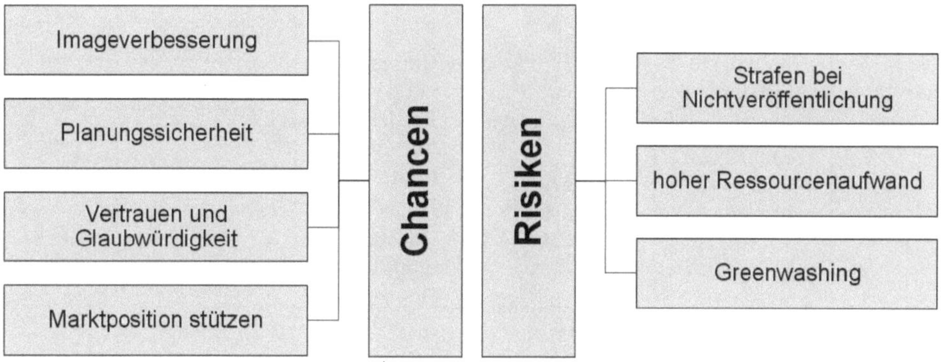

Abb. 10.5: Übersicht der Chancen und Risiken aus Unternehmenssicht

10.6 Praxisbeispiele

Es werden Ausschnitte aus den Nachhaltigkeitsberichten der Henkel AG & Co. KGaA und der Volkswagen AG aus den Jahren 2020 und 2022 vorgestellt.

10.6.1 Nachhaltigkeitsbericht der Henkel AG & Co. KGaA

Die Henkel AG & Co. KGaA ist ein global agierendes Unternehmen in den Branchen Konsumgüter und Chemie. Mit einem Umsatz von ca. 22,4 Mrd. € in 2022[127] und ca. 51.200 Arbeitnehmern[128], ist es zu einer nichtfinanziellen Erklärung verpflichtet.

---

[124] Vgl. § 334 Absatz 1 Nr.3 u. Absatz 3 HGB.

[125] Vgl. Mayer, K.: 125 Fragen und Antworten, 2020, S. 99.

[126] Vgl. ebd., S. 106.

[127] Vgl. Henkel AG & Co. KGaA: Nachhaltigkeitsbericht 2022, 2023, S. 8.

[128] Vgl. ebd., S. 7.

Um dieser Forderung nachzukommen wurde ein gesonderter Nachhaltigkeitsbericht für das Geschäftsjahr 2022 mit einem Umfang von 176 Seiten erstellt. Dieser wurde am 7. März 2023 auf der Internet-Seite von Henkel veröffentlicht. Somit wurde die vier Monatsfrist nach dem Abschlussstichtag eingehalten.

Bei der Erstellung wurde als Rahmenwerk die **GRI** herangezogen und die Prüfung wurde im Auftrag des Vorstands durch die Wirtschaftsprüfungsgesellschaft PricewaterhouseCoopers GmbH durchgeführt.[129]

Es wird, wie in der folgenden Tabelle zusammengefasst, über das Geschäftsmodell, die Umweltbelange, die Arbeitnehmerbelange, die sozialen Aspekte, die Einhaltung der Menschenrechte und der Bekämpfung von Korruption und Bestechung berichtet.

Geschäftsmodell	**Umweltbelange**	**Arbeitnehmerbelange**	**soziale Aspekte**	**Einhaltung der Menschenrechte**	**Bekämpfung von Korruption und Bestechung**
• Adhesive Technologies • Beauty Care • Laundry & Home Care	• reduzierter Abfall • reduzierte CO_2-Emissionen • reduzierter Wasserverbrauch	• Reduzierung der Unfallrate • Gesundheitsprävention • bessere Vereinbarkeit von Familie und Beruf • betriebliche Altersversorgung	• Pandemie-Nothilfe • Unterstützung von Kindern mit Entwicklungsstörungen • Unterstützung Tafel Deutschland	• Codes und Standards zur Achtung der Menschenrechte	• Fokus auf Kommunikation und Schulungen in Bezug auf Compliance

Tab. 10.2: Übersicht der Berichtsinhalte der Henkel AG & Co. KGaA[130]

Das **Geschäftsmodell** von Henkel lässt sich in drei operative Geschäftsbereiche (Adhesive Technologies, Beauty Care und Laundry & Home Care mit deren Produkten und Dienstleistungen) unterteilen.[131] Die Umweltbelange werden vor allem durch reduzierten Abfall, reduzierte CO_2-Emissionen und reduzierten Wasserbrauch im Nachhaltigkeitsbericht erwähnt.[132] Eine Reduzierung der Unfallrate um 50 % zum Basisjahr 2010, Gesundheitsprävention, bessere Vereinbarkeit von Familie und Beruf werden als Maßnahmen für die Arbeitnehmerbelange beschrieben.[133] Bei den sozialen Aspekten stand im Jahr 2020 die Pandemie-Nothilfe im Vordergrund. Ergänzende Engagements waren die Unterstützung von Kindern mit Entwicklungsstörungen bzw. der Tafel Deutschland.[134] Zur Einhaltung der Menschenrechte nutzt Henkel verschiedene Codes und Standards auf Konzernebene. Orientiert hat man sich an übergeordneten Leitprinzipien wie dem

[129] Vgl. ebd., S. 4.

[130] eigene Darstellung auf Grundlage der Daten aus Henkel AG & Co. KGaA: Nachhaltigkeitsbericht 2020, 2021.

[131] Vgl. Henkel AG & Co. KGaA: Nachhaltigkeitsbericht 2020, 2021, S. 6.

[132] Vgl. ebd., S. 16.

[133] Vgl. ebd., S. 162 ff.

[134] Vgl. ebd., S. 182 ff.

Global Compact der Vereinten Nationen.[135] Zur Bekämpfung von Korruption und Bestechung legt Henkel seinen Fokus auf Kommunikation und Schulungen in Bezug auf Compliance.[136]

Die Henkel AG & Co. KGaA geht in den Nachhaltigkeitsberichten 2020 und 2022 auch auf wesentliche Risiken innerhalb der Lieferkette ein. Beispielsweise wird der Abbau von Palmöl und der Bezug von Rohstoffen aus Militärkonfliktzonen identifiziert und weiterverfolgt, so dass keine Metalle aus kritischen Regionen bezogen und verarbeitet werden.[137]

10.6.2 Nachhaltigkeitsbericht der Volkswagen AG

Der VW-Konzern veröffentlichte auf der eigenen Internet-Seite für das Geschäftsjahr 2020 seinen Konzern- und Nachhaltigkeitsbericht, welcher einen zusammengefassten gesonderten nichtfinanziellen Bericht gemäß §§ 289 Abs. 3 und 315b Abs. 3 HGB enthält. Der gesonderte nichtfinanzielle Bericht wurde in Übereinstimmung mit §§ 315c, 289c bis 289e HGB zur Erfüllung des CSR-RUG erstellt.

Die zentralen Handlungsfelder der nichtfinanziellen Berichterstattung des Geschäftsjahres 2020 der Volkswagen AG sind in der folgenden Tabelle dargestellt:[138]

nichtfinanzieller Aspekt	**Fokusbereich / Enabler**	**Abschnitt Nachhaltigkeitsbericht**
Querschnittsthematik betrifft alle nichtfinanziellen Aspekte	Governance	• Nachhaltigkeit und Wesentlichkeit • Nachhaltigkeitsmanagement • Integrität und Compliance
	Stakeholder-Engagement	• Stakeholder-Management
	Digitalisierung	• Digitalisierung
Umweltbelange	Governance	• Umweltmanagement
	Dekarbonisierung	• Dekarbonisierung
	Kreislaufwirtschaft	• Kreislaufwirtschaft
	Verantwortung in Lieferketten und Wirtschaft	• Verantwortung in unserer Lieferkette
Arbeitnehmerbelange	Transformation der Belegschaft	• Transformation der Belegschaft
	Kulturwandel	• Transformation der Belegschaft
Sozialbelange	Corporate Citizenship	• Corporate Citizenship
Achtung der Menschenrechte	Verantwortung in Lieferketten und Wirtschaft	• Verantwortung in unserer Lieferkette • Verantwortung in unserem Unternehmen
	Governance	• Integrität und Compliance
Bekämpfung von Korruption und Bestechung	Governance	• Integrität und Compliance
	Kulturwandel	• Integrität und Compliance
	Verantwortung in Lieferkette und Wirtschaft	• Verantwortung in unserer Lieferkette

[135] Vgl. ebd., S. 66 ff.

[136] Vgl. ebd., S. 38.

[137] Vgl. ebd., S. 49.

[138] Volkswagen AG: Nachhaltigkeitsbericht 2020, 2021, S. 81 f.

Im Bereich der Umweltbelange widmet sich der VW-Konzern unter anderem der Verbesserung der Luftqualität. Hierfür wird vor allem der Ausbau der Elektromobilität erwähnt, da rein elektrisch angetriebene Fahrzeuge auf den Straßen emissionsfrei sind. Bis 2025 sollen die Emissionen an Treibhausgasen von Pkw und leichten Nutzfahrzeugen im Vergleich zu 2015 über den gesamten Lebenszyklus um 30 % gesenkt werden. Außerdem möchte der Konzern bis 2030 mindestens 40 % Elektroanteil in der Neuwagenflotte, sowohl in Europa als auch China, erreichen.[139]

Ausschnitt aus dem Nachhaltigkeitsbericht 2020 der Volkswagen AG, Seite 4:

„Auf dem Weg zur klimaneutralen Mobilität suchen wir den Schulterschluss mit Gesellschaft und Politik. Wir glauben, dass eine Reduzierung der CO_2-Emissionen im Rahmen des EU Green Deals von mindestens 55 % bis 2030 verglichen mit 1990 erreichbar ist, wenn entsprechende Maßnahmen über alle Branchen hinweg und gemeinsam implementiert werden. Als Mitglied der europaweiten CEO-Alliance arbeiten wir daher an der branchenübergreifenden Dekarbonisierung der Wirtschaft. Volkswagen sieht sich als Teil der Lösung, nicht des Problems."

Ausschnitt aus dem Nachhaltigkeitsbericht 2020, „UMWELTENTLASTUNG PRODUKTION (UEP)", Seite 43:

„Auf unserem Weg zur Zielerreichung hinsichtlich des Ressourcenverbrauchs in der Fertigung haben wir im Konzern in den letzten Jahren bedeutende Fortschritte gemacht. Bis 2025 planen wir die produktionsbezogenen Umweltexternalitäten (CO_2, Energie, Wasser, Abfall, flüchtige organische Verbindungen) im Vergleich zu 2010 um 45 % pro Fahrzeug reduziert zu haben. Die folgenden Werte zeigen die Entwicklung dieser Indikatoren von 2010 bis 2020 (Datenstand 11 + 1 Monate).

- UEP: –32,8 % (2019: –36,7 %)

Die folgenden fünf Indikatoren bilden den KPI UEP:

- Spezifischer Energiebedarf in MWh/Fhz: –13,1 % (2019: –20,4 %)
- Spezifische CO_2-Emissionen in kg/Fhz: –35,5 % (2019: –39,5 %)
- Spezifische VOC-Emissionen in kg/Fhz: –61,5 % (2019: –59,4 %)
- Spezifischer Wasserverbrauch in m^3/Fhz: –17,7 % (2019: –21,6 %)
- Spezifischer Abfall zur Beseitigung (nur produktionsspezifische Mengen) in t/Fhz: –57,5 % (2019: –59,5 %)"

10.7 Der ESRS-Nachhaltigkeitsbericht

Mit den European Sustainabilty Reporting Standards (ESRS) werden die Berichtspflichten in Bezug auf den Geltungsbereich und den Inhalten gegenüber den bisherigen Regelungen des § 289b ff. HGB konkretisiert und erheblich ausgeweitet. Die vorliegenden Standardentwürfe sind in vier Themengruppen untergliedert:[140] [141]

---

[139] Volkswagen AG: Nachhaltigkeitsbericht 2020, 2021, S. 41.

[140] Krakuhn et al.: Neue Wege in der Nachhaltigkeitsberichterstattung von Finanzinstituten, IRZ, Heft 3, 2023, S. 129 f.

[141] ESRS – European Sustainability Reporting Standards, abgerufen am 27.07.2023 von https://dfge.de/esrs-european-sustainability-reporting-standards/

10.7.1 Allgemeine Informationen und bereichsübergreifende Standards

Die ersten beiden **ESRS Exposure Drafts ESRS 1** und **ESRS 2** beschreiben die übergreifenden Standards der zukünftigen Nachhaltigkeitsberichterstattung. Unternehmen sollen gemäß ESRS 1 beispielsweise die doppelte Wesentlichkeit oder Vorgaben zum Einbezug der gesamten Wertschöpfungskette in die Berichterstattung berücksichtigen. ESRS 2 beinhaltet die Berichtsbereiche „Strategie und Geschäftsmodell in Bezug auf die Nachhaltigkeit" sowie „Unternehmensführung und Organisation in Bezug auf die Nachhaltigkeit".

10.7.2 Umwelt

Die fünf **ESRS Exposure Drafts ESRS E1** bis **ESRS E5** beinhalten neue Reporting-Standards zu Umweltfaktoren für die Themen:

- Klimawandel,
- Umweltverschmutzung,
- Wasser und Meeresressourcen,
- Biodiversität und Ökosysteme, sowie
- Ressourcennutzung und Kreislaufwirtschaft.

Dabei orientieren sie sich an den Umweltzielen der EU-Taxonomie-Verordnung.

10.7.3 Soziales

Der Abschnitt Soziales beinhaltet die vier **ESRS Exposure Drafts ESRS S1** bis **ESRS S4** und bezieht sich auf Themen der Bereiche:

- Mitarbeitende (eigene Belegschaft),
- Beschäftigte in der Wertschöpfungskette,
- betroffene Gemeinschaften bzw. Bevölkerungsgruppen sowie
- Konsumenten und Endnutzer.

10.7.4 Governance

Der Bereich Governance wird durch die beiden **Exposure Drafts ESRS G1** und **ESRS G2** berücksichtigt. Dieser Teil bezieht sich auf allgemeine Governance, Risikomanagement und interne Kontrolle sowie die Unternehmensführung.

Die folgende Abbildung gibt einen Überblick über die ESRS Exposure Drafts:

bereichsübergreifende Standards	Umwelt	Soziales	Governance
ESRS 1: • allgemeine Bestimmungen **ESRS 2:** • Allgemeines, • Strategie, • Unternehmensführung und Wesentlichkeitsbeurteilungen	**ESRS E1:** • Klimawandel **ESRS E2:** • Umweltverschmutzung **ESRS E3:** • Wasser- und Meeresressourcen **ESRS E4:**	**ESRS S1:** • eigene Belegschaft **ESRS S2:** • Beschäftigte in der Wertschöpfungskette **ESRS S3:** • betroffene Gemeinschaften	**ESRS G1:** • Governance, Risikomanagement und interne Kontrollen **ESRS G2:** • Arbeitnehmer in der Wertschöpfungskette

bereichsübergreifende Standards	Umwelt	Soziales	Governance
	• Biodiversität und Ökosysteme **ESRS E5:** • Ressourcennutzung und Kreislaufwirtschaft	**ESRS S4:** • Verbraucher und Endnutzer	

Nachdem aus den Expore Drafts neue ESRS-Standards dieser vier Kategorien entstanden sind, müssen diese nach erfolgter Umsetzung in nationales Recht in der Nachhaltigkeitsberichterstattung berücksichtigt und umgesetzt werden.

Ab Januar 2025 sollen die ersten Berichte veröffentlicht werden, in denen die definierten einheitlichen Vorgaben zur Nachhaltigkeitsberichterstattung angewendet werden. Ferner wird erwartet, dass die Nachhaltigkeitsberichterstattung auch in Zukunft noch weiter ausgebaut wird.

Eigene Notizen

Schritt 11: Kapitalflussrechnung

Lernziele

In diesem Kapitel werden Sie den Aufbau, den Inhalt und die wesentlichen Posten der Kapitalflussrechnung kennenlernen. Sie werden die Dreiteilung der Kapitalflussrechnung in laufende Geschäftstätigkeiten sowie Investitions- und Finanzierungstätigkeiten unterscheiden können.

11.1 Einführung

Die Kapitalflussrechnung wird häufig als **dritte Jahresabschlussrechnung** bezeichnet, da in ihr eine sinnvolle Ergänzung zur Bilanz und zur Gewinn- und Verlustrechnung gesehen wird. Es handelt sich um eine Bewegungsrechnung, die die wichtigsten Investitions- und Finanzierungsvorgänge während des Geschäftsjahres darstellt. Sie verbessert den Einblick in die Vermögens- und Finanzstruktur eines Unternehmens, insbesondere bezüglich. der Liquidität und Solvenz. Ferner werden bilanzpolitische Einflüsse eliminiert. Dies führt zu einer verbesserten Darstellung der Ertragskraft eines Unternehmens.

Die Kapitalflussrechnung ermöglicht eine detaillierte Darstellung und Analyse von Mittelherkunft und Mittelverwendung. Es werden die Posten zweier aufeinanderfolgender Bilanzen gegenübergestellt und die sich hierbei ergebenden Differenzen je Posten in einer Veränderungsbilanz erfasst.

Sie stellt die Herkunft und die Verwendung der Finanzmittel eines Unternehmens dar. Ergänzend zum Jahresabschluss stellt die Kapitalflussrechnung eine liquiditätsbezogene Zeitraumrechnung, die nicht Bestände an Vermögen und Kapital, sondern Bestandsveränderungen bzw. die zugrunde liegenden Bewegungen ausweist. Im Gegensatz zur GuV erfasst die Kapitalflussrechnung auch die erfolgsunwirksamen Bewegungen und bildet somit einen Teilbereich des liquiditätsorientierten Rechnungswesens ab. Sie soll einen Einblick in die Finanzlage eines Unternehmens gewähren, indem Investitions- und Finanzierungsvorgänge und ihr Einfluss auf die Liquidität dargestellt werden.[142] Die folgende Abbildung zeigt die Abgrenzung der Kapitalflussrechnung zur Bilanz und GuV.

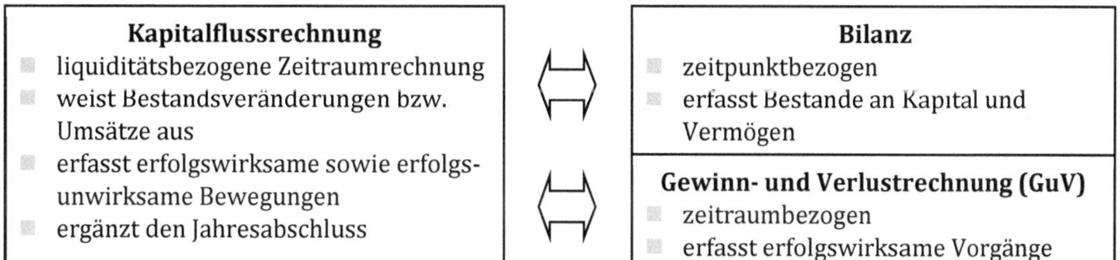

Abb. 11.1: Kapitalflussrechnung – Abgrenzung zur Bilanz und GuV

Die Kapitalflussrechnung ist zwingender Bestandteil des Konzernabschlusses von Kapitalgesellschaften gemäß § 297 Abs. 1 HGB und beim Einzelabschluss kapitalmarktorientierter Kapital-

[142] Vgl. Perridon, L.; Steiner, M. & Rathgeber, A.: Finanzwirtschaft der Unternehmung, 2022, S. 710.

gesellschaften, die nicht zur Aufstellung eines Konzernabschlusses verpflichtet sind, gemäß § 264 Abs. 1 Satz 2 HGB.

Unternehmen, die nach HGB verpflichtet sind, eine Kapitalflussrechnung durchzuführen, müssen sich an den *Deutschen Rechnungslegungsstandard Nr. 21* (DRS 21) halten. Dieser Rechnungslegungsstandard wurde im April 2014 veröffentlicht und gibt wichtige Grundsätze zur Erstellung einer Kapitalflussrechnung vor[143].

Die Kapitalflussrechnung steht in enger Verbindung mit der Bilanz und der GuV eines Unternehmens. Die folgende Abbildung veranschaulicht, wie sie zusammen ein „integrales Ganzes" bilden. Die Kapitalflussrechnung ist mit der Aktivseite der Bilanz verknüpft, während die GuV die Passivseite der Bilanz beeinflusst.[144]

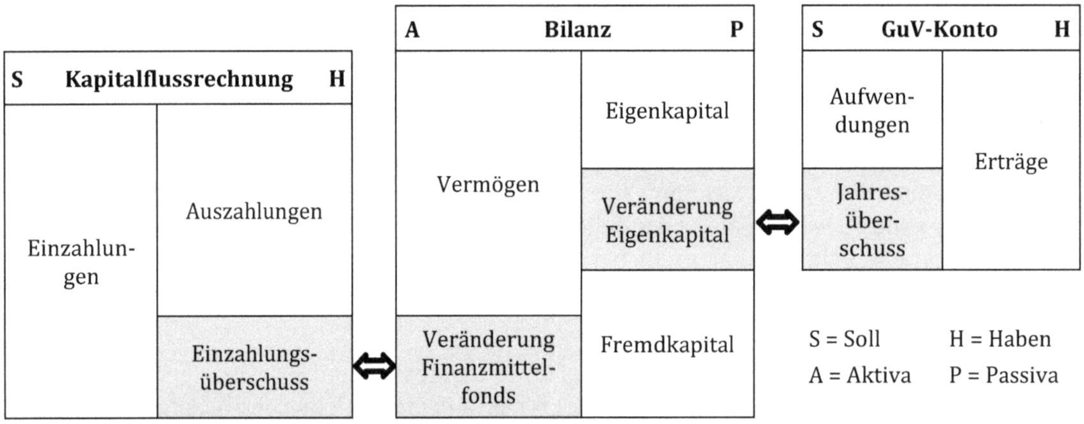

Abb. 11.2: Verknüpfung von Kapitalflussrechnung, Bilanz und GUV[145]

Ein Einzahlungsüberschuss wirkt sich zum Bilanzstichtag in der Bilanz auf der Aktivseite als Erhöhung des Finanzmittelfonds aus. Dagegen führt ein Auszahlungsüberschuss zu einer Minderung des Finanzmittelfonds.

11.2 Beständedifferenzen-, Veränderungs- und Bewegungsbilanz

Eine Beständedifferenzenbilanz ergibt sich aus der Saldierung von Beständen zweier aufeinanderfolgender Bilanzen. Die Gliederung der Stichtagsbilanzen wird für die Bewegungsbilanz beibehalten. Bestandsmehrungen werden mit positivem und Bestandsminderungen mit negativem Vorzeichen dargestellt. Sie ist der erste Schritt für die Erstellung einer derivativen Kapitalflussrechnung. Jedoch ist ihre Aussagekraft sehr begrenzt, da das Aufzeigen der Bestandsveränderungen keinen weiteren Informationsgehalt gegenüber dem Jahresabschluss enthält.

Bei einer Bewegungsbilanz handelt es sich um eine bestimmte Erscheinungsform der Kapitalflussrechnung. Sie zeigt die Veränderung der Bestandskonten zwischen zwei Bilanzstichtagen; d. h. als Ausgangspunkt dienen die Bilanzen am Anfang und am Ende eines Geschäftsjahres. Aus beiden Bilanzen wird die Differenz der einzelnen Bilanzposten gebildet. Dadurch erhält man die sogenannte Beständedifferenzenbilanz:

143 Deutsches Rechnungslegungs Standards Committee e.V.: DRS 21 – Kapitalflussrechnung, 2014.

144 Alter, R.: Cashflow-Management, 2016, S. 24.

145 ebd., S. 25.

Veränderungen Aktivposten	Veränderungen Passivposten
Erhöhung der Aktivposten (+)	Erhöhung der Passivposten (+)
Minderung der Aktivposten (-)	Minderung der Passivposten (-)

Abb. 11.3: Grundaufbau der Beständedifferenzenbilanz

11.3 Die Bewegungsbilanz als Sonderform der Kapitalflussrechnung

Wenn man die Beständedifferenzenbilanz umstellt, erhält man die Bewegungsbilanz. Sie zeigt, aus welchen Quellen des Unternehmens Mittel zugeflossen sind (Mittelherkunft) und wofür diese verwendet wurden (Mittelverwendung). Die Bewegungsbilanz kann sowohl in Kontenform als auch in Staffelform dargestellt werden. Ist letzteres der Fall, spricht man von einer Kapitalflussrechnung.

11.3.1 Darstellung in Kontenform

Der folgende Grundaufbau ergibt sich bei einer Darstellung der Bewegungsbilanz in Kontenform:

Bewegungsbilanz

Mittelverwendung	Mittelherkunft
Erhöhung der Aktivposten (+) • Erhöhung Anlagevermögen • Erhöhung Umlaufvermögen = **Investition**	Erhöhung der Passivposten (+) • Eigenkapitalmehrungen • Fremdkapitalmehrungen = **Finanzierung**
Minderung der Passivposten (-) • Eigenkapitalminderungen • Fremdkapitalminderungen = **Definanzierung**	Minderung von Aktivposten (-) • Minderung Anlagevermögen • Minderung Umlaufvermögen = **Desinvestition**
Wohin sind Mittel geflossen?	**Woher stammen die Mittel?**

Abb. 11.4: Grundaufbau der Bewegungsbilanz

Die Mittelherkunft setzt sich aus der Zunahme der Passiva und der Abnahme von Aktiva zusammen. Eine Zunahme der Passiva kann durch Erhöhung von Schulden erfolgen, d. h. z. B. Aufnahme von Fremdkapital, oder durch Zuführung von Eigenkapital. Eine Minderung der Aktiva kann erfolgen durch die Veräußerung von Anlagen oder Beteiligungen, Abschreibungen, Reduzierung der Vorräte, Forderungen und Kasse. Die Abschreibung der Produktionsanlage verringert den Wert der Produktionsanlage und führt zu einer Freisetzung finanzieller Mittel. Auch die Verringerung der Bestände an Fertigerzeugnissen erhöht die verfügbaren finanziellen Mittel.

Die Mittelverwendung wird aus der Abnahme von Passiva und der Zunahme von Aktiva abgebildet. Eine Minderung der Passiva resultiert aus der Verringerung der Verbindlichkeiten, z. B. durch die Tilgung eines Kredits oder einer Gewinnausschüttung bzw. einer Kapitalentnahme. Die Zunahme von Aktiva ergibt sich durch Investitionen in das Anlagevermögen (z. B. den Kauf einer Produktionsanlage) oder in Vorräte bzw. Erhöhung der Forderungen aLuL.

Beispiel: Bewegungsbilanz

Aktiva		**Bilanz 01**	Passiva
Anlagevermögen		Eigenkapital	160
Sachanlagevermögen	100	langfristiges Fremdkapital	
Finanzanlagen	40	langfristige Kredite	80
Umlaufvermögen	160	Pensionsrückstellungen	20
		kurzfristiges Fremdkapital	40
	300		300

Aktiva		**Bilanz 02**	Passiva
Anlagevermögen		Eigenkapital	170
Sachanlagevermögen	160	langfristiges Fremdkapital	
Finanzanlagen	50	langfristige Kredite	125
Umlaufvermögen	140	Pensionsrückstellungen	28
		kurzfristiges Fremdkapital	27
	350		350

Aktiva		**Beständedifferenzenbilanz**	Passiva
Anlagevermögen		Eigenkapital	10
Sachanlagevermögen	60	langfristiges Fremdkapital	
Finanzanlagen	10	langfristige Kredite	45
Umlaufvermögen	-20	Pensionsrückstellungen	8
		kurzfristiges Fremdkapital	-13
	50		50

Die Veränderungsbilanz ergibt sich aus der Umgliederung der Beständedifferenzenbilanz. Aktiva-Zunahmen und Passiva-Abnahmen werden auf der linken Seite der Bilanz; Aktiva-Abnahmen und Passiva-Zunahmen auf die rechte Seite der Bilanz gebracht.

Mittelverwendung		**Veränderungsbilanz** (Bewegungsbilanz)	Mittelherkunft
Aktivzunahmen (+)		Aktivabnahmen (-)	
Sachanlagen	60	Umlaufvermögen	20
Finanzanlagen	10	Passivzunahmen (+)	
Passivabnahmen (-)		Eigenkapital	10
kurzfristiges Fremdkapital	13	langfristige Kredite	45
		Pensionsrückstellungen	8
	83		83

Die Bewegungsbilanz ist eine zeitraumbezogene Rechnung. Durch die nicht mehr statische, sondern dynamische Interpretation der Veränderungen wird hier ein Übergang zur stromgrößenorientierten Finanzierungsrechnung gebildet.

11.3.2 Kritikpunkte bei der Bewegungsbilanz

Das Problem der Bewegungsbilanz besteht darin, dass aufgrund von Informationsmängeln, welche buchhaltungstechnisch bedingt sind, keine Trennung von liquiditätswirksamen und liquiditätsunwirksamen Bewegungen möglich ist.

Bei der Bewegungsbilanz handelt es sich lediglich um eine Rechnung, die aus zwei Stichtagsbilanzen abgeleitet wird, die jedoch keine Informationen über die eigentliche Finanzlage eines Unternehmens liefert. Daher sind Bewegungsbilanzen nicht gut als Finanzierungsrechnungen geeignet. Die alleinige Aussage der Bewegungsbilanz ist, dass Veränderungen von Bilanzposten dargestellt werden. Bewegungsbilanzen sind deshalb nur als Vorstufe zur aufschlussreicheren Kapitalflussrechnung anzusehen.[146] Die Informationen aus der Bewegungsbilanz können mithilfe der Kapitalflussrechnung genauer analysiert werden.

11.4 Grundlagen der Kapitalflussrechnung

Die Kapitalflussrechnung stellt die Quelle, aus denen der Finanzmittelfonds gespeist wurde, und die Verwendung der Finanzmittel in den unterschiedlichen Bereichen des Unternehmens bzw. des Konzerns dar.

Sie verfolgt das Ziel, Transparenz über den Zahlungsmittelstrom eines Unternehmens herzustellen. Sie ist eine **liquiditätsbezogene Zeitraumrechnung** und stellt alle in einer Periode angefallenen, **Ein- und Auszahlungen** gegenüber. Die Kapitalflussrechnung wird in eine **Ursachen-** und eine **Fondsveränderungsrechnung** untergliedert. Die folgende Abbildung zeigt die Bestandteile der Kapitalflussrechnung:

Ursachenrechnung	Cashflow aus laufender Geschäftstätigkeit (a)
	Cashflow aus Investitionstätigkeit (b)
	Cashflow aus Finanzierungstätigkeit (c)
Fondsveränderungsrechnung	Anfangsbestand an Zahlungsmitteln und Zahlungsmitteläquivalenten[147]
	Veränderung der Zahlungsmittel (a + b + c)
	Endbestand an Zahlungsmitteln und Zahlungsmitteläquivalenten

Abb. 11.5: Bestandteile der Kapitalflussrechnung

11.4.1 Ursachenrechnung

Die drei Teilbereiche der Ursachenrechnung setzen sich aus der laufenden Geschäftstätigkeit, Investitionstätigkeit und Finanzierungstätigkeit zusammen. Die Sachverhalte bezüglich der Zu-

[146] Küting, K. & Weber, C.-P.: Bilanzanalyse, 2012, S. 186 f.

[147] Zahlungsmitteläquivalente dürfen in den Finanzmittelfonds nur einbezogen werden, wenn ihre Gesamtlaufzeit nicht mehr als drei Monate beträgt.

ordnung der Zahlungsströme sind im DRS 21 geregelt. Jedoch gibt es auch Geschäftsvorfälle, bei denen sich die Ein- und Auszahlungen nicht überschneidungsfrei einem der drei Tätigkeitsbereiche der Ursachenrechnung zuordnen lassen. Die Unternehmen haben dann die Möglichkeit, sie sachgemäß nach ihrem Verständnis aufzuteilen. Die Aufgabe der Ursachenrechnung ist es die Quellen zu visualisieren, aus denen der Finanzmittelfond gespeist wird. Zudem wird die Herkunft und Verwendung der Finanzmittel in den unterschiedlichen Tätigkeitsbereichen aufgezeigt. Hinsichtlich der Datendarstellung kann zwischen der Brutto- und Nettomethode unterschieden werden. Bei der **direkten** bzw. **Bruttomethode** ergibt sich der Cashflow aus der Differenz aller zahlungswirksamen Erträge (Bruttoeinzahlungen) und aller zahlungswirksamen Aufwendungen (Bruttoauszahlungen). Die **indirekte** bzw. **Nettomethode** ist nur zur Berechnung des Cashflows aus der laufenden Geschäftstätigkeit erlaubt. Bei der indirekten Methode werden vom Periodenergebnis (Jahresüberschuss oder -fehlbetrag) alle nicht zahlungswirksamen Erträge subtrahiert, während alle nicht zahlungswirksamen Aufwendungen addiert werden. In der Praxis wird die indirekte Methode häufiger verwendet, obwohl die direkte Methode eine genauere Aufstellung der Zahlungsströme liefert und somit aussagekräftiger ist.[148]

11.4.2 Fondsveränderungsrechnung

Der zweite Bestandteil der Kapitalflussrechnung ist die Fondsveränderungsrechnung. Unter einem Fonds verschmelzen bestimmte Bilanzposten zu einer buchhalterischen Einheit. Der Finanzmittelfond soll über das Liquiditätspotenzial eines Unternehmens Aufschluss geben und setzt sich aus Zahlungsmitteln und Zahlungsmitteläquivalenten zusammen. Die Zahlungsmittel umfassen die Barmittel und die täglich fälligen Sichteinlagen. Zu den Zahlungsmitteläquivalenten gehören kurzfristige, besonders liquide Finanzmittel, die zu jedem Zeitpunkt in Zahlungsmittel umgewandelt werden können und geringen Wertschwankungsrisiken ausgesetzt sind. Die Restlaufzeit zum Zeitpunkt des Erwerbs sollte dabei drei Monate nicht überschreiten, um in den Fonds einbezogen zu werden. Die Summe der Cashflows aus den Teilbereichen der Ursachenrechnung entspricht der Gesamtveränderung des Finanzmittelfonds. Dieser ist um wechselkurs-, konsolidierungskreis- und bewertungsbedingte Änderungen noch zu korrigieren und anschließend mit dem Anfangsbestand des Finanzmittelfonds zu addieren. Unter Konsolidierungskreis versteht man die in den Konzernabschluss einzubeziehenden Unternehmungen. Als Ergebnis der Fondsveränderungsrechnung erhält man den Endbestand der Finanzmittel wie aus der folgenden Abbildung ersichtlich ist.[149]

	Zahlungswirksame Veränderungen des Finanzmittelfonds
+/-	Wechselkurs-, und bewertungsbedingte Änderungen des Finanzmittelfonds
+/-	Konsolidierungskreisbedingte Änderungen des Finanzmittelfonds
+	Finanzmittelfonds am Anfang der Periode
=	**Finanzmittelfonds am Ende der Periode**

Abb. 11.6: Gliederung der Fondsveränderungsrechnung[150]

11.4.3 Cashflow aus der laufenden Geschäftstätigkeit

Der **Cashflow aus der laufenden Geschäftstätigkeit** umfasst nach DRS 21.9 die Aktivitäten in Verbindung mit wesentlichen, auf Erlöserzielung ausgerichteten Tätigkeiten sowie sonstige

148 Vgl. Eiselt, A. & Müller, S.: Kapitalflussrechnung nach IFRS und DRS 21, 2014, S. 31 ff.

149 Vgl. ebd., S. 34 f. und S. 50.

150 Vgl. ebd., S. 50.

Aktivitäten, die nicht unmittelbar der Investitions- oder Finanzierungstätigkeit zuzuordnen sind.

Darunter fallen in der Regel Geschäftsvorfälle, die das Periodenergebnis als Ertrag oder Aufwand beeinflussen. Diese Zahlungsvorgänge treten üblicherweise im Zusammenhang mit der Erlöserzielung auf z. B. im Produktions-, Verkaufs- und Dienstleistungsbereich. In diesen Teilbereich der Ursachenrechnung fallen zudem die Ein- und Auszahlungen aus Ertragssteuern. Cashflows aus Sicherungsgeschäften, z. B. bei Zahlungen für die Absicherung von Umsatzeinzahlungen, können dem Cashflow aus laufender Geschäftstätigkeit zugeordnet werden. Die folgende Abbildung zeigt den Cashflow aus der laufenden Geschäftstätigkeit nach der direkten Methode gemäß DRS 21.39.[151]

	Einzahlungen von Kunden für den Verkauf von Erzeugnissen, Waren und Dienstleistungen
-	Auszahlungen an Lieferanten und Beschäftigte
+	sonstige Einzahlungen, die nicht der Investitions- und Finanzierungstätigkeit zuzuordnen sind
-	sonstige Auszahlungen, die nicht der Investitions- und Finanzierungstätigkeit zuzuordnen sind
+	Einzahlungen aus außerordentlichen Posten
-	Auszahlungen für außerordentliche Posten
+/-	Ertragssteuerzahlungen
=	**Cashflow aus der laufenden Geschäftstätigkeit**

Abb. 11.7: Ermittlung des Cashflows aus laufender Geschäftstätigkeit

11.4.4 Cashflow aus der Investitionstätigkeit

Zum Cashflow aus der Investitionstätigkeit gehören die Aktivitäten, die mit den Zu- und Abgängen von Vermögensgegenständen des Anlagevermögens in Verbindung stehen. Dazu gehören der Kauf und Verkauf von langfristigen Vermögensgegenständen sowie die sonstigen Finanzinvestitionen, die nicht zu den Zahlungsmitteläquivalenten zählen. Des Weiteren sind Zahlungsströme im Zusammenhang mit der Veränderung des Konsolidierungskreises sowie erhaltene Zinsen und Dividenden zu berücksichtigen.[152] Die folgende Tabelle zeigt die Mindestgliederung des Cashflows nach der direkten Methode aus der Investitionstätigkeit gemäß DRS 21.46.

	Einzahlungen aus Abgängen von Gegenständen des immateriellen Anlagevermögens
-	Auszahlungen für Investitionen in das immaterielle Anlagevermögen
+	Einzahlungen aus Abgängen von Gegenständen des Sachanlagevermögens
-	Auszahlungen für Investitionen in das Sachanlagevermögen
+	Einzahlungen aus Abgängen von Gegenständen des Finanzanlagevermögens
-	Auszahlungen für Investitionen in das Finanzanlagevermögen
+	Einzahlungen aus Abgängen aus dem Konsolidierungskreis
-	Auszahlungen für Zugänge zum Konsolidierungskreis
+	Einzahlungen aufgrund von Finanzmittelanlagen im Rahmen der kurzfr. Finanzdisposition
-	Auszahlungen aufgrund von Finanzmittelanlagen im Rahmen der kurzfr. Finanzdisposition
+	Einzahlungen aus außerordentlichen Posten

[151] Vgl. Eiselt, A. & Müller, S.: Kapitalflussrechnung nach IFRS und DRS 21, 2014, S. 37 ff.

[152] Vgl. ebd., S. 44 ff.

- Auszahlungen aus außerordentlichen Posten
+ erhaltene Zinsen
- erhaltene Dividenden
= **Cashflow aus der Investitionstätigkeit**

Abb. 11.8: Cashflow aus Investitionstätigkeit

11.4.5 Cashflow aus der Finanzierungstätigkeit

Der Cashflow aus der Finanzierungstätigkeit umfasst alle Aktivitäten, die eine Auswirkung auf die Höhe und/oder Zusammensetzung der Eigenkapitalposten und/oder der Finanzschulden haben. Beispielsweise gehören Einzahlungen aus der Ausgabe von Anteilen oder aus der Aufnahme von Darlehen ebenso wie Auszahlungen zum Erwerb von Aktien oder für die Tilgung von Darlehen zum Finanzierungsbereich. Zudem sind die gezahlten Zinsen und Dividenden zu erfassen.[153]

  Einzahlungen aus Eigenkapitalzuführungen von Gesellschaftern des Mutterunternehmens
- Einzahlungen aus Eigenkapitalzuführungen von anderen Gesellschaftern
- Auszahlungen aus Eigenkapitalherabsetzungen an Gesellschafter des Mutterunternehmens
- Auszahlungen aus Eigenkapitalherabsetzungen an andere Gesellschafter
+ Einzahlungen aus der Begebung von Anleihen und der Aufnahme von (Finanz-)Krediten
- Auszahlungen aus der Tilgung von Anleihen und (Finanz-) Krediten
+ Einzahlungen aus erhaltenen Zuschüssen/Zuwendungen
+ Einzahlungen aus außerordentlichen Posten
- Auszahlungen aus außerordentlichen Posten
- gezahlte Zinsen
- gezahlte Dividenden an Gesellschafter des Mutterunternehmens
- gezahlte Dividenden an andere Gesellschafter
= **Cashflow aus der Finanzierungstätigkeit**

Abb. 11.9: Cashflow aus Finanzierungstätigkeit

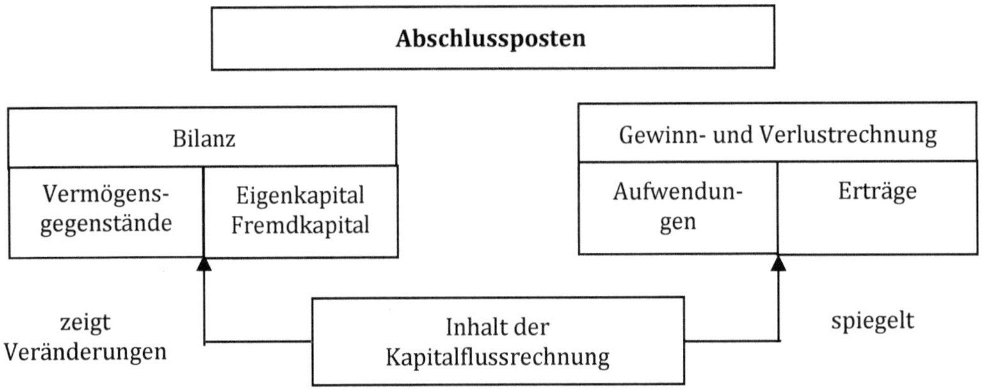

Abb. 11.10: Inhalt der Kapitalflussrechnung

153 Vgl. Eiselt, A. & Müller, S.: Kapitalflussrechnung nach IFRS und DRS 21, 2014, S. 48 ff.

Die Kapitalflussrechnung verfolgt das Ziel, Transparenz über den Zahlungsmittelstrom eines Unternehmens herzustellen.

Die Kapitalflussrechnung zeigt, ob ein Unternehmen in der Lage ist:

- künftig finanzielle Überschüsse zu erwirtschaften,
- seine Zahlungsverpflichtungen zu erfüllen, und
- Ausschüttungen an die Anteilseigner zu leisten.

11.5 Aufbau der Kapitalflussrechnung

Die Kapitalflussrechnung ist in Staffelform aufzustellen, unter Beachtung der durch den Standard DRS 21 vorgegebenen Mindestgliederungen. Sie ist in direkter oder indirekter Form aufzustellen, wobei meist die indirekte Methode angewandt wird.

Gemäß den Empfehlungen des Deutschen Rechnungslegungs Standards Commitee e. V. Standardisierungsrats (DRSC) ist die indirekte Kapitalflussrechnung gemäß DRS 21 wie folgt aufgebaut.[154]

1.		Periodenergebnis (Konzernjahresüberschuss/-fehlbetrag einschließlich Ergebnisanteilen anderer Gesellschafter)
2.	+/-	Abschreibungen/Zuschreibungen auf Gegenstände des Anlagevermögens
3.	+/-	Zunahme/Abnahme der Rückstellungen
4.	+/-	sonstige zahlungsunwirksame Aufwendungen/Erträge
5.	-/+	Zunahme/Abnahme der Vorräte, der Forderungen aus Lieferungen und Leistungen sowie anderer Aktiva, die nicht der Investitions- oder Finanzierungstätigkeit zuzuordnen sind
6.	+/-	Zunahme/Abnahme der Verbindlichkeiten aus Lieferungen und Leistungen sowie anderer Passiva, die nicht der Investitions- oder Finanzierungstätigkeit zuzuordnen sind
7.	-/+	Gewinn/Verlust aus Abgang von Gegenständen des Anlagevermögens
8.	+/-	Zinsaufwendungen/Zinserträge
9.	-	sonstige Beteiligungserträge
10.	+/-	Aufwendungen/Erträge aus außerordentlichen Posten
11.	+/-	Ertragssteueraufwand/-ertrag
12.	+	Einzahlungen aus außerordentlichen Posten
13.	-	Auszahlungen aus außerordentlichen Posten
14.	-/+	Ertragsteuerzahlungen
15.	**=**	**Cashflow aus laufender Geschäftstätigkeit (Summe aus 1 bis 14)**
16.	+	Einzahlungen aus Abgängen von Gegenständen des immateriellen Anlagevermögens
17.	-	Auszahlungen für Investitionen in das immaterielle Anlagevermögen

[154] www.bundesanzeiger.de: veröffentlicht am 8. April 2014, BAnz AT 08.04.2014 B2.

18.	+	Einzahlungen aus Abgängen von Gegenständen des Sachanlagevermögens
19.	-	Auszahlungen für Investitionen in das Sachanlagevermögen
20.	+	Einzahlungen aus Abgängen von Gegenständen des Finanzanlagevermögens
21.	-	Auszahlungen für Investitionen in das Finanzanlagevermögen
22.	+	Einzahlungen aus dem Abgang aus dem Konsolidierungskreis
23.	-	Auszahlungen für Zugänge zum Konsolidierungskreis
24.	+	Einzahlungen aufgrund von Finanzmittelanlagen im Rahmen der kurzfristigen Finanzdisposition
25.	-	Auszahlungen aufgrund von Finanzmittelanlagen im Rahmen der kurzfristigen Finanzdisposition
26.	+	Einzahlungen aus außerordentlichen Posten
27.	-	Auszahlungen aus außerordentlichen Posten
28.	+	erhaltene Zinsen
29.	+	erhaltene Dividenden
30.	**=**	**Cashflow aus der Investitionstätigkeit (Summe aus 16 bis 29)**
31.	+	Einzahlungen aus Eigenkapitalzuführungen von Gesellschaftern des Mutterunternehmens
32.	+	Einzahlungen aus Eigenkapitalzuführungen von anderen Gesellschaftern
33.	-	Auszahlungen aus Eigenkapitalherabsetzungen an Gesellschafter des Mutterunternehmens
34.	-	Auszahlungen aus Eigenkapitalherabsetzungen an andere Gesellschafter
35.	+	Einzahlung aus der Begebung von Anleihen und aus der Aufnahme von (Finanz-) Krediten
36.	-	Auszahlungen aus der Tilgung von Anleihen und (Finanz-)Krediten
37.	+	Einzahlungen aus erhaltenen Zuschüssen/Zuwendungen
38.	+	Einzahlungen aus außerordentlichen Posten
39.	-	Auszahlungen aus außerordentlichen Posten
40.	-	gezahlte Zinsen
41.	-	gezahlte Dividenden an Gesellschafter des Mutterunternehmens
42.	-	gezahlte Dividenden an andere Gesellschafter
43.	**=**	**Cashflow aus der Finanzierungstätigkeit (Summe aus 31 bis 42)**
44.		zahlungswirksame Veränderungen des Finanzmittelfonds (Summe aus 15, 30, 43)
45.	+/-	wechselkurs- und bewertungsbedingte Änderungen des Finanzmittelfonds
46.	+/-	Konsolidierungskreisbedingte Änderungen des Finanzmittelfonds
47.	+	Finanzmittelfonds am Anfang der Periode
48.	**=**	**Finanzmittelbestand am Ende der Periode (Summe aus 44 bis 47)**

Abb. 11.11: Aufbau der Kapitalflussrechnung gemäß DRS 21 nach der indirekten Methode

Die **Kapitalflussrechnung ist eine Zeitraumrechnung**, bei der Bestandsveränderungen und die ihnen zugrunde liegenden Finanzmittelbewegungen ausgewiesen werden.

Merke
Die Kapitalflussrechnung informiert über die Herkunft und die Verwendung der finanziellen Mittel eines Unternehmens.

11.6 Aussagegehalt der Kapitalflussrechnung

In der Praxis findet die Kapitalflussrechnung immer mehr Zuspruch. Sowohl intern im Finanzwesen als auch für externe Analysten dient die Kapitalflussrechnung als wesentliche Entscheidungshilfe. Sie liefert darüber hinaus wichtige Informationen, um die Liquiditätssituation eines Unternehmens besser einschätzen zu können.

Im Allgemeinen hat die Kapitalflussrechnung eine Steuerungs-, Dokumentations- und Kontrollfunktion. Sie zeigt, ob die Finanzierung der Investitionen aus dem Umsatzprozess heraus erfolgte, sprich aus der laufenden Geschäftstätigkeit[155].

Ebenso ist zu berücksichtigen, dass die Kapitalflussrechnung sowohl als Vergangenheitsrechnung als auch als Planungsrechnung verwendet werden kann. Hierbei spricht man dann von der retrospektiven oder von der prospektiven Kapitalflussrechnung. Wird sie als vergangenheitsorientierte Rechnung verwendet, gibt sie Informationen über Liquiditätsänderungen und die jeweiligen Ursachen. Dabei gilt als Informationsbasis der vorliegende Jahresabschluss. Als Planungsrechnung kann man hingegen untersuchen, ob sich, bei den vorhandenen Teilplänen, die Liquidität im Budgetjahr verbessert oder verschlechtert hat und wo mögliche Ursachen dieser Veränderungen liegen. Hierbei dienen als Informationsbasis eine Planbilanz bzw. Plan-Gewinn- und -Verlustrechnung.

Weiterhin ist festzuhalten, dass die Kapitalflussrechnung vor allem dazu dient, einen besseren Einblick in den Jahresabschluss zu erhalten, da eine bessere Beurteilung der Finanz- und Kapitalsituation des Unternehmens möglich ist.[156]

Mithilfe der Kapitalflussrechnung kann die Zahlungsfähigkeit eines Unternehmens besser beurteilt werden, da sowohl Ein- und Auszahlungen als auch die Zahlungsströme innerhalb des Unternehmens analysiert werden.

Übungsaufgabe 11.1 und 11.2

Diese Aufgaben und die Lösungen finden Sie online.

---

155 http://www.rechnungswesen-info.de/kapitalflussrechnung.html.

156 http://www.wirtschaftslexikon24.com/d/kapitalflussrechnung/kapitalflussrechnung.htm.

Eigene Notizen

Schritt 12: Eigenkapitalspiegel

Lernziele

Sie werden die Eigenkapitalsituation und die Ergebnislage eines Unternehmens beurteilen können und wissen, wie ein Eigenkapitalspiegel aufgebaut ist.

12.1 Einführung

Ein Eigenkapitalspiegel ist zum einen für die Konzernabschlüsse (§ 297 Abs. 1 Satz 1 HGB) und zum anderen auch für die Einzelabschlüsse von kapitalmarktorientierten Kapitalgesellschaften (§ 264 Abs. 1 Satz 2 HGB) vorgeschrieben.

Sinn und Zweck des Eigenkapitalspiegels ist es, den Abschlussadressaten die detaillierten Begründungen für die Veränderung des Eigenkapitals eines Geschäftsjahres offenzulegen. Im Eigenkapitalspiegel wird gleichzeitig auch die Verwendung des Jahresüberschusses sichtbar, also die Einstellung in die Rücklagen bzw. die Ausschüttung.

Für Kapitalgesellschaften ist für die Rücklagenbestandteile jeweils ein gesonderter Nachweis ihrer Veränderungen während des Geschäftsjahres vorgeschrieben (§ 152 Abs. 2 und 3 AktG). Der Nachweis kann mit dem sogenannten Eigenkapitalspiegel erbracht werden. Der Eigenkapitalspiegel muss folgende gesetzliche Mindestanforderungen erfüllen:

Bilanzposten	Stand zu Beginn des GJ	Einstellungen in die Rücklagen			Entnahmen für das GJ	Stand zum Ende des GJ
		während des GJ	aus Bilanzgewinn des VJ	aus Jahresüberschuss		
A. Eigenkapital						
I. gezeichnetes Kapital						
II. Kapitalrücklage						
III. Gewinnrücklagen						
IV. Gewinn-/Verlustvortrag						
V. Jahresüberschuss/Jahresfehlbetrag						

Abb. 12.1: Aufbau eines Eigenkapitalspiegels

Beispiel: Entwicklung des Eigenkapitals bei der DEUTZ AG

(alle Angaben in Mio. €)	gez. Kapital	Kapital-rücklage	Gewinn-rück-lagen	Bilanz-gewinn/ -verlust	gesamt
Stand 1.1.2021	**309,0**	**26,8**	**270,1**	**-33,1**	**572,8**
Jahresüberschuss 2021				40,0	40,0
Entnahmen aus anderen Gewinnrücklagen			-11,3	11,3	
Stand 31.12.2021	**309,0**	**26,8**	**258,8**	**18,2**	**612,8**
Dividendenausschüttung an Gesellschafter				-18,1	-18,1
Jahresüberschuss 2022				73,8	73,8
Stand 31.12.2022	**309.0**	**26,8**	**258,8**	**73,9**	**668,5**

Abb. 12.2: Entwicklung des Eigenkapitals bei der Deutz AG[157]

Eigene Notizen

[157] DEUTZ AG: Jahresabschluss der DEUTZ AG 2022, 2023, S. 7.

Schritt 13: Prüfungs- und Offenlegungspflichten

Lernziele

Nach dem Studium dieses Kapitels werden Sie wissen, welche Anforderungen an die Offenlegung und Prüfung des Jahresabschlusses zu erfüllen sind.

13.1 Einführung

Einzelkaufleute und Personenhandelsgesellschaften (OHG, KG) sind grundsätzlich nicht verpflichtet, ihren Jahresabschluss (Bilanz und Gewinn- und Verlustrechnung) prüfen zu lassen und offenzulegen. Sie können jedoch durch das Publizitätsgesetz (PublG) zur Prüfung und Offenlegung des Jahresabschlusses verpflichtet sein, wenn, für drei aufeinanderfolgende Bilanzstichtage, mindestens zwei der nachstehenden Größenmerkmale zutreffen:

- Bilanzsumme: mehr als 65 Mio. €
- Umsatzerlöse: mehr als 130 Mio. €
- Arbeitnehmer: durchschnittlich mehr als 5.000 Arbeitnehmer

13.2 Kapitalgesellschaften und haftungsbeschränkte Personenhandelsgesellschaften

Kapitalgesellschaften und haftungsbeschränkte Personenhandelsgesellschaften (z. B. GmbH & Co KG) unterliegen nach HGB einer, entsprechend der Unternehmensgröße differenzierten, Publizitätspflicht.

Die Zuordnung zu den Größenklassen erfolgt, wenn an zwei aufeinanderfolgenden Abschlussstichtagen mindestens zwei der drei folgenden Merkmale bei Kleinstkapitalgesellschaften, bei kleinen, bei mittelgroßen und bei großen Kapitalgesellschaften erfüllt sind (vgl. § 267 HGB):

Kapitalgesellschaften und haftungsbeschränkte Personenhandelsgesellschaften	**Bilanzsumme** (abzüglich Fehlbetrag Aktivseite, inkl. aktivierter latenter Steuern, § 268 Abs. 3 HGB)	**Umsatzerlöse** (Summe der 12 Monate vor Abschlussstichtag)	**Anzahl der Arbeitnehmer** (Jahresdurchschnitt)
kleinste[158]	bis 0,35 Mio. €	bis 0,70 Mio. €	bis 10
kleine	bis 6,00 Mio. €	bis 12,00 Mio. €	bis 50
mittelgroße	bis 20,00 Mio. €	bis 40,00 Mio. €	51 bis 250
große	über 20,00 Mio. €	über 40,00 Mio. €	ab 251
große	kapitalmarktorientierte Kapitalgesellschaften (unabhängig von bestimmten Schwellenwerten)		

Abb. 13.1: Kategorisierung von Kapitalgesellschaften nach Größenklassen

[158] Beteiligungsgesellschaften sind aus dem Kreis der Kleinstkapitalgesellschaften gemäß § 267a HGB ausgeschlossen.

Die Bilanzsumme setzt sich aus den Posten A. bis E. des § 266 Abs. 2 HGB zusammen:

- Anlagevermögen (A.)
- Umlaufvermögen (B.)
- Rechnungsabgrenzungsposten (C.)
- aktive latente Steuern (D.)
- aktiver Unterschiedsbetrag aus der Vermögensverrechnung (E.)

Jedoch ist ein nicht durch Eigenkapital gedeckter Fehlbetrag **nicht** in die Bilanzsumme einzubeziehen.

Als **große Kapitalgesellschaften** gelten, unabhängig von der Größe, Kapitalgesellschaften, die **kapitalmarktorientiert** sind (§ 267 Abs. 3 HGB in Verbindung mit § 264d HGB).

Merke

Zu einer Umklassifizierung in eine andere Größenklasse kommt es nur dann, wenn mindestens zwei der drei (austauschbaren) Kriterien an jeweils zwei aufeinanderfolgenden Geschäftsjahren die Schwellenwerte über- oder unterschritten haben.

Beispiel: Größenklassen

Von der ABC GmbH liegen bzgl. der Einteilung zu den Größenklassen Informationen aus den Geschäftsjahren 01, 02, 03 und 04 vor. Für die Einteilung in die Größenklassen gelten für alle zu betrachtenden Geschäftsjahre die Werte gemäß § 267 HGB.

	Geschäftsjahre			
Größenmerkmale	01	02	03	04
Bilanzsumme	5,40 Mio. €	6,40 Mio. €	5,70 Mio. €	6,90 Mio. €
	klein	mittel	klein	mittel
Umsatzerlöse	10,80 Mio. €	11,40 Mio. €	12,75 Mio. €	11,80 Mio. €
	klein	klein	mittel	klein
Arbeitnehmer	44	48	52	54
	klein	klein	mittel	mittel
Größenklasse	klein	klein	mittel	mittel
(Neu-)Einstufung Rechtsfolge	keine Aussage möglich	bleibt **klein**	bleibt **klein**	Übergang auf **mittel**

Im Geschäftsjahr 01 ist ohne Kenntnis des Vorjahres eine Aussage zur Neuklassifizierung nicht möglich. Bei einer kleinen Kapitalgesellschaft bleibt es auch im Geschäftsjahr 02, da zwei Kriterien des Kleinformats unterschritten sind. Ferner wurden zwei der drei Grenzwerte einer kleinen Kapitalgesellschaft an zwei aufeinander folgenden Geschäftsjahren nicht überschritten. Die Grenzwerte für eine mittelgroße Kapitalgesellschaft wurden erstmals im Geschäftsjahr 03 überschritten. Da aber an zwei aufeinanderfolgenden Geschäftsjahren zwei Grenzwerte nicht überschritten wurden, bleibt die Zuordnung zu einer kleinen Kapitalgesellschaft.

Im Geschäftsjahr 04 wurden erstmals zwei Grenzwerte des Mittelformats in zwei aufeinanderfolgenden Geschäftsjahren überschritten. Somit erfolgt ab dem Geschäftsjahr 04 eine Einstufung als **mittelgroße Kapitalgesellschaft**.

Übungsaufgabe 13.1: Einteilung in Größenklassen für Kapitalgesellschaften

Nehmen Sie die Größenordnung der vier GmbHs A, B, C und D anhand der nachfolgenden Kriterien vor. Die Kriterien für das Jahr 01 sollen identisch mit den davorliegenden Jahren (Bilanzsumme, Umsatzerlöse und Arbeitnehmer) sein.

Geben Sie für die Jahre 01, 02 und 03 jeweils getrennt die Größenklasse der GmbH und die sich daraus ergebende Rechtsfolgenkategorie an. Ergänzen Sie bitte die nachfolgende Tabelle.

Jahr	Bilanzsumme	Umsatzerlöse	Arbeitnehmer	Größenklasse	Rechtsfolge
A GmbH					
01	6.140.000 €	9.600.000 €	52		
02	5.400.000 €	8.000.000 €	47		
03	5.600.000 €	9.150.000 €	50		
B GmbH					
01	18.000.000 €	38.300.000 €	240		
02	20.800.000 €	32.900.000 €	251		
03	24.600.000 €	44.900.000 €	255		
C GmbH					
01	20.100.000 €	38.500.000 €	252		
02	12.500.000 €	22.900.000 €	245		
03	22.700.000 €	47.000.000 €	280		
D GmbH					
01	2.600.000 €	5.800.000 €	42		
02	6.200.000 €	19.300.000 €	160		
03	20.450.000 €	41.000.000 €	290		

Die Lösung finden Sie online.

13.3 Aufstellungserleichterungen

Es bestehen folgende Aufstellungserleichterungen, in Abhängigkeit von den Größenklassen:

- Kleinstkapitalgesellschaften:
  - kein Lagebericht
  - kein Anhang (§ 264 Abs. 1 Satz 5 HGB)
  - verkürzte Bilanz, d. h. Posten nur mit Buchstaben (§ 266 Abs. 1 Satz 4 HGB)
  - verkürzte Gewinn- und Verlustrechnung (§ 275 Abs. 5 HGB)
- kleine Kapitalgesellschaften:
  - kein Lagebericht
  - verkürzte Bilanz, d. h. nur Posten mit Buchstaben und römischen Zahlen (§ 266 Abs. 1 Satz 3 HGB)
  - kein Anlagenspiegel
  - Weglassen zahlreicher Anhangangaben (§ 288 Abs. 1 HGB)
  - verkürzte Gewinn- und Verlustrechnung (§ 276 HGB), GuV beginnt mit Rohergebnis
- mittelgroße Kapitalgesellschaften:
  - verkürzte Gewinn- und Verlustrechnung (§ 276 HGB), GuV beginnt mit Rohergebnis
  - Weglassen einiger Anhangangaben (§ 288 Abs. 2 HGB)

13.4 Prüfungspflichten

Je nach Einordnung in die entsprechende Größenklasse ergeben sich für Kapitalgesellschaften und haftungsbeschränkte Personenhandelsgesellschaften (PHG) unterschiedliche Prüfungspflichten (§ 316 Abs. 1 HGB).

- **Kleinstkapitalgesellschaften** und **kleine** Kapitalgesellschaften unterliegen **keiner** Prüfungspflicht.
- **Mittelgroße** Kapitalgesellschaften **müssen** ihre Rechnungsunterlagen (Buchführung, Bilanz, GuV, Anhang, Lagebericht) durch einen **Abschlussprüfer** (vereidigter Buchprüfer, Buchprüfungsgesellschaft, Wirtschaftsprüfer, Wirtschaftsprüfungsgesellschaft) prüfen lassen.
- **Große** Kapitalgesellschaften können ihre Rechnungsunterlagen **nur** durch einen **Wirtschaftsprüfer** oder eine **Wirtschaftsprüfungsgesellschaft** prüfen lassen (§ 319 Abs. 1 HGB).

Kapitalgesellschaften und haftungsbeschränkte PHG	Prüfungspflichten des Jahresabschlusses				Abschlussprüfer
	Bilanz	GuV	Anhang	Lagebericht	
kleinste	nein	nein	nein	nein	nein
kleine	nein	nein	nein	nein	nein
mittelgroße	ja	ja	ja	ja	ja, WP/vBP bei GmbH
große	ja	ja	ja	ja	ja, WP oder WPG

Abb. 13.2: Prüfungspflichten bei Kapitalgesellschaften und haftungsbeschränkten Personenhandelsgesellschaften

13.5 Offenlegungspflicht nach § 267 und § 267a HGB in Verbindung mit § 325 HGB

Kriterien	kleine Kapitalgesellschaft oder kleine haftungsbeschränkte PHG (i. S. d. § 264a HGB)	mittelgroße Kapitalgesellschaft oder mittelgroße haftungsbeschränkte PHG (i. S. d. § 264a HGB)	große Kapitalgesellschaft oder große haftungsbeschränkte PHG (i. S. d. § 264a HGB)
Aufstellungsfristen	6 Monate nach Bilanzstichtag	3 Monate nach Bilanzstichtag	3 Monate nach Bilanzstichtag
Frist für die Offenlegung	12 Monate nach Abschlussstichtag (4 Monate für kapitalmarktorientierte Unternehmen § 325 Abs. 4 HGB) im elektronischen Bundesanzeiger		
offenlegungspflichtige Unterlagen	▪ verkürzte Bilanz ▪ Anhang (ohne Angabe zur GuV sowie zahlreiche Erleichterungen) ▪ keine GuV (nur Jahresergebnis) ▪ kein Lagebericht ▪ keine Ergebnisverwendung	▪ Bilanz (leicht verkürzt) ▪ GuV verkürzt ▪ Anhang (verkürzt) ▪ Lagebericht ▪ Ergebnisverwendungsvorschlag ▪ Ergebnisverwendungsbeschluss ▪ Bestätigungs- oder Versagungsvermerk ▪ Aufsichtsratsbericht	▪ Bilanz ▪ GuV ▪ Anhang (ungekürzt) ▪ Lagebericht ▪ Ergebnisverwendungsvorschlag ▪ Ergebnisverwendungsbeschluss ▪ Bestätigungs- oder Versagungsvermerk ▪ Aufsichtsratsbericht ▪ Entsprechenserklärung gemäß § 161 AktG (nur börsennotierte AG) ▪ Vergütungsbericht gemäß § 162 AktG (nur börsennotierte AG)
Kapitalmarktorientierte Kapitalgesellschaften bzw. haftungsbeschränkte PHG	▪ Nicht konzernierte Einzelgesellschaften müssen ihren Jahresabschluss um eine Kapitalflussrechnung und einen Eigenkapitalspiegel ergänzen; für die Segmentberichterstattung besteht ein Wahlrecht (§ 264 Abs. 1 HGB). ▪ Börsennotierte Aktiengesellschaften haben eine Erklärung zur Unternehmensführung abzugeben, die sich im Wesentlichen auf die Empfehlung des Deutschen Corporate Governance Kodex (DCGK) bezieht (§ 289a HGB). ▪ Nichtfinanzielle Berichterstattung, wenn mehr als 500 Arbeitnehmer		

Abb. 13.3: Offenlegungspflichten bei haftungsbeschränkten Personenhandelsgesellschaften

Die Kleinstkapitalgesellschaften sowie gleich große haftungsbeschränkte Personenhandelsgesellschaften müssen nur die verkürzte Bilanz veröffentlichen und die Bilanz in elektronischer Form zur dauerhaften Hinterlegung beim Betreiber des Bundesanzeigers einreichen und einen Hinterlegungsauftrag erteilen. In diesem Fall müssen Kleinstkapitalgesellschaften dem Bundesanzeiger mitteilen, dass sie mindestens zwei der in § 267 Abs. 1 HGB genannten Merkmale in zwei aufeinander folgenden Geschäftsjahren unterschritten haben (§ 326 Abs. 2 Satz 3 HGB). Die Einreichung der GuV und des ggf. erstellten Anhangs ist nicht notwendig.

Übungsaufgabe 13.2 und 13.3

Diese Aufgaben und die Lösungen finden Sie online.

Eigene Notizen

Schritt 14: Bilanzpolitik

Lernziele

In diesem Kapitel wird aufgezeigt, welcher Spielraum bei der Bilanzerstellung besteht und in welcher Weise man diesen bilanzpolitischen Spielraum nutzen kann.

Sie lernen die Ziele und die Möglichkeiten der legalen Maßnahmen der Bilanzpolitik im Rahmen der Bilanzkosmetik kennen. Illegale Maßnahmen zur Bilanzmanipulation sollten Sie tunlichst unterlassen, denn dies stellt eine Wirtschaftsstraftat dar.

Sie werden beispielsweise den Unterschied zwischen Instandhaltungsaufwendungen und den nachträglichen Anschaffungs- oder Herstellungskosten verstehen.

Ferner werden Sie einen Überblick über die wichtigsten Ermessensspielräume der Bilanzpolitik erhalten. Die komplizierte Materie der Bilanzpolitik sollen Sie vollständig verstehen. Außerdem wirken sich alle Maßnahmen der Bilanzpolitik auf die Bilanzanalyse aus.

14.1 Einführung

Die Bilanzpolitik und der Gegenspieler, die Bilanzanalyse, stehen immer in einem Spannungsverhältnis. Dies ist aber gerade der Reiz der Bilanzpolitik. Denn einerseits möchte man durch die Bilanzpolitik ein bestimmtes Bild seines Unternehmens vermitteln, andererseits versuchen die Bilanzanalysten, eine möglichst reale Unternehmensdarstellung zu ermitteln. Daher stellt sich auch die Frage: Ist die Bilanzpolitik eigentlich überhaupt moralisch vertretbar oder ist Bilanzpolitik ein besserer Begriff für Bilanzmanipulation?

In diesem Kapitel wird insbesondere auf verschiedene Möglichkeiten und die Ermessensspielräume in der Bilanzpolitik eingegangen, denn diese sind nicht transparent und stellen somit in Hinblick auf eine Bilanzanalyse das erfolgreichste Mittel innerhalb der Bilanzpolitik dar.

14.2 Definitionen und Abgrenzungen

Zunächst werden zum besseren Verständnis einzelne Begriffe abgegrenzt. Die **Bilanzpolitik ist legal**, dagegen ist die **Bilanzmanipulation illegal**. Dazwischen bewegt sich die **Bilanzkosmetik** in einem **Graubereich.** Die Grenze zwischen den zulässigen Ermessensspielräumen und unzulässiger Bilanzfälschung ist nur sehr schwer zu bestimmen.[159]

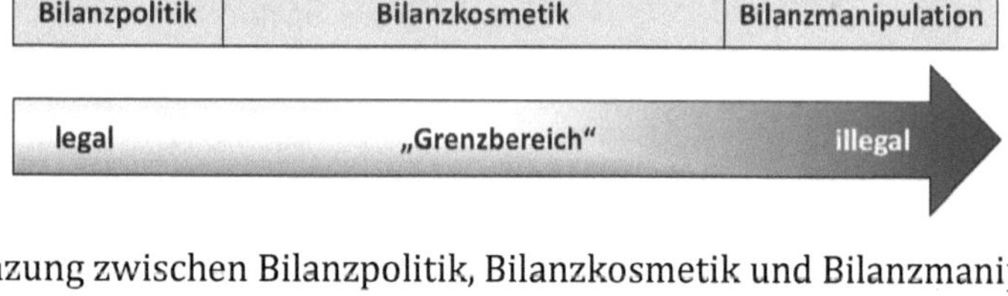

Abb. 14.1: Abgrenzung zwischen Bilanzpolitik, Bilanzkosmetik und Bilanzmanipulation

[159] Rinker, C.: Bilanzpolitik, Bilanzkosmetik, Bilanzfälschung, 2022, S. 2.

14.2.1 Bilanzpolitik

Unter Bilanzpolitik versteht man die bewusste und zielgerichtete Gestaltung der externen Rechnungslegung durch das Management, die im Rahmen der legalen Bilanzierungsnormen erfolgt.[160]

Der Begriff Bilanzpolitik umfasst alle legalen Maßnahmen, die der Bilanzierende innerhalb des Jahresabschlusses und Lageberichts ergreift, um die Informationen über die Vermögens-, Finanz- und Ertragslage des Unternehmens inhaltlich und/oder formal so zu gestalten, dass das Urteil des Bilanzlesers im Sinne des Bilanzerstellers beeinflusst und beim Bilanzleser bestimmte Reaktionen hervorgerufen bzw. vermieden werden. Bei der legalen Bilanzierungspolitik hält sich das Unternehmen strikt an die rechtlichen Vorschriften und bewegt sich so im rechtlich zulässigen Rahmen. **Bilanzierungswahlrechte**, **Wertansatzwahlrechte** und **Methodenwahlrechte** bieten Ansatzpunkte für die Bilanzpolitik.

Die Ausübung der Wahlrechte ist von der bilanzpolitischen Zielsetzung des Unternehmens abhängig.

Mögliche Ziele der Bilanzpolitik:

- Ausweis eines möglichst hohen Gewinns mit den Zielen:
  - Verbesserung der Bonität für die Kreditwürdigkeit
  - Steigerung der Attraktivität für Investoren
- Ausweis eines möglichst geringen Gewinns mit den Zielen:
  - geringere Steuerzahlung
  - Abfindung von Anteilseignern (Gesellschafter, Aktionäre)

Die folgende Tabelle listet Beispiele für legale Bilanzpolitik auf, mit denen die Höhe des Unternehmensergebnisses (Gewinn oder Verlust) und die Bilanzstruktur zielorientiert beeinflusst werden können.

Bilanzierungs-alternativen	Nutzung von Aktivierungs- und Passivierungswahlrechten	z. B. die Aktivierung des Disagios, die Bildung von aktiven latenten Steuern, oder die Zuführung von mehr als 1/15 bei der Unterbewertung der Pensionsrückstellungen
Bewertungs-alternativen	Nutzung von Bewertungswahlrechten und Bewertungsspielräumen	z. B. die Einbeziehung von Verwaltungskosten, Sozialkosten und der Fremdkapitalzinsen in die Herstellungskosten oder die Wahl der Abschreibungsmethode
Darstellungs-beeinflussungen	Aufgliederung von Abschlussposten	Aufstellung der GuV nach dem Gesamtkosten- oder Umsatzkostenverfahren
Gestaltung von Sachverhalten zur Ergebnisbeeinflussung	zeitliche Verlagerung von Geschäftsvorfällen	z. B. Verzögerung/Beschleunigung des Absatzes von Erzeugnissen zur Verschiebung der Gewinnrealisierung, oder Sale-and-lease-back
Gestaltung von Sachverhalten zur Darstellungsbeeinflussung	vorrangig durch Maßnahmen, die eine Veränderung der Kapitalstruktur und des Liquiditätsausweises erzielen	z. B. Ausweis von Ersatzteilen im Anlage- oder Vorratsvermögen

Abb. 14.2: Möglichkeiten im Rahmen der Bilanzpolitik

[160] Küting, K. & Weber, C.-P.: Die Bilanzanalyse, 2012, S. 33.

Wie man an dieser Tabelle erkennen kann, handelt es sich bei legalen Bilanzierungspraktiken um kleinere Tricks, wie man die Bilanz ein bisschen besser aussehen lassen kann. Jedes Unternehmen kann diese Tricks und Methoden anwenden, da sie komplett legal sind. Sie führen kurzfristig zu einem besseren Erscheinungsbild und werden in der Regel nach dem Bilanzstichtag wieder ausgeglichen.

14.2.2 Bilanzkosmetik

Die Bilanzkosmetik stellt in der Bilanzpolitik alle gesetzlich erlaubten Transaktionen vor dem Bilanzstichtag dar, um die Bilanz zu verschönern, indem man auf legalem Wege die Bilanz so verändert, dass die wirtschaftliche Lage des Unternehmens in einem besseren Licht dasteht.

Besonders in wirtschaftlich schwierigen Lagen und Krisensituationen wird der rechtlich zulässige Rahmen so weit wie möglich ausgedehnt und die Unternehmen geraten schnell in den sogenannten Grenzbereich. Beispiele hierfür sind das „Window Dressing" und Sachverhaltsgestaltung. „Window Dressing" bedeutet, dass eine „unschöne" Bilanz hübscher gemacht wird, um sie besser darzustellen. Die Wirkung ist nur kurzfristig und wird oft nach dem Bilanzstichtag wieder aufgehoben.

Maßnahmen des Window Dressings in Bezug auf den Bestand an liquiden Mitteln	Die Kreditaufnahme vor oder am Bilanzstichtag mit der Vereinbarung, diese Kredite unmittelbar nach dem Bilanzstichtag wieder zu tilgen. Veräußerung von Anlagegütern, die anschließend vom Unternehmen geleast werden (Sale and Lease Back) ➔ Schönung der Liquiditätslage
Maßnahmen des Window Dressings in Bezug auf Verminderung des Vorratsvermögens	Verkauf von Vorräten an nichtverbundene Unternehmen bzw. der entsprechende Kauf und Rückkauf nach dem Bilanzstichtag. ➔ Schönung der Bilanzstruktur durch einen Aktivtausch
Maßnahmen des Window Dressings in Bezug auf das Eigenkapital	Es werden Einlagen in das Eigenkapital geleistet, um nach dem Bilanzstichtag unter Verweis auf den Gesellschafterwillen wieder Entnahmen zu tätigen. ➔ Schönung der Liquiditätslage

Abb. 14.3: Maßnahmen des „Window Dressings"

Maßnahmen, um gegebene Sachverhalte vor dem Bilanzstichtag zu verändern, stellen **Sachverhaltsgestaltungen** dar. Beispiele hierfür sind zeitliche Vor- oder Nachverlagerung von Geschäftsvorfällen zur Gewinnrealisierung bzw. der Gewinnverschiebung oder das Leasing anstatt eines Kaufes, sodass das Unternehmen die Bilanzsumme reduzieren kann.

14.2.3 Bilanzmanipulation

Sobald illegale Maßnahmen (hauptsächlich in Form von Scheingeschäften) zum Einsatz kommen, spricht man von Bilanzmanipulation bzw. von Bilanzfälschung. Dabei handelt es sich um Fälschung von Jahresabschlüssen und Finanzinformationen. Bei der illegalen Bilanzpolitik werden absichtlich oder unabsichtlich die Grenzen überschritten, d. h. es wird gegen Gesetze, Satzungen oder Grundsätze der ordnungsmäßigen Buchführung verstoßen.

Die folgende Tabelle listet einige Beispiele für illegale Bilanzpolitik auf.

Bewertungsdelikte	Über- bzw. Unterbewertung von Bilanzposten, z. B. die vorsätzliche Unterbewertung von Rückstellungen oder unterlassene außerplanmäßige Abschreibungen.
Nicht-Bilanzierung von Bilanzposten	Nicht- bzw. unvollständige Erfassung von aktivierungspflichtigen Aktiva und passivierungspflichtigen Passiva: z. B. die Nichterfassung von Verbindlichkeiten und Rückstellungen (Schuldentarnung).
Einstellen von nicht vorhandenen Posten in die Bilanz	Bildung imaginärer Aktiva oder Passiva: z. B. durch den Ausweis von nicht existenten Vorräten durch manuelle Fälschung von Bestandslisten.
Falschbenennung von Bilanzposten	Posten in der Bilanz werden unter einer Bezeichnung geführt, die dem Charakter des Postens nicht gerecht werden und für die Jahresabschlussadressaten irreführend sind.
unberechtigte Saldierung oder Unterlassung notwendiger Saldierungen	Diese verändern nicht das Jahresergebnis, führen aber zu einer willkürlichen Verkürzung, z. B. Saldierung von Forderungen und Verbindlichkeiten, obwohl das Saldierungsverbot dies grundsätzlich verbietet, oder Aufblähung der Bilanzsumme.

Abb. 14.4: Beispiele für illegale Bilanzpolitik

14.3 Ziele der Bilanzpolitik

Die Ziele der Bilanzpolitik leiten sich generell aus den übergeordneten Unternehmenszielen ab. Sie richten sich nach den wesentlichen Funktionen des Jahresabschlusses, der **Informationsfunktion** (Darstellung der wirtschaftlichen Lage) und der **Zahlungsbemessungsfunktion** (Ausschüttungspolitik und Steuerpolitik). Grundsätzlich muss es im Interesse jedes Unternehmens sein, den Jahresabschluss so zu gestalten, dass die Erwartungen der Stakeholder (Fremdkapitalgeber, Lieferanten, Kunden, Mitarbeiter etc.) und Shareholder bezüglich der wirtschaftlichen Situation weitestgehend erfüllt sind und ihnen eine gewünschte Vorstellung der Situation des Unternehmens vermittelt. Mithilfe der Bilanzpolitik können Sie beispielsweise:

- die Bildung von offenen und stillen Reserven steuern,
- das Eigenkapital sichern, erhalten und erweitern,
- die Selbstfinanzierung beeinflussen,
- die Liquidität verbessern,
- die Kreditwürdigkeit steigern,
- die Steuerbelastung verringern,
- den ausschüttungsfähigen Gewinn (Dividendenpolitik) beeinflussen,
- das Image der Unternehmensleitung beeinflussen,
- die erfolgsabhängige Vergütung des Managements steuern,
- das Meinungsbild in der Öffentlichkeit und bei den Mitarbeitern beeinflussen, und
- die Offenlegungspflichten steuern.

Die bilanzpolitischen Ziele können vor allem durch Ausnutzung von Bilanzierungs- und Bewertungswahlrechten sowie Bewertungsspielräumen erreicht werden. Generell unterscheidet man zwischen Maßnahmen, die den Jahresabschluss tendenziell besser, und solche, die den Jahresabschluss ungünstiger darstellen.

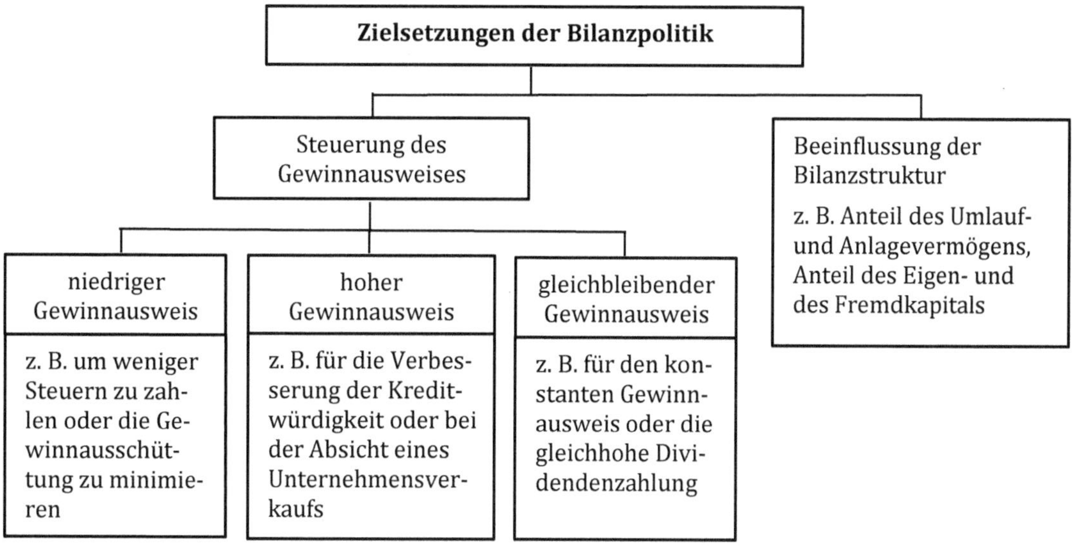

Abb. 14.5: Bilanzpolitische Ziele[161]

Übungsaufgabe 14.1 und 14.2

Alle Aufgaben und Lösungen finden Sie online.

14.3.1 Auswirkungen der Bilanzpolitik

Die Bilanzpolitik hat Auswirkungen auf die inhaltliche und formelle Gestaltung des Jahresabschlusses und des Lageberichts. Daraus ergeben sich insbesondere Folgen für:

- Ausschüttungen (Dividenden) an die Anteilseigner und Entnahmen der Inhaber,
- Tantiemen an das Management und Mitarbeiterprämien,
- Ertragsteuern,
- Form und Prüfung des Jahresabschlusses bzgl. der Größenklassen, und
- Finanzierungsmöglichkeiten und deren Konditionen über das Banken-Rating.

14.3.2 Ziele einer progressiven Bilanzpolitik

Eine progressive Bilanzpolitik umfasst Maßnahmen, die eine ergebniserhöhende Wirkung haben und somit den Jahresabschluss tendenziell zu gut darstellen. Ein Grund für eine progressive Bilanzpolitik ist eine bessere Außenwirkung des Unternehmens. Dadurch erhofft sich die Unternehmensführung, Kunden und Lieferanten zu beeinflussen, um verstärkt Geschäftsbeziehungen mit ihnen eingehen zu können. Außerdem ist für die Zusammenarbeit mit den Banken eine positive Darstellung des Jahresabschlusses förderlich, sodass diese möglicherweise ihr Kreditengagement erhöhen oder erst beginnen. Auch können potenzielle Anteilseigner dazu ermutigt werden, Unternehmensanteile zu erwerben, denn diese sind an möglichst hohen Dividenden interessiert und somit auch an einem hohen Gewinn. Aber auch bei bevorstehenden Unternehmensverkäufen oder -zusammenschlüssen sowie bei einer Aufnahme von Eigenkapital über den Kapitalmarkt ist die Zielsetzung des Ausweises eines möglichst hohen Gewinns. Ferner werden Mitglieder der Geschäftsleitung oft erfolgsabhängig vergütet und profitieren daher von einer progressiven Bilanzpolitik.

Beispiele für eine **progressive** Bilanzpolitik:

- Aktivierung von selbst geschaffenen immateriellen Vermögensgegenständen des Anlagevermögens,

[161] In Anlehnung an: Hans-Böckler-Stiftung: Bilanzpolitik und Jahresabschlussanalyse, 2010, S. 6.

- Abschreibung des Geschäfts- oder Firmenwerts über einen möglichst langen Zeitraum,
- Bewertung der selbst geschaffenen Vermögensgegenstände mit der handelsrechtlich zulässigen Wertobergrenze der Herstellungskosten,
- geringe (pauschale) Wertberichtigung auf Forderungen aLuL,
- Ansatz von aktiven latenten Steuern,
- Bewertung der Vorräte mit dem Fifo-Verfahren, und
- Sale-and-lease-back-Transaktionen.

14.3.3 Ziele einer konservativen Bilanzpolitik

Unter einer konservativen Bilanzpolitik versteht man die tendenziell ungünstigere Darstellung des Jahresabschlusses. Ziel dieser Maßnahmen ist es, einen möglichst geringen Gewinn auszuweisen. Dadurch können Steuerzahlungen und Gewinnausschüttungen verzögert oder reduziert werden. Ein weiterer Vorteil, der sich durch die Anwendung von konservativer Bilanzpolitik ergibt, besteht in der möglichen Reduzierung von Publizitätspflichten, da das Unternehmen z. B. durch eine niedrigere Bewertung der Vermögensgegenstände, dadurch womöglich als „nächst kleinere" Kapitalgesellschaft eingestuft wird. Zudem ist die gewinnminimierende Darstellung der Bilanz ein Versuch, eine Übernahme durch Investoren zu verhindern. Außerdem kann durch eine konservative Bilanzpolitik Risikovorsorge betrieben werden, um durch die Bildung stiller Reserven Spielraum für eine Bilanzpolitik in den zukünftigen Jahren zu schaffen.[162]

Beispiele für eine **konservative** Bilanzpolitik:

- degressive Abschreibung,
- Verzicht auf die Aktivierung von selbst erstellten immateriellen Vermögensgegenständen des Anlagevermögens,
- Abschreibung des Geschäfts- oder Firmenwertes über einen möglichst kurzen Zeitraum,
- Finanzanlagen werden bei vorübergehender Wertminderung außerplanmäßig abgeschrieben,
- Bewertung der selbst geschaffenen Vermögensgegenstände mit der handelsrechtlich zulässigen Wertuntergrenze der Herstellungskosten und
- Bewertung der Vorräte mit dem Lifo-Verfahren bei steigenden Preisen.

14.3.4 Zielkonflikte der Bilanzpolitik und deren Lösung

Die Bilanzpolitik eines Unternehmens hat verschiedene Adressaten. Dadurch entstehen fast immer auch unterschiedliche Interessen und Ziele, die durch eine bestimmte Bilanzpolitik erfüllt werden sollen. Doch dies führt in der Realität schnell zu Konflikten zwischen den Anteilseignern und der Unternehmensleitung. Aus einem hohen Gewinn resultiert zwar eine verbesserte Außenwirkung, um Fremdkapitalgeber zu beeindrucken, allerdings führt ein hoher Gewinn auch zu höheren Steuerzahlungen und eventuell auch zu Forderungen von Mitarbeitern nach Gehaltserhöhungen. Daher muss die Unternehmensleitung eine Kompromisslösung finden. Dies kann durch Präferenzbildung erfolgen, sodass eine Gewichtung nach der Dringlichkeit der Ziele vorgenommen wird. Eine weitere Methode ist die Durchschnittsbildung. Hierbei versucht die Geschäftsführung, allen Adressaten wenigstens teilweise zu entsprechen. Diese Strategie wird angewandt, wenn kein Ziel vernachlässigt werden darf, die Ziele aber in Konflikt zueinanderstehen. Eine weitere häufig angewandte Strategie ist die Gewinnglättung, denn hohe Ergebnisse führen zu höheren Steuer- und Dividendenzahlungen, während dauerhaft niedrige Ergebnisse das Erscheinungsbild zu stark verschlechtern, sodass sich Fremdkapitalgeber oder auch Kunden von der Unternehmung abwenden.[163]

---

[162] Brösel, G.: Bilanzanalyse, 2021, S. 98 ff.
[163] Küting, K. & Weber, C.-P.: Bilanzanalyse, 2012, S. 37 f.

14.4 Instrumente der Bilanzpolitik

Zur gesetzeskonformen Gestaltung des Jahresabschlusses existieren zum einen die **sachverhaltsgestaltenden** und zum anderen die **sachverhaltsabbildenden Maßnahmen** der Bilanzpolitik.

Mit den **sachverhaltsgestaltenden Maßnahmen** werden insbesondere vier Ziele verfolgt:

- Gewinnminderung,
- Gewinnerhöhung,
- Minderung der Bilanzsumme, und
- Beeinflussung der Bilanzstruktur.

Sachverhaltsgestaltungen zur Gewinnminderung

- Vorziehen von Maßnahmen, die zu Aufwand führen (z. B. Instandhaltungsmaßnahmen, Werbemaßnahmen, Beratungsleistungen etc.),
- beschleunigte Anschaffung von Anlagegütern, damit höhere Abschreibungen genutzt werden können,
- Verzögerung von Warenauslieferungen in das nächste Geschäftsjahr,
- Anschaffung von geringwertigen Wirtschaftsgütern,
- Sonderzahlungen an Mitarbeiter,
- Erteilung von Pensionszusagen, und
- Beginn von Verlustaufträgen (wegen der verlustfreien Bewertung wird der Verlust zumindest teilweise steuerwirksam).

Sachverhaltsgestaltungen zur Gewinnerhöhung

- Steigerung der Umsatzleistung (Umsätze aus Gewinnaufträgen), d. h. durch das Vorziehen von ursprünglich für das nächste Geschäftsjahr geplanten Lieferungen können Umsatzerlöse generiert werden,
- Aktivierung von Entwicklungsaufwendungen.
- Verkauf von Wertpapieren, deren aktueller Börsenkurs über den Anschaffungskosten liegt,
- Verkauf von Anlagevermögen über dem Buchwert, um Buchgewinne zu erzielen,
- Veräußerung von Vorratsbeständen mit Gewinn, und
- durch Hinausschieben von Investitionen werden auch die damit verbundenen aufwandswirksamen Abschreibungen verschoben.

Sachverhaltsgestaltungen zur Minderung der Bilanzsumme

- Verrechnung (Saldierung) von Forderungen mit Verbindlichkeiten im gesetzlich zulässigen Rahmen,
- Vorabausschüttungen,
- Sale-and-lease-back (mit der Tilgung von Verbindlichkeiten aus dem Verkaufspreis),
- Factoring (Verkauf von Forderungen), dabei wird das Geld zur Begleichung von Verbindlichkeiten genutzt, und
- Ausgliederung von Teilbereichen des Unternehmens.

Sachverhaltsgestaltungen zur Beeinflussung der Bilanzstruktur

- Verbesserung der Kapitalstruktur durch Umfinanzierung von kurzfristigem in langfristiges Fremdkapital,
- bei Saisonunternehmen kann die Bilanzstruktur durch bewusste Wahl eines Bilanzstichtages außerhalb oder innerhalb der Hochsaison beeinflusst werden. Die Hochsaison kann Auswirkungen z. B. auf die Höhe der Forderungen oder die Höhe der Vorräte und der liquiden Mittel haben,
- bei Zahlung von fälligen Verbindlichkeiten nach dem Bilanzstichtag sind die liquiden Mittel und die Verbindlichkeiten höher als bei fristgerechter Bezahlung,

- Aufnahme von Krediten kurz vor dem Bilanzstichtag mit der Vereinbarung, diese kurz nach dem Bilanzstichtag wieder zu tilgen. Dies führt zu höheren liquiden Mitteln und höheren Verbindlichkeiten,
- durch Einlagen in das Eigenkapital kurz vor dem Bilanzstichtag, mit dem Ziel, kurz nach dem Bilanzstichtag Entnahmen vorzunehmen, werden die Höhe des Eigenkapitals und die Eigenkapitalquote positiv beeinflusst.

Die **sachverhaltsabbildende Bilanzpolitik** bezieht sich nur auf die tatsächlichen Verhältnisse zum Bilanzstichtag und demnach auf die Maßnahmen nach dem Bilanzstichtag. Bei der **Sachverhaltsabbildung** unterscheidet man üblicherweise zwischen der **materiellen** und der **formellen Bilanzpolitik**. Zur **formellen Bilanzpolitik** zählen die Gliederung der Bilanz, der Ausweis (die Platzierung der jeweiligen Posten im Jahresabschluss), die Bilanzstruktur (beispielsweise die Kapital- und Vermögensstruktur) und die Erläuterungen, z. B. im Anhang oder im Lagebericht. Die formelle Bilanzpolitik untergliedert man in Ausweis-, Gliederungs- und Erläuterungswahlrechte. Dagegen befasst sich die **materielle Bilanzpolitik** mit dem Ansatz und der Bewertung von einzelnen Posten im Jahresabschluss.

14.5 Folgewirkung bilanzpolitischer Maßnahmen

Die gewählte Bilanzpolitik wirkt sich auf das aktuelle Geschäftsjahr und wegen des Bilanzzusammenhangs auch auf künftige Jahresabschlüsse aus und führt dann meistens zu entgegengesetzten Auswirkungen. Aufgrund des Stetigkeitsgrundsatzes wird der künftige Bilanzierungs- und Bewertungsspielraum jedoch eingeschränkt. Die folgende Tabelle zeigt die Zusammenhänge.

Auswirkungen von bilanzpolitischen Maßnahmen

Auswirkungen im Jahr 1			**Auswirkungen in Folgejahren**	
Ausübung von			zusätzliche Abschreibungsmöglichkeiten oder -notwendigkeiten	-
• Aktivierungswahlrechten	+		geringerer Gewinn höherer Verlust beim Ausscheiden des Vermögensgegenstandes durch Verkauf	-
• Wertansatzwahlrechten	+			
• Aufwertungswahlrechten	+			
Nichtausübung der vorstehend genannten Wahlrechte.	-		keine oder geringere Abschreibungsmöglichkeiten	+
Ausübung von Abwertungswahlrechten	-		höherer Gewinn oder geringerer Verlust beim Ausscheiden	+
Ausübung von Passivierungswahlrechten	-		Ertrag bei Auflösung der Passivposten oder geringerer Aufwand	+
Nichtausübung von Passivierungswahlrechten	+		spätere Aufwendungen	-

+ = Gewinnerhöhung bzw. Verlustminderung
- = Gewinnminderung bzw. Verlustmehrung

Tab 14.1.: Bilanzpolitische Maßnahmen und ihre Auswirkungen[164]

Die folgende Abbildung zeigt die Instrumente und Methoden der Bilanzpolitik.

---

[164] Scheffler, E.: Bilanzen richtig lesen, 2022, S. 235.

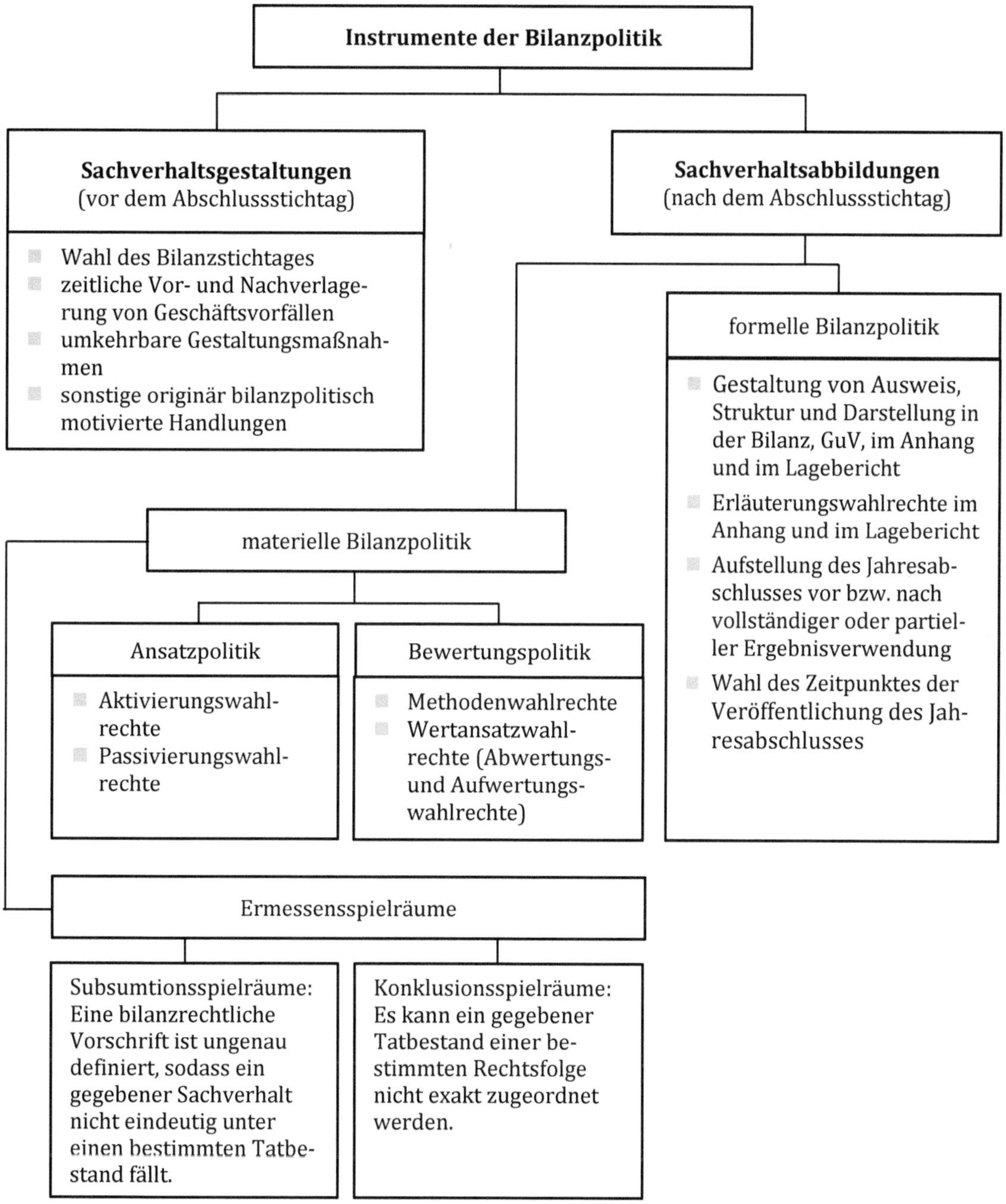

Abb. 14.6: Instrumente zur Erreichung der bilanzpolitischen Ziele[165]

Übungsaufgabe 14.3

Diese Aufgabe und die Lösung finden Sie online.

---

[165] In Anlehnung an: Hans-Böckler-Stiftung: Bilanzpolitik und Jahresabschlussanalyse, 2010, S. 6.

14.6 Abgrenzung zwischen Wahlrechten und Ermessensspielräumen

Bei den darstellungsgestaltenden Instrumenten unterscheidet man zwischen expliziten Wahlrechten, impliziten (faktischen) Wahlrechten und Ermessensspielräumen. Dabei nimmt in dieser Reihenfolge die gesetzliche/normative Konkretisierung ab.

14.6.1 Explizite Wahlrechte

Explizite Wahlrechte werden vom Gesetzgeber ausdrücklich eingeräumt und sind durch Formulierungen wie „kann/können", „darf/dürfen" bzw. „oder" kenntlich gemacht. Sie sind bei der HGB-Rechnungslegung explizit genannte Handlungsalternativen und werden auch als gesetzliche Wahlrechte bezeichnet. Zu den expliziten Wahlrechten gehören die Aktivierungs-, die Passivierungs-, die Ausweis-, die Bewertungs- und die Ansatzwahlrechte. Nachfolgend werden die expliziten Wahlrechte der Bilanzpolitik exemplarisch dargestellt.

Bilanzierungsansatzwahlrechte nach HGB	**Rechtsgrundlage**
Aktivierungswahlrechte	
selbstgeschaffene immaterielle Vermögensgegenstände des Anlagevermögens	§ 248 Abs. 2 Satz 1 HGB i. V. m. § 255 Abs. 2a HGB
Disagio (aktiver Rechnungsabgrenzungsposten)	§ 250 Abs. 3 Satz 1 HGB
aktive latente Steuern	§ 274 Abs. 1 Satz 2 HGB
Passivierungswahlrechte	
Pensionsrückstellungen – unmittelbare Zusagen vor dem 01.01.1987 und mittelbare Zusagen	Art. 28 Abs. 1 EGHGB
Wertaufholungsrücklage	§ 58 Abs. 2a AktG, § 29 Abs. 4 GmbHG
Bewertungswahlrechte nach HGB	**Rechtsgrundlage**
Wertansatzwahlrechte	
außerplanmäßige Abschreibungen (auf den niedrigeren beizulegenden Wert) bei Finanzanlagen bei nur vorübergehender Wertminderung	§ 253 Abs. 3 Satz 6 HGB
Methodenwahlrechte	
Einzel-, Gruppen-, Festbewertung, Verbrauchsfolgeverfahren (Lifo- und Fifo-Verfahren)	§ 256 HGB i. V. m. § 240 Abs. 3 u. 4 HGB
Ermittlung der Herstellungskosten	§ 255 Abs. 2 u. 3 HGB
Abschreibungsmethoden (z. B. linear, degressiv, progressiv oder leistungsbezogen)	§ 253 Abs. 3 u. 4 HGB
Ermittlung des beizulegenden Zeitwerts	§ 255 Abs. 4 HGB

Abb. 14.7: Bewertungswahlrechte nach HGB

14.6.1.1 Bilanzielle und erfolgswirksame Auswirkung des Aktivierungswahlrechts

Die Aktivierung von zusätzlichen Vermögensgegenständen in der Bilanz führt zu einem höheren Vermögensausweis und somit zu einer höheren Bilanzsumme und dementsprechend zu einem höheren Eigenkapital. Gleichzeitig führt die Aktivierung eines Postens zu einem niedrigeren Aufwand und somit zu einem höheren Gewinnausweis.[166]

---

[166] Hans-Böckler-Stiftung: Bilanzpolitik und Jahresabschlussanalyse, 2010, S. 10.

Das folgende Schaubild zeigt die bilanzielle Auswirkung des Aktivierungswahlrechts.

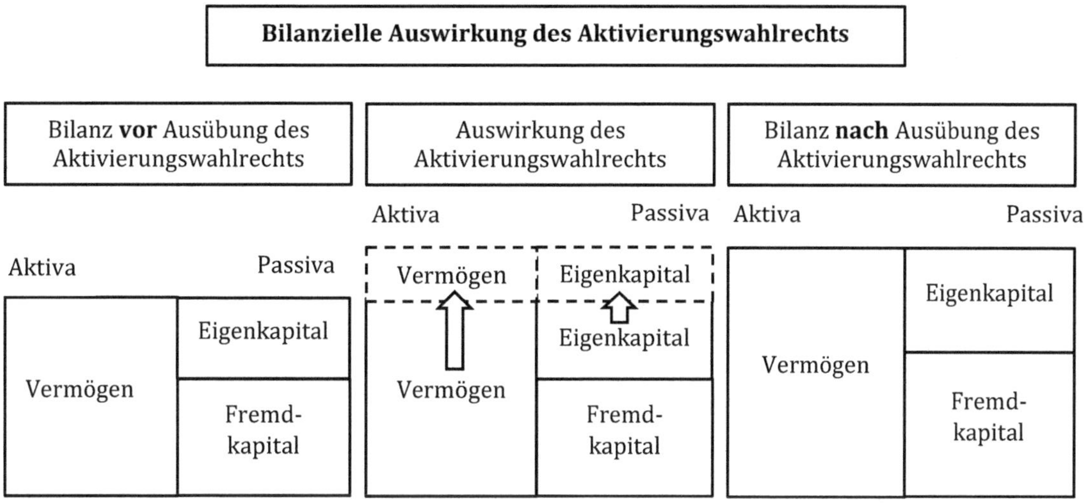

Abb. 14.8: Auswirkung des Aktivierungswahlrechts auf die Bilanz[167]

Merke: Aktivierungswahlrecht

Durch die Nutzung des Wahlrechts zur Aktivierung von selbst geschaffenen immateriellen Vermögensgegenständen des Anlagevermögens (z. B. Entwicklungskosten) wird in der Bilanz ein höheres Anlagevermögen ausgewiesen. Dies führt im Jahr der Aktivierung zu einem höheren Gewinnausweis. Aber in den Folgejahren führen die Abschreibungen auf den Vermögensgegenstand zu einer Minderung des jährlichen Gewinns.

Das folgende Schaubild zeigt die erfolgswirksame Auswirkung des Aktivierungswahlrechts.

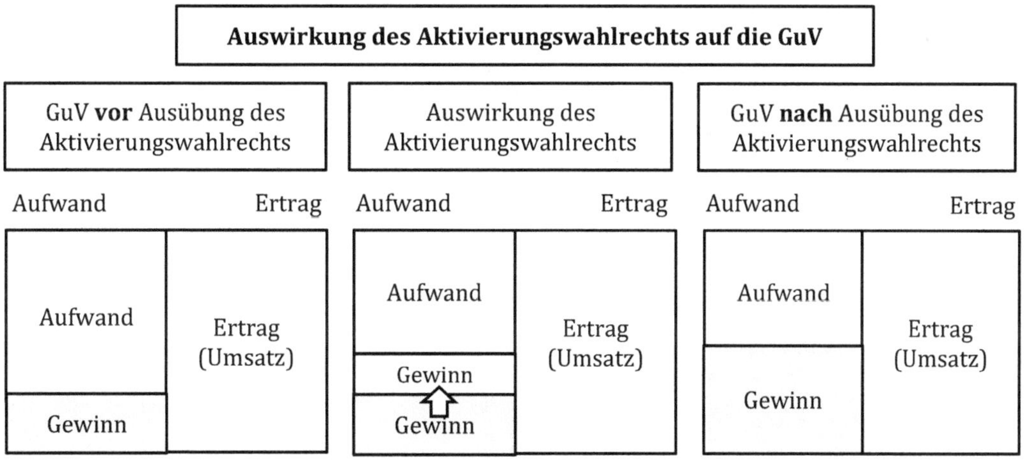

Abb. 14.9: Auswirkung des Aktivierungswahlrechts auf die GuV[168]

---

[167] In Anlehnung an: Hans-Böckler-Stiftung: Bilanzpolitik und Jahresabschlussanalyse, 2010, S. 10.

[168] ebd., S. 11.

14.6.1.2 Bilanzielle und erfolgswirksame Auswirkung des Passivierungswahlrechts

Die Passivierung zusätzlicher Schulden, in der Regel Rückstellungen führt zu einem geringeren Eigenkapital (bilanzielle Wirkung), einem höheren Aufwand und somit zu einem geringeren Gewinn.

Das folgende Schaubild zeigt die bilanzielle Auswirkung des Passivierungswahlrechts.

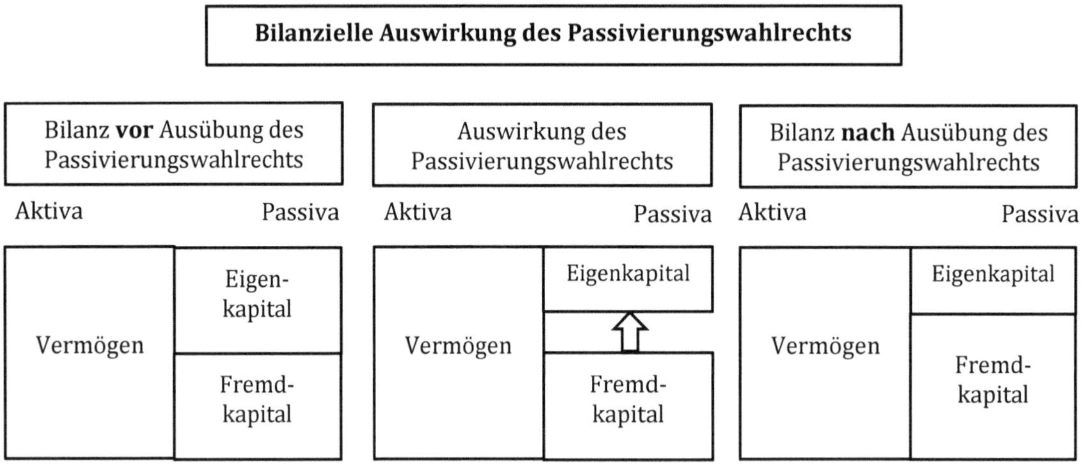

Abb. 14.10: Auswirkung des Passivierungswahlrechts auf die Bilanz[169]

Merke: Passivierungswahlrecht
Die Passivierung von Pensionsverpflichtungen nach Art. 28 EGHGB führt zu einem höheren Ansatz der Schulden und wirkt sich mindernd auf den Gewinn aus.

Das folgende Schaubild zeigt die erfolgswirksame Auswirkung des Passivierungswahlrechts.

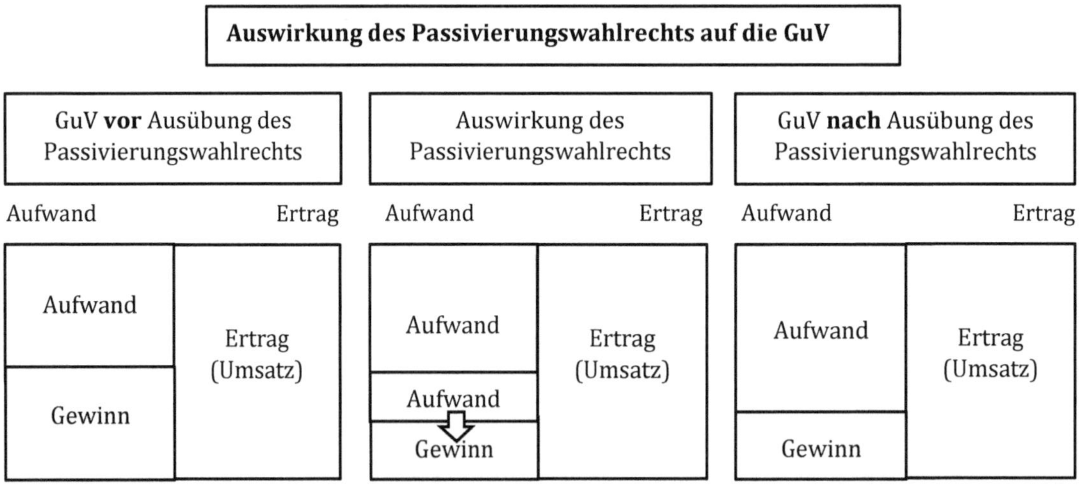

Abb. 14.11: Auswirkung des Passivierungswahlrechts auf die GuV[170]

[169] In Anlehnung an: Hans-Böckler-Stiftung: Bilanzpolitik und Jahresabschlussanalyse, 2010, S. 11.

[170] ebd., S. 12.

Übungsaufgabe 14.4: Bilanzierungswahlrechte
Entscheiden Sie, ob Sie die folgenden Wahlrechte wahrnehmen (w) oder darauf verzichten (v) würden, um das angestrebte Ziel (Erfolgsausweis) zu erreichen.

gewünschter Erfolgsausweis / Wahlrechte	hoher Gewinn	niedriger Gewinn
Aktivierungswahlrechte		
Passivierungswahlrechte		

Die Lösung finden Sie online.

14.6.1.3 Bewertungswahlrechte

Die Bewertungswahlrechte ermöglichen dem Bilanzierenden einen Ermessensspielraum, denn es geht um die Frage, **mit welchem Wertansatz** die in der Bilanz erfassten Posten ausgewiesen werden. Falls der Bilanzierende eine Bilanzpolitik mit einem niedrigen Gewinnausweis verfolgt, so erfordert dies einen niedrigeren Wertansatz bei den Vermögensgegenständen und einen höheren Wertansatz bei den Schulden (Rückstellungen). Falls der Bilanzierende einen hohen Gewinn ausweisen möchte, so ist die Vorgehensweise genau umgekehrt.

Bei den Bewertungswahlrechten haben die **planmäßigen Abschreibungen** auf Gegenstände des abnutzbaren Anlagevermögens eine große Bedeutung. Denn die Vermögensgegenstände des Anlagevermögens werden gemäß § 253 Abs. 1 Satz 1 HGB mit den fortgeführten Anschaffungs- oder Herstellungskosten, d. h., vermindert um die Abschreibungen ausgewiesen.

Die Höhe der planmäßigen Abschreibung, bezogen auf die Anschaffungs- oder Herstellungskosten, wird beeinflusst durch:

- die Festlegung der **Nutzungsdauer:** je kürzer die Nutzungsdauer, desto höher die Abschreibung,
- die **Abschreibungsmethode**: linear, degressiv, progressiv oder leistungsbezogen,
- die Wahl einer **Vereinfachungsmethode**: Sofortabschreibung von GWG oder Sammelposten.

Bestimmung der Nutzungsdauer

Gestaltungsspielräume ergeben sich vor allem dadurch, dass im Handelsrecht, im Vergleich zum Steuerrecht, das mit den AfA-Tabellen (AfA = Absetzung für Abnutzung) für jedes Wirtschaftsgut eine Nutzungsdauer vorgibt, keine bestimmte **Nutzungsdauer** vorgegeben wird. Das folgende Beispiel zeigt, welch großen Einfluss die Nutzungsdauer auf die Höhe der Abschreibung hat.

Beispiel: Einfluss der Nutzungsdauer auf die Abschreibungshöhe

Ein Unternehmen hat einen abnutzbaren Vermögensgegenstand mit Anschaffungskosten in Höhe von 300.000 € im Januar des Geschäftsjahres 01 gekauft. Die Nutzungsdauer des Vermögensgegenstandes wird im Fall a) auf fünf Jahre und im Fall b) auf zwölf Jahre geschätzt. Der Vermögensgegenstand wird linear abgeschrieben.

Im Folgenden sehen Sie die Auswirkungen auf die Bilanz und die GuV mit unterschiedlichen Nutzungsdauern. Das Eigenkapital zu Beginn des Geschäftsjahres 01 betrug 200.000 €.

Fall a): Jahresabschluss bei einer linearen Abschreibung über fünf Jahre.

Aktiva		Bilanz zum 31.12.01 (in €)		Passiva
Anlagevermögen minus Abschreibungen	300.000 - 60.000	240.000	Eigenkapital	190.000
weitere Aktiva		360.000	Fremdkapital	410.000
		600.000		600.000

Gewinn- und Verlustrechnung für die Zeit vom 01.01. bis 31.12.01 (in €)			
Abschreibungen	60.000	Erträge	900.000
weitere Aufwendungen	850.000		
		Verlust (Jahresfehlbetrag)	**10.000**
	910.000		910.000

Fall b): Jahresabschluss bei einer linearen Abschreibung über zwölf Jahre.

Aktiva		Bilanz zum 31.12.01 (in €)		Passiva
Anlagevermögen minus Abschreibungen	300.000 -25.000	275.000	Eigenkapital	225.000
weitere Aktiva		360.000	Fremdkapital	410.000
		635.000		635.000

Gewinn- und Verlustrechnung für die Zeit vom 01.01. bis 31.12.01 (in €)			
Abschreibungen	25.000	**Erträge**	900.000
weitere Aufwendungen	850.000		
Gewinn (Jahresüberschuss)	**25.000**		
	900.000		900.000

Wahl der Abschreibungsmethode

Bei der **linearen Abschreibung** werden die Anschaffungs- oder Herstellungskosten in jeweils gleichen Jahresbeträgen über die Nutzungsdauer verteilt. Dagegen wird bei der geometrisch-degressiven Abschreibung ein gleichbleibender Prozentsatz vom Restbuchwert angesetzt. *Weitere Ausführungen finden Sie im Buch „Buchführung Schritt für Schritt" Kapitel 10.1.3 S. 192 ff.*

Beispiel: Einfluss der **Abschreibungsmethode** auf die Abschreibungshöhe

Ein Unternehmen hat einen abnutzbaren Vermögensgegenstand mit Anschaffungskosten in Höhe von 300.000 € im Januar des Geschäftsjahres 01 gekauft. Die Nutzungsdauer des Vermögensgegenstands beträgt 10 Jahre. Im Fall a) wird linear und im Fall b) wird geometrisch-degressiv mit 25 % abgeschrieben.

Im Folgenden sehen Sie die Auswirkungen auf die Bilanz und die GuV mit den unterschiedlichen Abschreibungsmethoden. Das Eigenkapital zu Beginn des Geschäftsjahres 01 betrug 200.000 €.

Fall a): Jahresabschluss bei einer linearen Abschreibung über zehn Jahre.

Aktiva		Bilanz zum 31.12.01 (in €)		Passiva
Anlagevermögen	300.000		Eigenkapital	220.000
minus Abschreibungen	-30.000	270.000		
weitere Aktiva		360.000	Fremdkapital	410.000
		630.000		630.000

Gewinn- und Verlustrechnung für die Zeit vom 01.01. bis 31.12.01 (in €)

Abschreibungen	30.000	Erträge	900.000
weitere Aufwendungen	850.000		
Gewinn (Jahresüberschuss)	**20.000**		
	900.000		900.000

Fall b): Jahresabschluss bei einer geometrisch-degressiven Abschreibung über zehn Jahre.

Aktiva		Bilanz zum 31.12.01 (in €)		Passiva
Anlagevermögen	300.000		Eigenkapital	175.000
minus Abschreibungen	-75.000	225.000		
weitere Aktiva		360.000	Fremdkapital	410.000
		585.000		585.000

Gewinn- und Verlustrechnung für die Zeit vom 01.01. bis 31.12.01 (in €)

Abschreibungen	75.000	Erträge	900.000
weitere Aufwendungen	850.000		
		Verlust (Jahresfehlbetrag)	**25.000**
	925.000		925.000

Merke

- Bei einer kurzen Nutzungsdauer ist die Abschreibung höher und mindert das Ergebnis.
- Bei einer langen Nutzungsdauer ist die Abschreibung niedriger und erhöht das Ergebnis.
- Die degressive Abschreibung führt in den ersten Jahren zu höheren Abschreibungsbeträgen und mindert das Ergebnis.
- Die lineare Abschreibung führt in den ersten Jahren zu niedrigeren Abschreibungsbeträgen im Vergleich zur degressiven Abschreibung und maximiert das Ergebnis.

14.6.1.4 Bewertung der Vorräte

Es gilt zwar für die Bewertung des Rohstoff- und Warenlagers der Grundsatz der Einzelbewertung, jedoch hat der Gesetzgeber bei gleichartigen Vermögensgegenständen des Vorratsvermögens **Bewertungsvereinfachungen** zugelassen. Neben der Gruppenbewertung nach dem gewogenen Durchschnitt sind auch die Verbrauchsfolgeverfahren des Lifo- und Fifo-Verfahrens erlaubt. Ferner ist auch ein **Festwert** als Ansatz eines konstanten Wertes aufgrund gleichbleibender Mengen und gleichbleibender Preise möglich.

Je nach Preisentwicklung der Vorräte können durch die Bewertungsmethode stille Reserven gebildet werden.

Merke: Verbrauchsfolgeverfahren

Bei monoton steigenden Einkaufpreisen führt die Bewertung nach dem Lifo-Verfahren zu einem niedrigeren Ansatz des Vermögens (Bildung von stillen Reserven) und wirkt sich somit ergebnismindernd aus.

Die selbsterstellten **fertigen und unfertigen Erzeugnisse** werden zu den **Herstellungskosten** bewertet. In der Handelsbilanz sind die durch die Herstellung angefallenen Aufwendungen, also Einzel- und Gemeinkosten, einzubeziehen. Für die folgenden Kosten besteht bei der Ermittlung der handelsrechtlichen **Herstellungskosten** ein Aktivierungs**wahlrecht**:

- Kosten für die allgemeine Verwaltung (nicht herstellungsbezogen),
- Aufwendungen für soziale Einrichtungen des Betriebs,
- Aufwendungen für freiwillige soziale Leistungen,
- Aufwendungen für die betriebliche Altersversorgung und
- Zinsaufwendungen (soweit sie auf den Zeitraum der Herstellung entfallen).

Durch diese Wahlrechte steht eine gewisse bilanzpolitische Manövriermasse zur Verfügung, d. h. es kann eine höhere oder eine niedrigere Bewertung der auf Lager liegenden **unfertigen und fertigen Erzeugnisse** sowie der anderen **aktivierten Eigenleistungen** erfolgen und somit ein höheres oder niedrigeres Ergebnis ausgewiesen werden.

Merke: Herstellungskosten

Werden die selbst erstellten Erzeugnisse mit der Wertobergrenze der Herstellungskosten bewertet, so erfolgt ein höherer Wertansatz des Vermögens. Dies führt zu einem höheren Ergebnis.

Übungsaufgabe 14.5

Diese Aufgabe und die Lösung finden Sie online.

14.6.2 Implizite Wahlrechte

Implizite (faktische) Wahlrechte sind im Gesetz nicht explizit aufgeführt, vielmehr handelt es sich um Ausgestaltungsmöglichkeiten innerhalb einer vorgeschriebenen Norm. Dies bedeutet, dass bei diesem Wahlrecht ein verdecktes Wahlrecht vorliegt. Der Gesetzgeber gibt gewisse Gebote und Verbote vor. Allerdings entstehen für die Bilanzierenden Spielräume in der Auslegung von weitgefassten Bilanzierungsnormen und unbestimmter Rechtsbegriffe. Daraus ergeben sich Bilanzansatzwahlrechte und Bewertungswahlrechte, die die Bilanzanalyse erschweren.

14.6.3 Ermessensspielräume

Neben den expliziten und impliziten Wahlrechten hat der Bilanzierende auch Ermessensspielräume. Ermessensspielräume ergeben sich immer dann, wenn durch die jeweilige Rechnungslegungsnorm der Ansatz oder die Bewertung von Vermögenswerten oder Schulden geregelt ist, die Voraussetzungen oder Methode zur Bestimmung von Ansatz oder Bewertung jedoch offenbleiben.[171] Dem Bilanzierenden wird so die Entscheidung über den genauen Wertansatz innerhalb einer für möglich erachteten Bandbreite von Ansätzen überlassen.

14.6.3.1 Außerplanmäßige Abschreibungen

Jeder Gegenstand des abnutzbaren Anlagevermögens wird planmäßig über die Nutzungsdauer abgeschrieben. Es kann jedoch der Fall eintreten, dass sich für einen abnutzbaren Vermögensgegenstand aufgrund von Änderungen der Abnutzung oder des Wiederbeschaffungswertes ein neuer Abschreibungswert ergibt. Daher besteht die Möglichkeit, diesen Gegenstand außerplanmäßig auf den niedrigeren Wert abzuschreiben, wenn die unerwartete Wertminderung voraussichtlich von Dauer ist. Bei Finanzanlagen darf eine außerplanmäßige Abschreibung auch bei voraussichtlich nicht dauernder Wertminderung durchgeführt werden (§ 253 Abs. 3 Satz 3 und 4 HGB).[172] Dagegen sind außerplanmäßige Abschreibungen bei Anlagevermögen für eine voraussichtlich nicht dauernde Wertminderung unzulässig.

Für die Unternehmen stellt sich regelmäßig die Frage: Ist die Wertminderung dauerhaft oder nur vorübergehend? Dadurch ergibt sich für die Unternehmen ein entsprechender Gestaltungsspielraum. Je nach Argumentation kann man teilweise die Wertminderung als dauerhaft oder als vorübergehend einschätzen. Der Bilanzersteller wird je nach Zielsetzung die Auslegung in seinem Sinne steuern.

Möchte der Bilanzierende das Ergebnis mindern, so sind hohe außerplanmäßige Abschreibungen zu empfehlen. Ist der Bilanzierende an einem hohen Ergebnisausweis interessiert, so wird er seine Argumentation so aufbauen, um eine Abwertung (außerplanmäßige Abschreibung) möglichst zu vermeiden.

Falls die Ursache für eine außerplanmäßige Abschreibung nicht mehr vorhanden ist, so liegt handels- und steuerrechtlich ein **Wertaufholungsgebot** bis maximal zu den theoretisch fortgeführten Anschaffungs- oder Herstellungskosten vor. Einzige Ausnahme ist der derivative Geschäfts- oder Firmenwert. Hier besteht ein Wertaufholungsverbot. Wird eine Wertaufholung vorgenommen, so werden stille Reserven aufgelöst und das Ergebnis verbessert sich.

Merke

Bei einer hohen außerplanmäßigen Abschreibung verringern sich zum einen das Vermögen und zum anderen das Ergebnis.

Niedrige außerplanmäßige Abschreibungen verringern das Vermögen nur minimal und dienen dem Ziel der Maximierung des Unternehmensergebnisses.

14.6.3.2 Zuordnung der Wertpapiere im Anlage- oder Umlaufvermögen

Für die Bewertung der Vermögensgegenstände des **Umlaufvermögens** gilt das **strenge Niederstwertprinzip**, d. h. es muss immer auf den niedrigeren Wert abgeschrieben werden. Dagegen gilt beim Anlagevermögen das gemilderte Niederstwertprinzip. In diesen Fall muss auf den niedrigeren

---

171 Vgl. Küting, K., Weber, C.-P.: Bilanzanalyse, 2012, S. 41.

172 Vgl. http://www.boeckler.de/pdf/mbf_bilanzpolitik_ja-analyse_kapitel2.pdf.

Wert nur dann abgeschrieben werden, wenn die Wertminderung voraussichtlich von Dauer ist. Bei den Finanzanlagen besteht ein Wahlrecht, wodurch eine außerplanmäßige Abschreibung auch bei einer voraussichtlich nicht dauernden Wertminderung vorgenommen werden kann.

Dadurch, dass die Wertpapiere sowohl dem Anlage-, als auch dem Umlaufvermögen zugeordnet werden können, entstehen für den Bilanzierenden Gestaltungsspielräume.

Merke

Werden bei einer vorübergehenden Wertminderung die bilanzierten Werte für die Wertpapiere des Anlagevermögens beibehalten, stellt dies eine Maßnahme zur Maximierung des Ergebnisses dar.

Werden bei einer vorübergehenden Wertminderung außerplanmäßige Abschreibungen auf die Wertpapiere des Anlagevermögens vorgenommen, stellt dies eine Maßnahme zur Minimierung des Ergebnisses dar.

14.6.3.3 Bemessung von Pauschal- und Einzelwertberichtigungen zu Forderungen

Grundsätzlich werden Forderungen aus Lieferungen und Leistungen mit ihrem Nennwert bilanziert, wenn sie einwandfrei sind. Es gibt aber auch zweifelhafte Forderungen, bei denen ein Ausfallrisiko besteht. In Höhe des erwarteten Ausfallrisikos ist eine Einzelwertberichtigung zu bilden. Da die Höhe des Ausfallrisikos nicht exakt ermittelt werden kann, ergibt sich für den Bilanzierenden ein gewisser Ermessensspielraum. Dabei gilt die folgende Regel:

- Bei einer pessimistischen Einschätzung des Ausfallrisikos wird eine hohe Einzelwertberichtigung gebildet. Dies führt zu einem niedrigeren Wertansatz des Vermögens und somit zu einem geringeren Ergebnisausweis.
- Bei einer optimistischen Einschätzung des Ausfallrisikos wird eine niedrige Einzelwertberichtigung gebildet. Dies führt zu einem größeren Wertansatz des Vermögens und somit zu einem höheren Ergebnisausweis.

Pauschalwertberichtigungen können für das allgemeine Ausfallrisiko von Forderungen gebildet werden. Bemessungsgrundlage für die Pauschalwertberichtigung ist der gesamte Netto-Forderungsbestand zum Geschäftsjahresende abzüglich der einzelwertberichtigten Forderungen. Auf diese Bemessungsgrundlage ist ein unter Berücksichtigung von Erfahrungswerten und sich bereits abzeichnender Entwicklungen geschätzter Prozentsatz anzuwenden.[173] Auch hier ergibt sich ein Ermessensspielraum wie bei den Einzelwertberichtigungen.

Weitere Details zu den Wertberichtigungen auf Forderungen finden Sie im *Buch von Jörg Wöltje „Buchführung Schritt für Schritt“ 6. Aufl. im Kapitel 10.3 „Abschreibungen und Wertberichtigungen auf Forderungen aLuL“ S. 209 ff.*

14.6.4 Rückstellungen

Rückstellungen sind „in öhe des nach vernünftiger kaufmännischer Beurteilung notwendigen Erfüllungsbetrages anzusetzen“ (§ 253 Abs. 1 Satz 2 HGB). Die Schätzungen müssen unter Berücksichtigung hinreichend objektiver Hinweise und auf Basis des Vorsichtsprinzips vorgenommen werden, sodass die Schätzwerte innerhalb einer plausiblen Bandbreite liegen. Problematisch ist dies, da so ein Spielraum und eine undurchschaubare Bemessung der Rückstellungen möglich werden. Allein die Formulierung „nach vernünftiger kaufmännischer Beurteilung“ ist sehr schwammig.

---

[173] Coenenberg, A. G. et al.: Jahresabschluss und Jahresabschlussanalyse, 2014, S. 258.

Bei den Rückstellungen für ungewisse Verbindlichkeiten ergibt sich beispielsweise ein Ermessensspielraum bezüglich der Höhe und der Eintrittswahrscheinlichkeit.

Aus der Erfahrung weiß man, dass in wirtschaftlich sehr guten Geschäftsjahren die Kreativität auf der Suche nach neuen Rückstellungsmöglichkeiten vielfach höher ausfallen wird als in wirtschaftlich schwachen Geschäftsjahren.

Auch bei der Bemessung von Garantierückstellungen ergeben sich Spielräume. Bei der Festlegung der Höhe sind auch Schadensfälle einzubeziehen, die zwar im vergangenen Geschäftsjahr angefallen sind, dem Unternehmen aber noch nicht gemeldet wurden. So bleibt ein großer Ermessensspielraum, da ein wesentlicher Teil der Garantierückstellungen nur geschätzt werden kann.

Rückstellungen haben die Wirkung eines zinslosen Kredits. Der Aufwand wird vorgezogen, ohne dass finanzielle Mittel abfließen. Das Vorziehen des Aufwandes verringert den zu versteuernden Gewinn und stärkt die Liquidität der Unternehmung. Durch den eingesparten Steuerbetrag verfügt ein Unternehmen über mehr liquide Mittel. Je langfristiger Rückstellungen angelegt sind, desto interessanter sind diese für die Innenfinanzierung. Durch die Vorteile, die Rückstellungen mit sich bringen, wird das eine oder andere Unternehmen verleitet Rückstellungen auszureizen.

Merke

Bei einer pessimistischen Risikoeinschätzung werden höhere Rückstellungen gebildet, dies führt zu einem geringerem Ergebnisausweis (Gewinn).

Bei einer optimistischeren Risikoeinschätzung werden niedrigere Rückstellungen gebildet, dies führt zu einem höheren Ergebnisausweis (Gewinn).

14.6.5 Abgrenzung von nachträglichem Herstellungs- und Erhaltungsaufwand

Bei Durchführung von Instandhaltungs-, Instandsetzungs- oder Unterhaltungsarbeiten kann es fraglich sein, ob dadurch eine aktivierungsfähige Vermögensmehrung entstanden ist, d. h. ob diese Kosten als nachträgliche Anschaffungs- oder Herstellungskosten aktiviert werden können oder aber als Aufwand in der GuV erfasst werden.[174] Bei der Abgrenzung ergeben sich häufig Schwierigkeiten.

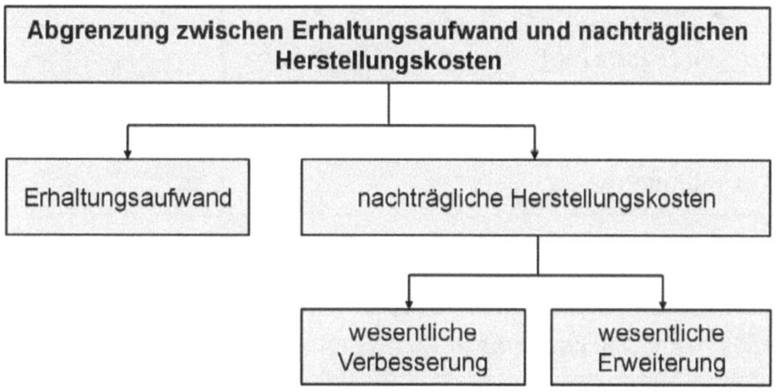

Abb. 14.12: Abgrenzung zwischen Erhaltungsaufwand und nachträglichen Herstellungskosten[175]

[174] Coenenberg, A. G. et al.: Einführung in das Rechnungswesen, 2014, S. 342.

[175] In Anlehnung an Quick, R. und Wolz, M.: Bilanzierung in Fällen, 2022, S. 87.

Herstellungskosten sind laut § 255 Abs. 2 Satz 1 HGB Aufwendungen zur wesentlichen Verbesserung eines Vermögensgegenstandes oder zur Substanzerweiterung und werden aktiviert, d. h. der Wert eines Vermögensgegenstandes nimmt zu. Die aktivierten Herstellungskosten werden über die Nutzungsdauer planmäßig abgeschrieben.

Eine wesentliche Verbesserung liegt vor, wenn beim Vermögensgegenstand eine andere Gebrauchs- oder Nutzungsmöglichkeit erreicht bzw. die Nutzungsdauer erheblich verlängert wurde.

Von einer wesentlichen Erweiterung ist dann auszugehen, wenn beim Vermögensgegenstand eine Erweiterung der Nutzungsmöglichkeit oder eine Mehrung seiner Substanz vorliegt.

Der Erhaltungsaufwand dient dazu, die Nutzungsmöglichkeit und die Substanz eines Vermögensgegenstandes zu erhalten (Instandhaltungsaufwand) oder diesen wiederherzustellen (Instandsetzungsaufwand). Diese Aufwandsart ist als Werbungskosten oder Betriebsausgaben absetzbar und wird sofort als Aufwand in der GuV erfasst und nicht aktiviert, d. h. das Ergebnis (Gewinn) wird gemindert und es müssen weniger Steuern bezahlt werden.

Es entsteht ein Steuervorteil bei Festlegung eines Erhaltungsaufwands anstatt der Aktivierung der nachträglichen Herstellungskosten. Denn beim Erhaltungsaufwand fließen zwar, wie bei der Aktivierung der Herstellungskosten, die liquiden Mittel sofort ab, aber dies führt unmittelbar zu einer verminderten Steuerlast im gleichen Jahr, da die Erhaltungsaufwendungen das Ergebnis mindern.

Aufgrund der steuerrechtlichen Vorteile bietet es sich für den Bilanzierenden an, die Ausgaben als Erhaltungsaufwand zu verbuchen. Die Abgrenzung zwischen Erhaltungsaufwand und nachträglichen Herstellungskosten fällt schwer, da sie fließend verläuft. Dies stellt somit einen bilanzpolitischen Ermessensspielraum dar, indem zwischen der Verbesserung eines Vermögensgegenstands (Herstellungskosten) und der Erhaltung, dessen Zustands (Erhaltungsaufwand) unterschieden werden muss.

Übungsaufgabe 14.6: Auswirkungen von Sachverhaltsgestaltungen

Kreuzen Sie bitte an, welches bilanzpolitische Ziel mit welcher Transaktionsentscheidung erreicht werden kann.

Transaktionsentscheidungen	bilanzpolitische Zielsetzung		
	hohes Ergebnis	niedriges Ergebnis	höhere Liquidität
Verkauf von Forderungen (Factoring)			
Aktivierung eines Disagios			
Einforderung von Anzahlungen			
Vorziehen des Kaufs einer Maschine zwecks Antizipation der Abschreibung			
Späterer Verkauf eines Grundstücks (Erlös > Buchwert)			
Vorziehen einer Großreparatur			
Vorziehen der Abwicklung eines Auftrags mit großer Gewinnspanne			
Spätere Abwicklung eines Auftrags mit großer Gewinnspanne			

Veräußerung von Wertpapieren (Erlös > Buchwert)			
Leasing anstatt Kauf von Anlagevermögensgegenständen			
Vorziehen einer Pensionszusage			
Sale-and-lease-back einer Produktionsanlage (Erlös > Buchwert)			

Die Lösung finden Sie online.

Übungsaufgabe 14.7

Diese Aufgabe und die Lösung finden Sie online.

Merke

Trotz verschiedener Möglichkeiten, die Ihnen die Bilanzpolitik bietet, sollten Sie den bilanzpolitischen Spielraum nicht überschätzen, und zwar aus folgendem Grund: Wenn Sie bei Ihrem aktuellen Jahresabschluss mithilfe der Bilanzpolitik z. B. den Ergebnisausweis minimieren möchten – beispielsweise durch überhöhte Abschreibungen –, dann werden Sie in den nächsten Geschäftsjahren ein höheres Ergebnis ausweisen, weil Ihnen dann das entsprechende Abschreibungsvolumen fehlt.

Eigene Notizen

Schritt 15: Jahresabschlussanalyse

Lernziele

In diesem Kapitel werden Sie lernen, dass die Jahresabschlussanalyse ein Instrument darstellt, mit dessen Hilfe aus dem Jahresabschluss, zumindest teilweise, die gewünschten Informationen über die Finanz-, Vermögens- und Ertragslage des Unternehmens gewonnen werden können. Sie werden sehen, dass die im Jahresabschluss enthaltenen Posten aufgespalten, bereinigt und in geeigneter Form zusammengefasst werden. Um die Aussagefähigkeit des Jahresabschlusses zu erhöhen, werden die Basisdaten verdichtet und Kennzahlen gebildet.

Nachdem Sie diese Kapitel bearbeitet haben, wissen Sie:

- für welche Zwecke die Jahresabschlussanalyse eingesetzt werden kann,
- in welchen Schritten eine Jahresabschlussanalyse durchgeführt werden sollte,
- mit welchen Kennzahlen Sie die Vermögens-, Kapitalstruktur und Rentabilität eines Unternehmens beurteilen können,
- wie Sie einen Jahresabschluss für die Jahresabschlussanalyse aufbereiten, und
- wie Sie den Unternehmenserfolg auf der Grundlage von Jahresabschlüssen analysieren können.

Sie werden die Lage und die Entwicklung eines Unternehmens anhand aufbereiteter Kennzahlen aus der Bilanz und der GuV beurteilen können.

15.1 Einführung

Im vorangegangenen Kapitel „Bilanzpolitik" wurden die Möglichkeiten dargestellt, wie die Unternehmen den Ausweis ihrer Vermögens-, Finanz- und Ertragslage zielorientiert gestalten können. Die Adressaten des Jahresabschlusses möchten jedoch von dem Unternehmen ein den tatsächlichen Verhältnissen möglichst entsprechendes Bild von der gegenwärtigen wirtschaftlichen Lage und der zukünftigen Unternehmensentwicklung gewinnen.

Mit einer systematischen **Auswertung des Jahresabschlusses lässt sich die Aussagekraft** der Bilanz und Gewinn- und Verlustrechnung **erhöhen**. Auf der Basis von vergangenheitsorientierten Daten und Informationen des aktuellen Jahresabschlusses wird versucht, Erkenntnisse über die zu erwartende künftige Entwicklung des Unternehmens zu erlangen. Im Rahmen der Jahresabschlussanalyse werden Posten des Jahresabschlusses zu aussagefähigen und in der Analyse verwertbaren Größen zusammengefasst, aufgespalten oder saldiert, um ausgewählte Basisgrößen für die Analyse zu erhalten.

15.2 Ziele, Aufgaben und Ablauf der Jahresabschlussanalyse

Die Aufgabe der Jahresabschlussanalyse, die häufig auch als Bilanzanalyse bezeichnet wird, ist die Beurteilung der wirtschaftlichen Lage eines Unternehmens. Sie verfolgt im weitesten Sinne die folgenden Ziele und Aufgaben:

- Analyse der Ertragslage und der Ergebnisentwicklung,
- Untersuchung der Art und Struktur von Mittelherkunft und Mittelverwendung,
- Feststellung des Ausmaßes der realisierten Kapitalerhaltung und
- Analyse der finanziellen Lage.

Die folgende Abbildung zeigt die Zielsetzung der Jahresabschlussanalyse der verschiedenen Adressaten.

Adressaten	**Zielsetzungen**
Gläubiger	Überprüfung der Kreditwürdigkeit und des Kapitaldienstes (Tilgung + Zins) sowie die Risikoeinschätzung bei Kreditvergabe von Banken; Analyseschwerpunkt = finanzwirtschaftliche Bilanzanalyse
Anteilseigner	Ermittlung der Eigenkapitalrendite und Analyse der künftigen Risiken; Analyseschwerpunkt = erfolgswirtschaftliche Bilanzanalyse
Konkurrenz-unternehmen	Vergleich mit dem eigenen Unternehmen und der verschiedenen Bereiche., nsbesondere der Umsatzerlöse, der Ertragslage, der Rentabilitätskennziffern sowie der Kapitalstruktur
Unternehmens-interne Interessenten	Informations- und Steuerungsfunktion

Abb. 15.1: Zielsetzung der Jahresabschlussanalyse

In der folgenden Abbildung ist der Ablauf einer Jahresabschlussanalyse schematisch dargestellt.

Basisinformationen aus dem Jahresabschluss und dem Lagebericht

⇩

1) Datenaufbereitung

materielle Datenaufbereitung, d. h. Eliminierung von - Überbewertungen und - Unterbewertungen	**formale** Datenaufbereitung - Strukturbilanz - Erfolgsspaltung

⇩

2) Kennzahlenbildung

finanzwirtschaftliche Kennzahlen - Vermögensstruktur - Kapitalstruktur - Liquidität	**erfolgswirtschaftliche Kennzahlen** - Ertragsstruktur - Aufwandsstruktur - Rentabilität

⇩

3) Kennzahlenauswertung

- Zeitreihenvergleich
- Branchenvergleich
- Soll-Ist-Vergleich

Abb. 15.2: Ablauf der Jahresabschlussanalyse

15.3 Kennzahlen als Instrument der Jahresabschlussanalyse

Kennzahlen stellen in der Analysepraxis das wesentliche Instrument zur Untersuchung von Jahresabschlüssen dar. Ziel der Anwendung von Kennzahlen ist es, komplexe Sachverhalte und Prozesse in stark konzentrierter Form darzustellen, um daraus erfolgreiche Maßnahmen abzuleiten.

Mithilfe von Kennzahlen werden quantitative als auch quantitative Informationen analysiert, dabei unterscheidet man zwischen:

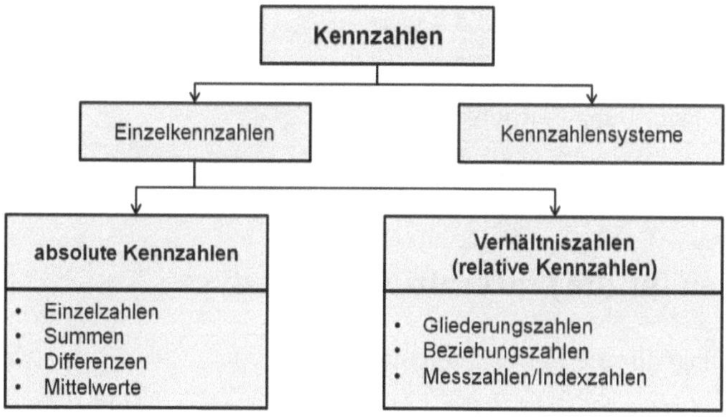

Abb. 15.3: Kennzahlen

Kennzahlen können als **absolute Zahlen**, wie z. B. Einzelzahlen oder Summen, oder als Verhältniszahlen existieren. Bereits Einzelzahlen können eine gewisse Aussagekraft haben. So handelt es sich beispielsweise bei den Größen Umsatzerlöse, Gesamtleistung, Eigenkapital, Cashflow, Rohergebnis, Betriebsergebnis oder Bilanzsumme um Kennzahlen mit hohem Erkenntniswert.

Besonders **Verhältniszahlen** haben eine hohe Aussagekraft. Bei diesen relativen Zahlen werden zwei absolute Zahlen in Quotientenform zueinander in Beziehung gesetzt. Bei Verhältniszahlen ist das sogenannte Entsprechungsprinzip zu beachten, welches besagt, dass die Zahlen in einem sinnvollen inneren Zusammenhang stehen müssen. Die Verhältniszahlen können in Gliederungs-, Beziehungs- und Indexzahlen gruppiert werden.

Gliederungszahlen: Gliederungszahlen geben eine Teilgröße im Vergleich zur Gesamtgröße an. Sie bestehen immer aus einem Quotienten. Bei den Gliederungszahlen ist der Zähler immer auch Bestandteil des Nenners. Da Gliederungszahlen in Prozent angegeben werden, bietet sich ein Vergleich von Betrieben unterschiedlicher Größe an. Ein Beispiel für eine Gliederungszahl ist die Eigenkapitalquote, wobei das Eigenkapital eine Teilgröße des Gesamtkapitals darstellt:

$$\text{Eigenkapitalquote} = \frac{\text{Eigenkapital}}{\text{Gesamtkapital (Bilanzsumme)}}$$

Beziehungszahlen: Bei den Beziehungszahlen, die ebenfalls aus einem Quotienten gebildet werden, setzt man verschiedenartige Gesamtheiten in Beziehung zueinander, die in einem sinnvollen Zusammenhang stehen. Dies kann zum Beispiel eine Mittel-Zweck-Relation sein. So kann der Gewinn als Zweck z. B. dem Eigenkapital als Mittel gegenübergestellt werden.[176]

Indexzahlen: Indexzahlen zeigen Entwicklungen/Trends einer Größe über die Zeit, indem der Wert eines Basiszeitpunktes gleich 100 gesetzt wird und alle anderen Größen im Verhältnis zum Basiswert gemessen werden. Bei der Auswahl des Basiswertes sollte darauf geachtet werden, dass

[176] Vgl. Coenenberg, A. G. et al.: Jahresabschluss und Jahresabschlussanalyse, 2014, S. 1024 f.

ein repräsentativer Wert ausgesucht wird, da bei „extremen“ Basiswerten normale Folgewerte als außergewöhnlich erscheinen können.[177] Bei den Indexzahlen unterscheidet man zwischen Preisindizes (nur Preisbewegungen), Mengenindizes (nur Mengenbewegungen) und Wertindizes (Preis- und Mengenänderungen),

Beispiele für Indexzahlen sind: Entwicklung der Aktienkurse, der Lebenshaltungskosten, der Mieten, der Preise, der Löhne und Gehälter, der Lohnkosten im internationalen Vergleich, des Unternehmensgewinns.

$$\text{Umsatzentwicklung} = \frac{\text{Umsatz des Jahres 02}}{\text{Umsatz des Jahres 01}} \times 100$$

$$\text{Preisindex} = \frac{\text{Preis im Ermittlungszeitpunkt}}{\text{Preis im Basiszeitpunkt}} \times 100$$

15.4 Basisgrößen für die Jahresabschlussanalyse

Sie stellen die Grundlage für die Kennzahlenanalyse dar.

Die Feststellung des **Anlagevermögens** ist einfach, da es in jeder Bilanz gesondert ausgewiesen wird. Das **Umlaufvermögen** wird in drei Gruppen eingeteilt:

- liquide Mittel,
- monetäres Umlaufvermögen, und
- gesamtes Umlaufvermögen.

Zu den **liquiden Mitteln** des Umlaufvermögens gehören z. B.:

	flüssige Mittel (Kassenbestand, Bundesbankguthaben, Guthaben bei Kreditinstituten und Schecks)	Aktiva B. IV.
+	Wertpapiere, die an der Börse gehandelt werden	Aktiva B. III.
=	**liquide Mittel**	

Abb. 15.4: Ermittlung der liquiden Mittel

Die liquiden Mittel werden bei der Liquiditätsanalyse als „Mittel 1. Grades“ bezeichnet.

Das **monetäre Umlaufvermögen** können Sie nach dem folgenden Schema ermitteln:

	Forderungen und sonstige Vermögensgegenstände	Aktiva B. II.
+	Wertpapiere, die an der Börse gehandelt werden	Aktiva B. III.
+	flüssige Mittel (Kassenbestand, Bundesbankguthaben, Guthaben bei Kreditinstituten und Schecks)	Aktiva B. IV.
=	**monetäres Umlaufvermögen**	

Abb. 15.5: Ermittlung des monetären Umlaufvermögens

177 Vgl. Littkemann, J. & Krehl, H.: Krisendiagnose durch Bilanzanalyse, 2000, S. 21.

Das **monetäre Umlaufvermögen** wird z. B. für die Berechnung der Liquidität zweiten Grades benötigt.

Zum **bilanzanalytischen Umlaufvermögen** gehören:

	Vorräte	Aktiva B. I.
+	Forderungen und sonstige Vermögensgegenstände	Aktiva B. II.
+	Wertpapiere, die an der Börse gehandelt werden	Aktiva B. III.
+	flüssige Mittel (Kassenbestand, Bundesbankguthaben, Guthaben bei Kreditinstituten und Schecks)	Aktiva B. IV.
+	aktive Rechnungsabgrenzungsposten (ohne Disagio)	Aktiva C.
-	aktiviertes Disagio (Angabepflicht in der Bilanz oder im Anhang gemäß § 268 Abs. 6 HGB)	
=	**bilanzanalytisches Umlaufvermögen**	

Abb. 15.6: Ermittlung des bilanzanalytischen Umlaufvermögens

Auf der Passivseite der Bilanz ist zwischen der Aufbereitung des Eigen- und des Fremdkapitals zu unterscheiden. Für die Analyse der Kapitalstruktur wird unter anderem das bilanzanalytische Eigenkapital benötigt. Zum **bilanzanalytischen Eigenkapital** gehören:

	gezeichnetes Kapital	Passiva A. I.
-	ausstehende Einlagen (sowohl nicht eingeforderte ausstehende Einlagen als auch eingeforderte ausstehende Einlagen)	
+	Kapitalrücklage	Passiva A. II.
+	Gewinnrücklagen	Passiva A. III.
-	Rücklage für Anteile an einem herrschenden oder mit Mehrheit beteiligtem Unternehmen	
+/-	Bilanzgewinn/Bilanzverlust	
-	Ausschüttungsbetrag (auf der Grundlage des publizitätspflichtigen Gewinnvorschlags (§ 170 Abs. 2 Nr. 1 AktG) oder des publizitätspflichtigen Gewinnverwendungsbeschlusses (§ 174 Abs. 2 Nr. AktG))	
-	aktiviertes Disagio	
-	selbstgeschaffene immaterielle Vermögensgegenstände des Anlagevermögens abzüglich passiver latenter Steuern	
-	aktive latente Steuern	
-	aktiver Unterschiedsbetrag aus der Vermögensverrechnung abzüglich passiver latenter Steuern	
-	nicht ausgewiesene oder unterdeckte Rückstellungen für Pensionen oder ähnliche Verpflichtungen	
+	2/3 der Baukostenzuschüsse	
+	70 % der Investitionszuschüsse	
+	Nachrangdarlehen (z. B. Gesellschafterdarlehen)	
+	Aufwandsrückstellungen	
=	**bilanzanalytisches Eigenkapital**	

Abb. 15.7: Ermittlung des bilanzanalytischen Eigenkapitals

Das **Fremdkapital (FK)** wird in **kurzfristiges, mittelfristiges und langfristiges Fremdkapital** eingeteilt. Zum **kurzfristigen Fremdkapital** gehören Verbindlichkeiten, die innerhalb von 90 Tagen (Handelswechsel) und teilweise innerhalb von 12 Monaten fällig werden, die Abgrenzung zu dem mittelfristigen Fremdkapital ist fließend. Das kurz- und mittelfristige Fremdkapital können Sie wie folgt ermitteln:

	Verbindlichkeiten mit einer Restlaufzeit ≤ 1 Jahr	Passiva C.
+	Steuerrückstellungen (einschließlich latenter Steuern)	Passiva B. 2.
+	sonstige Rückstellungen (ggf. abzüglich Aufwandsrückstellungen)	Passiva B. 3.
-	Aufwandsrückstellungen	
+	vorgesehener Ausschüttungsbetrag (Dividendenzahlung)	
+	passive Rechnungsabgrenzungsposten	Passiva D.
=	**kurzfristiges Fremdkapital**	
+	Verbindlichkeiten mit Restlaufzeit > 1 Jahr und zugleich ≤ 5 Jahre	
+	passive latente Steuern	
+	erhaltene Anzahlungen auf Bestellungen (können kurz- oder langfristig sein)	Passiva C. 3.
=	**kurz- und mittelfristiges Fremdkapital**	

Abb. 15.8: Ermittlung des kurz- und mittelfristigen Fremdkapitals

Zum langfristigen Fremdkapital gehören Verbindlichkeiten und Rückstellungen, die nach Ablauf von fünf Jahren fällig werden. Hierzu gehören:

	Verbindlichkeiten mit einer Restlaufzeit von > 5 Jahre	siehe Anhang
+	Rückstellungen für Pensionen und ähnliche Verpflichtungen	Passiva B. 1.
+	Fremdkapitalanteil der unterlassenen, nicht bilanzierungspflichtigen Pensionsrückstellungen (Art. 28 Abs. 2 EGHGB)	
=	**langfristiges Fremdkapital**	

Abb. 15.9: Ermittlung des langfristigen Fremdkapitals

Cashflow

Der Cashflow stellt einen Erfolgsindikator dar und wird nach der Praktikerformel wie folgt berechnet:

	Jahresüberschuss oder Jahresfehlbetrag
+	Abschreibungen
-	Zuschreibungen
+	Zuführungen zu den Pensionsrückstellungen bzw. anderen langfristigen Rückstellungen
-	Auflösungen von Pensionsrückstellungen bzw. anderen langfristigen Rückstellungen
+/-	andere nicht zahlungswirksame Aufwendungen/Erträge von wesentlicher Bedeutung
=	**Cashflow**

Abb. 15.10: Ermittlung des Cashflows nach der indirekten Methode

Der exaktere Cashflow aus dem Jahresergebnis kann wie folgt ermittelt werden:

			Jahr 03	Jahr 02	Jahr 01
	Jahresüberschuss oder Jahresfehlbetrag				
+	**Nicht auszahlungswirksame Aufwendungen**				
	+	planmäßige Abschreibungen auf abnutzbares Anlagevermögen			
	+	außerplanmäßige Abschreibungen auf Anlage- und Umlaufvermögen			
	+	Verluste aus dem Abgang von Vermögensgegenständen			
	+	Bestandsverringerung an RHB-Stoffen (Lagerentnahme)			
	+	Verminderung geleisteter Anzahlungen			
	+	Einstellungen in Pauschalwertberichtung auf Forderungen			
	+	Verminderung aktiver RAP			
	+	Zuführung zu den Pensionsrückstellungen und sonstigen Rückstellungen			
	+	Erhöhung des Bestandes an Verbindlichkeiten aLuL			
	+	(...)			
-	**Nicht zahlungswirksame Erträge**				
	-	Zuschreibungen auf Anlage- und Umlaufvermögen			
	-	Erträge aus anderen aktivierten Eigenleistungen			
	-	Verminderungen von in Vorperioden erhaltenen Anzahlungen			
	-	Erhöhung des Bestandes an Forderungen aLuL			
	-	Auflösungen der Pensionsrückstellungen und sonstigen Rückstellungen			
	-	Verminderung passiver RAP			
	-	(...)			
+	**Nicht ertragswirksame Einzahlungen**				
	+	Erhöhung des Bestands an erhaltenen Anzahlungen			
	+	Verminderung des Bestands an Forderungen aLuL			
	+	Verkauf von Vermögensgegenständen zum Buchwert			
	+	Einzahlungen von Gesellschaftern			
	+	Einzahlungen von gewährten Krediten			
	+	Erhöhung passiver RAP			
	+	(...)			
-	**Nicht aufwandswirksame Auszahlungen**				
	-	Auszahlungen für Investitionen in Anlagevermögen			
	-	Erhöhung des Bestands an RHB-Stoffen und Waren (Lageraufbau)			
	-	Erhöhung des Bestandes an geleisteten Anzahlungen			
	-	Verminderung des Bestands an Verbindlichkeiten aLuL			
	-	Erhöhung aktiver RAP			

	-	Auszahlungen zulasten früher gebildeter Rückstellungen			
	-	Tilgung von Krediten			
	-	(...)			
=	**Cashflow**				

Abb. 15.11: Ermittlung des Cashflows nach der exakteren Methode

Finanzschulden

Die Finanzschulden stellen den verzinslichen Anteil des Fremdkapitals dar. Das verzinsliche Fremdkapital kann wie folgt berechnet werden:[178]

	Anleihen/Schuldscheindarlehen
+	Verbindlichkeiten gegenüber Kreditinstituten
+	Akzeptverbindlichkeiten
+	in den restlichen Schulden enthaltene verzinsliche Anteile (gewöhnlich ohne Pensionsrückstellungen)
=	**Finanzschulden (verzinsliche Anteile des Fremdkapitals)**

Abb. 15.12: Ermittlung der Finanzschulden

Nettofinanzschulden

Die Nettofinanzschulden können Sie berechnen, indem Sie von der Summe der zinstragenden Verbindlichkeiten (Finanzschulden) die liquiden Mittel subtrahieren.

	Finanzschulden (verzinsliche Anteile des Fremdkapitals)
-	flüssige Mittel (Kasse, Bankguthaben etc.)
-	Wertpapiere des Umlaufvermögens
=	**Nettofinanzschulden**

Abb. 15.13: Ermittlung der Nettofinanzschulden

Effektivverschuldung

	Fremdkapital
-	monetäres Umlaufvermögen (abzgl. Forderungen mit einer Restlaufzeit > 1 Jahr)
=	**Effektivverschuldung**

Abb. 15.14: Ermittlung der Effektivverschuldung

15.5 Strukturbilanz

Die Strukturbilanz ist das Ergebnis der Aufbereitungsmaßnahmen. Bei der Aufbereitung der Bilanz geht es darum, die einzelnen Posten der Bilanz durch Umgliederung und Umbewertung zu aussagefähigen und später mithilfe von Kennzahlen zu sinnvoll vergleichbaren Größen zu generieren. Dies geschieht durch Bereinigung von bilanzpolitischen Maßnahmen und Sachverhaltsgestaltungen. Folgende Maßnahmen sind zu ergreifen:

---

[178] Vgl. Coenenberg A. G et al.: Jahresabschluss und -analyse, 2021, S. 1161.

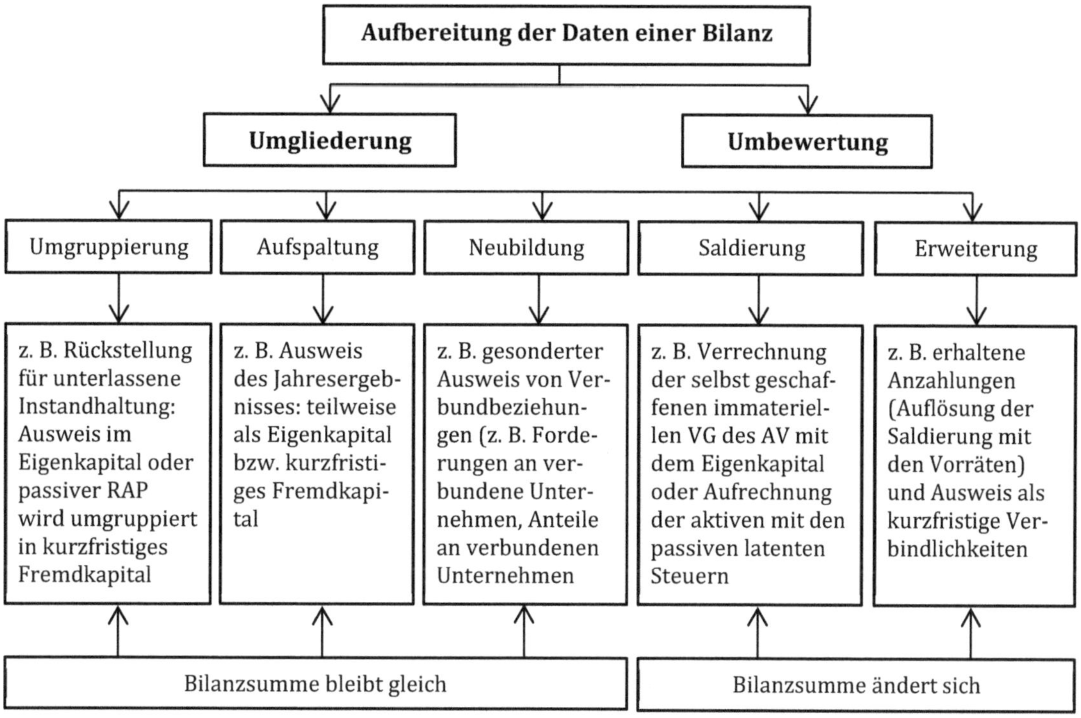

Abb. 15.15: Aufbereitungsmaßnahmen für eine Strukturbilanz

Aufbau einer Strukturbilanz für die Jahresabschlussanalyse

Aktiva	**Bilanz** Passiva
Anlagevermögen	**Eigenkapital**
• immaterielle Vermögensgegenstände	
• Sachanlagen	
• Finanzanlagen	**Fremdkapital**
Umlaufvermögen	• langfristiges Fremdkapital
	• mittelfristiges Fremdkapital
	• kurzfristiges Fremdkapital
Bilanzsumme	Bilanzsumme

Abb. 15.16: Grundaufbau einer Strukturbilanz

Zur Erhöhung der Aussagefähigkeit können in einer Strukturbilanz auch gesonderte Spalten für Branchen- oder Zeitvergleiche eingefügt werden. Im Folgenden sehen Sie einen Vorschlag für den formalen Grundaufbau einer Strukturbilanz.

Strukturbilanz	03			02	01
	absolut	in %	Veränderung ggü. Vorjahr in %	absolut	absolut
1. Aktiva					
1.1 Bilanzanalytisches AV ▪ Immaterielle Vermögensgeg. ▪ Sachanlagen ▪ Finanzanlagen					
1.2 Bilanzanalytisches UV ▪ Vorräte ▪ Forderungen bis zu 1 Jahr ▪ Forderungen über 1 Jahr ▪ Wertpapiere ▪ liquide Mittel ▪ Rechnungsabgrenzungsposten (ohne Disagio)					
Summe Bilanzvermögen		**100**			
2. Passiva					
2.1 Bilanzanalytisches EK ▪ Gezeichnetes Kapital ▪ Kapitalrücklage ▪ Gewinnrücklagen ▪ Gewinnvortrag/Verlustvortrag ▪ Jahresüberschuss (nach Ausschüttung)					
2.2 Bilanzanalytisches FK					
▪ Rückstellungen (kurzfristig) ▪ Rückstellungen (langfristig) ▪ Rückstellungen (mittelfristig) ▪ Verbindlichkeiten ▪ kurzfristig (bis 1 Jahr) ▪ mittelfristig (1 bis 5 Jahre) ▪ langfristig (über 5 Jahre) ▪ Rechnungsabgrenzungsposten					
Summe Bilanzkapital		**100**			

Abb. 15.17: Gliederungspositionen einer Strukturbilanz

15.6 Jahresabschlussanalyse im Kontext der Unternehmensanalyse

Aus einem **aufbereiteten Jahresabschluss** können insbesondere Kennzahlen zur finanzwirtschaftlichen und erfolgswirtschaftlichen Bilanzanalyse ermittelt werden. Die folgende Abbildung gibt einen Überblick über die verschiedenen Analysebereiche:

Ziele	Liquidität	Vermögen	Kredit-würdigkeit	Wachstum	Erfolg
	↓	↓	↓	↓	↓
	finanzwirtschaftliche Bilanzanalyse			**erfolgswirtschaftliche Bilanzanalyse**	
	Investitions-analyse	Finanzierungs-analyse	Liquiditäts-analyse	Ergebnis-analyse	Rentabilitäts-analyse
Unter-suchungs-objekt	Vermögens-struktur	Kapitalstruktur	Zusammenhang zwischen Investition und Finanzierung	Aufwands- und Ertragsstruktur	relativierte Erfolgsbewertung
Kenn-zahlen	• Anlagenintensität • Umlaufintensität • Umschlagshäufig-keit • Investitionsquote	• Eigenkapital-quote • Verschuldungs-grad • Selbstfinanzie-rungsgrad	• Liquiditätsgrade • Deckungsgrade • Working Capital • Cashflow	• Jahresüber-schuss • EBT • EBIT • EBITDA	• Umsatzrentabilität • Eigenkapitalrenta-bilität • Gesamtkapital-rentabilität • ROI • EBIT-Marge
	Zeitvergleich und/oder Branchenvergleich der Kennzahlen				

Abb. 15.18: Jahresabschlussanalyse im Kontext der Unternehmensanalyse

15.6.1 Finanzwirtschaftliche Analyse

Analyse der Vermögensstruktur

Die Kennzahlen zur Vermögenslage beziehen sich auf die Mittelverwendungsseite der Bilanz. Interessant bei diesen Kennzahlen sind vor allem die Branchen- oder Zeitreihenvergleiche.

Anlagenintensität

Die Anlagenintensität gibt Auskunft darüber, wie hoch der Anteil des Anlagevermögens am Gesamtvermögen (Bilanzsumme) ist und zeigt, welcher Anteil des Vermögens langfristig gebunden ist.

$$\text{Anlagenintensität} = \frac{\text{Anlagevermögen}}{\text{Gesamtvermögen (Bilanzsumme)}} \times 100$$

Eine hohe Anlagenintensität kennzeichnet eine hohe langfristige Kapitalbindung und in Konsequenz einen hohen (Re)-Investitionsbedarf. In der Regel gilt: Je höher die Anlagenintensität, desto konjunkturabhängiger ist ein Unternehmen und desto geringer die finanz- und erfolgswirtschaftliche Stabilität.

Niedrige **Anlagevermögen** stehen für betriebliche Flexibilität, da die Unternehmensleitung schneller auf grundlegende Marktveränderungen und Beschäftigungsschwankungen reagieren kann. Eine erforderliche Verringerung umfangreicher Anlagevermögen geht dagegen nur schwerfällig vor sich. Weiterhin werden bei **kleineren Anlagevermögen geringere Fixkosten** aufgrund der **niedrigeren Kapitalbindung** vermutet. **Niedrigere Anlagevermögen** können aber auch bedeuten, dass Unternehmen mit veralteten und bereits **stark abgeschriebenen Anlagen** produzieren und nicht für die Zukunft gerüstet sind.

Die Anlagenintensität gibt Auskunft über den Grad der Beweglichkeit des Unternehmens.

Intensität des immateriellen Vermögens

$$\text{Intensität des immateriellen Vermögens} = \frac{\text{immaterielle Vermögenswerte}}{\text{Gesamtvermögen (Bilanzsumme)}} \times 100$$

Die obige Kennzahl gewinnt immer mehr an Bedeutung. Sie gibt Auskunft darüber, wie stark ein Unternehmen im Geschäftsprozess auf seine immateriellen Vermögensgegenstände angewiesen ist. Abweichungen vom Branchendurchschnitt könnte als gefährdetes Erfolgspotenzial oder als Indiz für Wettbewerbsvorteil gesehen werden.

Aktivierungsquote

$$\text{Aktivierungsquote} = \frac{\text{aktivierte Entwicklungsaufwendungen}}{\text{gesamter Forschungs- und Entwicklungsaufwand}} \times 100$$

Die Aktivierungsquote gibt Auskunft über die Aktivierungsfreudigkeit des Unternehmens bei den Entwicklungsaufwendungen und damit einen Hinweis auf eine eher **progressive** oder **konservative** Bilanzpolitik.

Umlaufintensität

Die **Umlaufintensität** - auch als Arbeitsintensität bezeichnet - gibt die Beziehung zwischen dem Umlaufvermögen und dem Gesamtvermögen an. Sie zeigt, wie flexibel ein Unternehmen auf veränderte Umfeldbedingungen reagieren kann.

$$\text{Umlaufintensität} = \frac{\text{Umlaufvermögen}}{\text{Gesamtvermögen (Bilanzsumme)}} \times 100$$

Eine **ausgeprägte Umlaufintensität** deutet bei materialintensiven Branchen auf einen **zu hohen Lagerbestand** und entsprechend hohe Lagerhaltungskosten hin. Auslöser kann aber auch ein **hoher Forderungsbestand** sein. Anhand der Zusammensetzung des Umlaufvermögens können Sie feststellen, ob ein Unternehmen vorrats- oder forderungsintensiv ist.

Vorratsintensität

Im Einzelhandel entfällt ein hoher Anteil der Bilanzsumme auf das Warensortiment und das Warenlager. Die Vorratsintensität können Sie wie folgt ermitteln:

$$\text{Vorratsintensität} = \frac{\text{durchschnittlicher Bestand an Vorräten}}{\text{Gesamtvermögen(Bilanzsumme)}} \times 100$$

Investitionsquote

Die Investitionsquote gibt Aufschluss über die Investitionsneigung und die Zukunftsvorsorge des Unternehmens.[179] Sie gibt an, wie viel Prozent der historischen Anschaffungs- oder Herstellungskosten zu Beginn des Geschäftsjahres im betrachteten Jahr neu investiert wurden, d. h., wie viel Prozent der Sachanlagengüter neu zum Sachanlagevermögen hinzugekommen sind. In einem Zeitreihenvergleich kann man feststellen, wie sich die langfristige Investitionstätigkeit entwickelt hat.

$$\text{Investitionsquote} = \frac{\text{Neuinvestionen in das Sachanlagevermögen}}{\text{Sachanlagevermögen zu AHK am Periodenbeginn}} \times 100$$ [180]

Das gesamte Investitionsvolumen eines Geschäftsjahres kann man im Anlagenspiegel der Spalte „Zugänge" entnehmen. Je größer das Investitionsvolumen ist, desto besser scheint das Unternehmen für die Zukunft gerüstet. Diese Einschätzung ist zu relativieren, wenn die Abgänge zu Restbuchwerten einen verhältnismäßig großen Umfang haben. Dies bedeutet, dass den Zugängen im Geschäftsjahr Desinvestitionen gegenüberstehen, die eventuell auf frühere Fehlinvestitionen

---

179 Vgl. Küting, K. & Weber, C.-P.: Die Bilanzanalyse, 2012, S. 129.

180 AHK = Anschaffungs- oder Herstellungskosten.

zurückzuführen sind. Damit Fehleinschätzungen vermieden werden, ist die **Nettoinvestition** zu verwenden. Die Nettoinvestitionen des Sachanlagevermögens können wie folgt berechnet werden:

	Zugänge von Sachanlagen des Geschäftsjahres (gemäß Anlagenspiegel)
-	Abgänge zu Restbuchwerten
=	**Nettoinvestitionen des Sachanlagevermögens**

Abb. 15.19: Ermittlung der Nettoinvestitionen des Sachanlagevermögens

Abschreibungsquote

Mit der Abschreibungsquote können Erkenntnisse über die durchschnittliche Nutzungsdauer der Sachanlagen gewonnen werden. Die **Abschreibungsquote** sollte zur Beurteilung des Investitionsbedarfs ergänzend herangezogen werden:

$$\text{Abschreibungsquote} = \frac{\text{Jahresabschreibungen auf Sachanlagen}}{\text{Sachanlagevermögen zu AHK am Periodenende}} \times 100$$

Je höher die Abschreibungsquote, desto kürzer ist die Nutzungsdauer des Sachanlagevermögens und umso größer ist der Investitionsbedarf. Dies kann aber auch bedeuten, dass der Anlagenbestand schneller erneuert und modernisiert wird, sodass das Unternehmen für die Zukunft besser gerüstet ist. Dagegen kann eine geringe Abschreibungsquote auf eine ertragswirtschaftliche Schrumpfung hinweisen.

15.6.2 Finanzierungsanalyse

Eigenkapitalquote

Im Mittelpunkt der **Kapitalstrukturanalyse** steht die Eigenkapitalquote, die anhand der folgenden Kennzahl gemessen wird:

$$\text{Eigenkapitalquote} = \frac{\text{Eigenkapital}}{\text{Gesamtkapital (Bilanzsumme)}} \times 100$$

Die Eigenkapitalquote besagt, wie hoch der Prozentsatz der eigenen Mittel an der Finanzierung ist. Bei der Berechnung des Eigenkapitals ist auch der Jahresüberschuss (Gewinn) bzw. der Jahresfehlbetrag (Verlust) des betrachteten Geschäftsjahres mit einzubeziehen.

Je höher der **Eigenkapitalanteil** am Gesamtkapital ist, umso **kreditwürdiger, konkurrenzfähiger** und unabhängiger von den Banken sowie sonstigen Kreditgebern ist ein Unternehmen. Mit steigendem Eigenkapitalanteil vergrößert sich die **Haftungssubstanz** des Unternehmens. Dies bedeutet, dass die Gefahr für die Fremdkapitalgeber, auf Zinszahlungen verzichten müssen oder gar ihr Kapital nicht wieder zurückgezahlt zu bekommen, gering ist, falls das Unternehmen Verluste machen sollte. Denn die Verluste haben zunächst nur die Eigenkapitalgeber zu tragen. Des Weiteren werden bei einer hohen Eigenkapitalquote die **Beschaffung von Fremdkapital** erleichtert und somit die Chance einer **Wachstumsfinanzierung** ermöglicht.

Anspannungsgrad

Der Anspannungsgrad (Fremdkapitalquote) gibt – analog zur Eigenkapitalquote – den Anteil des Fremdkapitals am Gesamtkapital an. Der Anspannungsgrad wird folgendermaßen errechnet:

$$\text{Anspannungsgrad} = \frac{\text{Fremdkapital}}{\text{Gesamtkapital (Bilanzsumme)}} \times 100$$

Je höher der Anspannungsgrad, umso abgeneigter sind die Banken bei der Kreditvergabe. Ein hoher Anspannungsgrad ist mit hohen Zins- und Tilgungszahlungen verbunden. Dies führt zu einer kontinuierlichen Belastung der liquiden Mittel.

Statischer Verschuldungsgrad

Der statische Verschuldungsgrad liefert eine Aussage über die Kreditwürdigkeit eines Unternehmens. Wenn er steigt, wächst die Abhängigkeit von Fremdkapitalgebern und die Möglichkeit, weiteres Fremdkapital aufzunehmen, nimmt ab. In Zeiten hoher Zinsen und nachlassender Erträge kann hieraus ein Unternehmensrisiko entstehen, das nicht unterschätzt werden sollte.

$$\text{Verschuldungsgrad} = \frac{\text{Fremdkapital}}{\text{Eigenkapital}} \times 100$$

Als **Faustregel** gilt, dass das Eigenkapital etwa ein Drittel des Gesamtkapitals ausmachen sollte, d. h. das **Verhältnis von Fremd- zu Eigenkapital sollte 2 : 1** sein.

Leverage-Effekt und optimaler Verschuldungsgrad

Der Leverage-Effekt besagt, dass zwischen der Eigen- und der Gesamtkapitalrentabilität eine Hebelwirkung besteht. Die Eigenkapitalrentabilität (EKR) kann durch Substitution von Eigenkapital durch Fremdkapital gesteigert werden, solange die Gesamtkapitalrentabilität (GKR) höher ist als der Fremdkapitalzinssatz (FKZ) (positiver Leverage-Effekt). Falls die Gesamtkapitalrentabilität jedoch niedriger ist als der Fremdkapitalzinssatz, sinkt die Eigenkapitalrentabilität mit zunehmendem Verschuldungsgrad (negativer Leverage-Effekt).

Die Eigenkapitalrentabilität aufgrund des Leverage-Effekts kann mit folgender Formel berechnet werden:

$$\text{Eigenkapitalrentabilität (EKR)} = \text{GKR} + (\text{GKR} - \text{FKZ}) \times \frac{\text{Fremdkapital}}{\text{Eigenkapital}} \times 100$$

Beispiel: Leverage-Effekt

Ein Unternehmen erwirtschaftet eine Gesamtkapitalrentabilität in Höhe von 10 %. Der Fremdkapitalzinssatz beträgt 5 %. Aus der folgenden Tabelle ist ersichtlich, dass die Eigenkapitalrentabilität kontinuierlich mit der Abnahme des Eigenkapitals steigt. Sobald die Gesamtkapitalrentabilität unter den Zinssatz des Fremdkapitals fällt, wird die Leverage-Chance allerdings zum Leverage-Risiko.

Angaben in €	**Fall A**	**Fall B**	**Fall C**	**Fall D**	**Fall E**
Gesamtkapital	100.000	100.000	100.000	100.000	100.000
Eigenkapital	100.000	80.000	50.000	10.000	10.000
Fremdkapital	0	20.000	50.000	90.000	90.000
Fremdkapitalzinssatz	0	5,00 %	5,00 %	5,00 %	**12,00 %**
Gewinn vor Zinsen	10.000	10.000	10.000	10.000	10.000
Fremdkapitalzinsen	0	1.000	2.500	4.500	10.800
Reingewinn	10.000	9.000	7.500	5.500	- 800
Eigenkapitalrentabilität	**10,00 %**	**11,25 %**	**15,00 %**	**55,00 €**	**- 8,00 %**

Laufzeit des Fremdkapitals

Die Aussagefähigkeit einer Jahresabschlussanalyse wird erhöht, wenn die Laufzeit des Fremdkapitals in langfristiges sowie kurzfristiges Fremdkapital untergliedert wird. Denn das Anlagevermögen sollte nur mit langfristigem Kapital finanziert werden.

$$\text{kurzfristiges Fremdkapital in \%} = \frac{\text{kurzfristiges Fremdkapital}}{\text{Gesamtkapital}} \times 100$$

$$\text{langfristiges Fremdkapital in \%} = \frac{\text{langfristiges Fremdkapital}}{\text{Gesamtkapital}} \times 100$$

Intensität des langfristigen Kapitals

Die **Intensität des langfristigen Kapitals** wird auch als **langfristige Kapitalquote** bezeichnet. Sie gibt darüber Auskunft, wie hoch der Anteil des langfristig (länger als fünf Jahre) zur Verfügung stehenden Eigen- und Fremdkapitals ist.

$$\text{Intensität des langfristigen Kapitals} = \frac{\text{Eigenkapital} + \text{langfristiges Fremdkapital}}{\text{Gesamtkapital}} \times 100$$

Kreditorenziel

Das „Kreditorenziel (Lieferantenziel) in Tagen" informiert über die eigene Zahlungsbereitschaft und Stellung des Unternehmens gegenüber den Lieferanten. Sie gibt an, wie viele Tage durchschnittlich Lieferantenkredite bis zur Zahlung der ausstehenden Rechnungen in Anspruch genommen werden. Ein hoher Kennzahlenwert deutet entweder auf Zahlungsprobleme des beschaffenden Unternehmens, die bewusste Ausschöpfung von Lieferantenkrediten oder gegebenenfalls die Nichtinanspruchnahme von Skonti hin.[181]

$$\text{Kreditorenziel} = \frac{\text{durchschnittlicher Bestand an Warenschulden}}{\text{Wareneingang}} \times 365 \text{ Tage}$$

oder

$$\text{Kreditorenziel} = \frac{\text{durchschnittliche Verbindlichkeiten aLuL}}{\text{Materialeinsatz} + \text{Fremdleistungen}} \times 365 \text{ Tage}$$

Schuldentilgungsdauer (dynamischer Verschuldungsgrad)

Die Schuldentilgungsdauer zeigt an, wie viele Jahre ein Unternehmen benötigt, um die Nettoverschuldung aus dem Cashflow zu begleichen. Sie ist ein Maßstab für die Schuldendeckungsfähigkeit.

$$\text{Schuldentilgungsdauer} = \frac{\text{Effektivverschuldung}}{\text{operativen Cashflow}} \times 100 \text{ bzw.} = \frac{\text{Effektivverschuldung}}{\text{EBITDA}} \times 100$$

Gearing

Das Gearing misst die Finanzierungsstruktur des Unternehmens als Verhältnis der Nettofinanzschulden in Relation zum Eigenkapital. Diese Kennzahl informiert über das Risiko, das von Eigentümern und Kreditoren eingegangen worden ist., und zeigt den Spielraum für eine mögliche Aufnahme von neuen Schulden. Je höher das Gearing, desto größer das Risiko und umso mehr steigt die Abhängigkeit des Unternehmens von seinen Fremdkapitalgebern.

$$\text{Gearing} = \frac{\text{Nettofinanzschulden}}{\text{Eigenkapital}} \times 100$$

15.6.3 Liquiditätsanalyse

Unter dem Begriff „Liquidität" versteht man die Fähigkeit eines Unternehmens, seinen Zahlungsverpflichtungen zu jedem Zeitpunkt uneingeschränkt nachzukommen.

Mithilfe der Liquiditätsgrade soll Auskunft darüber gegeben werden, ob und inwieweit die kurzfristigen Verbindlichkeiten in ihrer Höhe und Fälligkeit mit den Zahlungsmittelbeständen und

---

[181] Vgl. Kirsch, H.: Finanz- und erfolgswirtschaftliche Jahresabschlussanalyse nach IFRS, 2007, S. 174.

anderen kurzfristigen Deckungsmitteln übereinstimmen. Zur Wahrung des finanziellen Gleichgewichts ist eine dauernde Überwachung der Liquidität erforderlich. Aus der Relation von Vermögensteilen zu Verbindlichkeiten lässt sich die Liquidität eines Unternehmens anhand von Kennzahlen beurteilen.

Zur Beurteilung der kurzfristigen Liquidationssituation eines Unternehmens werden die statischen Kennzahlen Liquidität 1. Grades, 2. Grades oder 3. Grades ermittelt.

$$\text{Liquidität 1. Grades} = \frac{\text{liquide Mittel}}{\text{kurzfristiges Fremdkapital}} \times 100$$

Je größer diese Kennzahl, die auch als Barliquidität bezeichnet wird, desto liquider ist ein Unternehmen.

$$\text{Liquidität 2. Grades} = \frac{\text{monetäres Umlaufvermögen}}{\text{kurzfristiges Fremdkapital}} \times 100$$

$$\text{Liquidität 3. Grades} = \frac{\text{monetäres Umlaufvermögen+Vorräte}}{\text{kurzfristiges Fremdkapital}} \times 100$$

Aussagefähiger als die Liquidität 1. Grades ist die **Liquidität 2. Grades**, weil bei ihr neben den Barmitteln noch die **kurzfristigen Forderungen** einbezogen werden, die einem Unternehmen bei Liquiditätsengpässen auch noch zur Verfügung stehen.

In der Praxis prüfen insbesondere Banken die Kreditwürdigkeit mithilfe dieser Grade, wobei die Prozentwerte für den ersten Grad mindestens 20 % betragen sollten. Ab dem zweiten Grad sollten 100 % erreicht werden und mit dem dritten Grad deutlich übertroffen werden, d. h. die Liquidität 3. Grades sollte größer als 150 % sein. Allgemein gilt, je höher die Liquiditätsgrade, desto besser ist die Liquidität eines Unternehmens.

Der dritte Grad kann auch als absolute Zahl in Form des **Working Capital** dargestellt werden, welches Aussagen zum Überschuss des kurzfristig gebundenen Umlaufvermögens über das kurzfristige Fremdkapital macht.

Working Capital

Das Working Capital stellt denjenigen Teil des Umlaufvermögens dar, der **nicht zur Abdeckung von kurzfristigen Schulden** gebunden ist und deshalb im Beschaffungs-, Produktions- und Absatzprozess „arbeiten“ kann. Aus Risikosicht ist ein hohes Working Capital (jederzeit ausreichende Liquidität, jederzeitige Lieferbereitschaft) vorteilhaft. Aus Rentabilitätssicht ist jedoch ein niedriges Working Capital vorteilhaft (Verringerung des gebundenen Kapitals). Es wird folgendermaßen berechnet:

Working Capital = Umlaufvermögen - kurzfristiges Fremdkapital

Es wird gefolgert, dass die zukünftige **Liquiditätslage umso besser** ist, je **höher das Working Capital** ist.

Net Working Capital

Das Net Working Capital zeigt, welcher Teil des Vermögens kurzfristig zur Generierung von Umsatzerlösen zur Verfügung steht und nicht durch Fremdkapital finanziert ist. Es wird wie folgt berechnet:

Net Working Capital = Umlaufvermögen – (liquide Mittel + kurzfristige unverzinsliche Verbindlichkeiten)

Kundenziel

Das Kundenziel, auch Debitorenziel genannt, gibt Auskunft über das durchschnittliche Zahlungsverhalten der Kunden, d. h. darüber, wie lange es dauert, bis die Umsatzerlöse in liquide Mittel umgewandelt werden oder, in anderen Worten gefasst, wie viele Tage das Unternehmen durchschnittlich auf die Bezahlung seiner Rechnungen warten muss. Die Kennzahl sollte möglichst niedrig gehalten werden. Das Debitorenziel können Sie nach folgender Formel berechnen:

$$\text{Kundenziel} = \frac{\text{durchschnittlicher Bestand an Forderungen aLuL}}{\text{Umsatzerlöse}} \times 365 \text{ Tage}$$

Umschlagsdauer des Vorratsvermögens

Die Umschlagsdauer der Vorräte zeigt an, für wie viele Tage das zur Finanzierung der Vorräte gebundene Kapital durchschnittlich im Unternehmen verbleibt, bis die Vorräte verbraucht bzw. verkauft werden.

$$\text{Umschlagsdauer der Vorräte} = \frac{\text{durchschnittlicher Bestand an Vorräten}}{\text{Umsatzerlöse der Periode (Jahr)}} \times 365 \text{ Tage}$$

Cashflow

Um zu einer finanzwirtschaftlich aussagefähigen Kennzahl zu kommen, müssen alle diejenigen Aufwendungen, die nicht zu Auszahlungen und alle diejenigen Erträge, die nicht zu Einzahlungen geführt haben, aus der Gewinn- und Verlustrechnung eliminiert werden. Dies geschieht mit der Ermittlung des Cashflows.

Der Cashflow, als absolute Kennzahl, wird zur Beurteilung der Finanzkraft bzw. Innenfinanzierungskraft eines Unternehmens herangezogen. Er kann bei Finanzierung von neuen Anlageinvestitionen zur Schuldentilgung, für Dividendenzahlungen oder Steuerzahlungen herangezogen werden. Den Cashflow auf direktem Wege können Sie unternehmensintern wie folgt bestimmen:

	einzahlungswirksame Erträge
-	auszahlungswirksame Aufwendungen
=	**Cashflow**

Abb. 15.20: Ermittlung des Cashflows nach der direkten Methode

Die Grunddefinition des Cashflows wurde bereits bei der Ermittlung der Basisdaten dargestellt. In der Kapitalflussrechnung wird der Cashflow drei Bereichen zugeordnet:

	Mittelherkunft
operative (laufende) Tätigkeit	Dies ist der aus der laufenden Geschäftstätigkeit ermittelte Cashflow. Üblicherweise wird als Ausgangspunkt für die Ermittlung des Cashflows aus der laufenden Geschäftstätigkeit das Jahresergebnis verwendet.
Investitionstätigkeit	Aus der Investitionstätigkeit des Unternehmens werden Mittelabflüsse für Investitionen und Mittelzuflüsse aus Desinvestitionen (Veräußerung von Anlagevermögen) gegenübergestellt. Der Cashflow ist bei regelmäßiger Investitionstätigkeit i. d. R. negativ.
Finanzierungstätigkeit	Der aus der Finanzierungstätigkeit des Unternehmens erzielte Mittelzufluss und Mittelabfluss z. B. durch Aufnahme und Tilgung von Darlehen, Auszahlungen an bzw. Einzahlungen von Anteilseignern.

Abb. 15.21: Cashflows in der Kapitalflussrechnung

Die Summe der Cashflows aus den drei Bereichen ergibt die Veränderung des Finanzmittelbestandes.

Free Cashflow

Der Free Cashflow zeigt an, wie viel Geld für die Auszahlung der Ansprüche von Fremd- und Eigenkapitalgebern zur Verfügung steht, nachdem die Summe aus dem Cashflow der laufenden Geschäftstätigkeit und dem – i. d. R. negativen – Cashflow aus Investitionstätigkeit gebildet wurde. Der Free Cashflow wird wie folgt berechnet:

	Ermittlung des Free Cashflows anhand der Kapitalflussrechnung
	Cashflow aus der laufenden Geschäftstätigkeit
+	Cashflow aus Investitionstätigkeit (ist in der Regel negativ)
=	**Free Cashflow**

Beispiel: Ermittlung des Free Cashflows

Die IMTB GmbH hat einen Cashflow aus der laufenden Geschäftstätigkeit in Höhe von 743.000 €. Der Cashflow aus Investitionstätigkeit beträgt 1.158.500 €. Wie hoch ist der Free Cashflow bei der IMTB GmbH?

	Cashflow aus der laufenden Geschäftstätigkeit	743.000 €
+	Cashflow aus Investitionstätigkeit	- 1.158.500 €
=	**Free Cashflow**	**= -415.500 €**

Der Free Cashflow ist negativ. Damit ist das Unternehmen nicht mehr in der Lage, Kredite zu bedienen. Der Free Cashflow sollte positiv sein.

Der Cashflow wird wegen seiner weitgehenden Bewertungsunabhängigkeit gerne zu erfolgswirtschaftlichen Analysen benutzt. Bei der Benutzung als Analyseinstrument können folgende Hinweise hilfreich sein:

- Ein konstanter oder gar steigender Jahresüberschuss bei sinkendem Cashflow kann darauf zurückzuführen sein, dass das Unternehmen den Erfolgsausweis durch zu niedrige Abschreibungs- und Rückstellungsbemessung verbessern wollte, ohne jedoch tatsächlich erfolgreich gewesen zu sein. Dies ist für Analysten ein Warnsignal.
- Ein steigender Cashflow bei gesunkener, konstanter oder proportional geringerer Steigerung des Jahresüberschusses kann auf Bildung stiller Reserven hinweisen: Das Unternehmen war erfolgreicher, als in dem ausgewiesenen Ergebnis gezeigt wird. Erfolgte Investitionen als Ursache hoher Abschreibungen wirken sich auf die Folgeperioden positiv aus.
- Aus der Existenz eines hohen Cashflows kann geschlossen werden, dass das Unternehmen in der Lage ist, im kommenden Geschäftsjahr Erweiterungs- und Rationalisierungsinvestitionen mit positiver Wirkung für die Ertragskraft zu finanzieren.

Die finanziellen Möglichkeiten eines Unternehmens sind umso größer, je höher der Cashflow ist. Die Aussagekraft des Cashflows für die finanzielle Lage des Unternehmens wird verbessert, wenn man den Cashflow zu bestimmten Größen in Beziehung setzt, z. B. den Cashflow zum Umsatz als sogenannte Cashflow-Umsatzrate.

Cashflow-Umsatzrate

Die Cashflow-Umsatzrate zeigt, wie viel Prozent der Umsatzerlöse zur Selbstfinanzierung, Kredittilgung und Gewinnausschüttung zur Verfügung stehen. Je höher der Prozentsatz, desto höher ist der finanzielle liquiditätswirksame Überschuss der Periode. Sie wird wie folgt berechnet:

$$\text{Cashflow-Umsatzrate} = \frac{\text{Cashflow}}{\text{Umsatzerlöse}} \times 100$$

Deckungsgrade

Die Deckungsgrade werden mithilfe der horizontalen Bilanzanalyse ermittelt, um Aussagen über die längerfristige Liquiditäts- und Finanzsituation eines Unternehmens zu erhalten.

Deckungsgrad A

Der (Anlagen-)Deckungsgrad A zeigt Ihnen, inwieweit das Anlagevermögen durch Eigenkapital gedeckt und inwieweit jederzeit eine fristenkongruente Finanzierung sichergestellt ist. Darüber hinaus signalisiert diese Kennzahl die Kreditwürdigkeit des Betriebs. Wünschenswert wäre ein Mindestwert von 100 % („Goldene Bilanzregel" im engeren Sinne).

$$\text{Deckungsgrad A} = \frac{\text{Eigenkapital}}{\text{Anlagevermögen}} \times 100$$

Deckungsgrad B

Der (Anlagen-)Deckungsgrad B ist die Erweiterung des (Anlagen-)Deckungsgrades A. Zusätzlich zum Eigenkapital wird noch das langfristige Fremdkapital hinzugerechnet. Insofern ist der Deckungsgrad B eine Gegenüberstellung von langfristigem Kapital zum Anlagevermögen.

Die „Goldene Bilanzregel" im weiteren Sinne fordert, dass das Anlagevermögen durch langfristig zur Verfügung stehendes Kapital finanziert werden soll. Daher sollte das Ergebnis dieser Kennzahl mindestens 100 % betragen, ansonsten ist die Finanzierung des Unternehmens nicht optimal.

$$\text{Deckungsgrad B} = \frac{\text{Eigenkapital+langfristiges Fremdkapital}}{\text{Anlagevermögen}} \times 100$$

Je größer die Kennzahl der Anlagendeckung, umso solider ist die Finanzierung. Der Anteil, der die hundertprozentige Deckung des Anlagevermögens übersteigt, finanziert zusätzlich das Umlaufvermögen.

Deckungsgrad C

Zum „Deckungsgrad C" kommt man durch die zusätzliche Erweiterung des Nenners um die Anteile des **Umlaufvermögens**, die **langfristig gebunden** sind:

$$\text{Deckungsgrad C} = \frac{\text{Eigenkapital+langfristiges Fremdkapital}}{\text{Anlagevermögen+langfr. gebundenes Umlaufvermögen}} \times 100$$

Auch der Deckungsgrad C sollte möglichst über 100 % liegen.

15.6.4 Erfolgswirtschaftliche Bilanzanalyse

Analyse der Erfolgsstruktur

Eine sehr bedeutende Analysegröße der Erfolgsstruktur ist die **Gesamtleistung** bei Anwendung des Gesamtkostenverfahrens. Sie stellt die Ausgangsgröße für die Erfolgsermittlung dar und repräsentiert das operative Leistungsvermögen des Unternehmens unabhängig vom tatsächlichen Absatz innerhalb einer Abrechnungsperiode. Die Gesamtleistung wird wie folgt berechnet:

	Umsatzerlöse
+/-	Bestandserhöhung/Bestandsminderung der fertigen und unfertigen Erzeugnisse
+	andere aktivierte Eigenleistungen
=	**Gesamtleistung**

Abb. 15.22: Ermittlung der Gesamtleistung

Neben der Gesamtleistung stellen das Rohergebnis, die Betriebsleistung und das Betriebsergebnis weitere wichtige Analysegrößen dar. Sie werden folgendermaßen berechnet:

	Umsatzerlöse
+/-	Bestandserhöhung/Bestandsminderung der fertigen und unfertigen Erzeugnisse
+	andere aktivierte Eigenleistungen
=	**Gesamtleistung**
+	sonstige betriebliche Erträge
=	**Betriebsleistung**
-	Materialaufwand
=	**Rohergebnis**
-	betrieblicher Gesamtaufwand
=	**Betriebsergebnis**

Abb. 15.23: Ermittlung des Betriebsergebnisses

Das Betriebsergebnis ist eine sehr wichtige Größe zur Beurteilung der nachhaltigen Ertragskraft eines Unternehmens.

Earnings-Before-Kennzahlen

Zu den wichtigsten Publizitätskennzahlen gehören die sogenannten Pro-forma-Kennzahlen der **„Earnings-Before-Kennzahlen"**. Sie zeigen die Ertragskraft des operativen Geschäfts eines Unternehmens. Die häufigsten Pro-forma-Kennzahlen sind:

- EBT (Earnings Before Taxes),
- EBIT (Earnings Before Interest and Taxes),
- EBITDA (Earnings Before Interest, Taxes, Depreciation and Amortization),

Besonders das EBIT (Ergebnis vor Zinsen und Ertragssteuern) wird häufig für Unternehmensvergleiche herangezogen, da es eine finanzierungs- und steuerneutrale Darstellung des Unternehmensergebnisses ermöglicht. Ferner eignet sich für einen Unternehmensvergleich auch das EBITDA, da das Unternehmensergebnis zusätzlich um die Abschreibungen korrigiert wird.

Leider wird die Kennzahl „EBIT" nicht einheitlich berechnet. Es bietet sich aber die folgende Berechnung auf Basis einer handelsrechtlichen GuV-Gliederung an:

	EAT (Earnings After Taxes) = Jahresüberschuss/Jahresfehlbetrag
+/-	Ertragssteuern
=	**EBT (Earnings Before Taxes)**
+	Zinsaufwand
=	**EBIT (Earnings Before Interest and Taxes)**
+	Abschreibungen auf Sachanlagen und immaterielles Anlagevermögen
=	**EBITDA (Earnings Before Interest, Taxes, Depreciation and Amortization)**

Abb. 15.24: Ermittlung der Earnings Before Taxes-Kennzahlen

Rentabilitätskennziffern

Hier kann beispielsweise zwischen der Eigenkapitalrentabilität, der Gesamtkapitalrentabilität und der Umsatzrentabilität unterschieden werden. Die Rentabilität ist eine Verhältniszahl aus wertmäßigen Ertragsgrößen wie Jahresüberschuss, Steuerbilanzgewinn oder Cashflow und verschiedenen Kapitalien als Einsatzgrößen.

Eigenkapitalrentabilität

Die Eigenkapitalrentabilität stellt die Relation zwischen dem Gewinn und dem eingebrachten Kapital dar. Sie gibt die Verzinsung des eingesetzten Kapitals an. Es kann unterschieden werden zwischen der Eigenkapitalrentabilität vor Steuern und nach Steuern.

$$\text{Eigenkapitalrentabilität (nach Steuern)} = \frac{\text{Jahresüberschuss bzw. Jahresfehlbetrag}}{\text{durchschnittliches Eigenkapital}} \times 100$$

$$\text{Eigenkapitalrentabilität (vor Steuern)} = \frac{\text{EBT}}{\text{durchschnittliches Eigenkapital}} \times 100$$

Eigenkapitalgeber fordern einen angemessenen Gewinn für das von ihnen eingesetzte Kapital. Sie interessiert die Verzinsung im Vergleich zu anderen Investitionsalternativen, z. B. dem Kauf einer Anleihe am Kapitalmarkt.

Die Eigenkapitalrentabilität wird auch als ROE (Return On Equity) bezeichnet.

Gesamtkapitalrentabilität

Die Gesamtkapitalrentabilität stellt für Unternehmen eine aussagekräftigere Kennzahl dar als die Eigenkapitalrentabilität. Bei der Gesamtkapitalrentabilität wird auch der dem Fremdkapital zufließende Zinsaufwand mit einbezogen, sodass die Größe „Ergebnis vor Steuer" durch die Größe „EBIT" ersetzt wird. Unter Berücksichtigung des im Unternehmen arbeitenden Fremdkapitals analysiert die Gesamtkapitalrentabilität die Leistungsfähigkeit des gesamten im Unternehmen eingesetzten Kapitals. Sie wird in der Regel vor Steuern berechnet.

$$\text{Gesamtkapitalrentabilität (vor Steuern)} = \frac{\begin{array}{c}\text{Jahresüberschuss bzw. Jahresfehlbetrag + Zinsaufwand}\\ \text{+ Steuern von Einkommen und Ertrag}\end{array}}{\text{durchschnittliches Gesamtkapital}} \times 100$$

$$\text{Gesamtkapitalrentabilität (vor Steuern)} = \frac{\text{EBIT}}{\text{durchschnittliches Gesamtkapital}} \times 100$$

Hier wird die tatsächliche Effektivität des Unternehmens – im Gegensatz zu der Eigentümersichtweise der Eigenkapitalrentabilität – gezeigt. Die Einbeziehung der Fremdkapitalzinsen berücksichtigt wesentlich stärker unterschiedliche Finanzierungsstrukturen. Diese Kennzahl beurteilt die **Leistungsfähigkeit** eines Unternehmens besser als die Eigenkapitalrentabilität.

Umsatzrentabilität

Die Umsatzrentabilität gibt den Anteil des Gewinns am Umsatz an.

Die Kennzahl **Umsatzrentabilität** wird in der Literatur in zweifacher Weise gedeutet. Zum einen kann die Netto-Umsatzrentabilität und zum anderen die Brutto-Umsatzrentabilität ermittelt werden.

$$\text{Netto-Umsatzrentabilität} = \frac{\text{Jahresüberschuss bzw. Jahresfehlbetrag}}{\text{Umsatzerlöse}} \times 100$$

$$\text{Brutto-Umsatzrentabilität} = \frac{\text{EBIT}}{\text{Umsatzerlöse}} \times 100$$

ROCE

Der ROCE (Return On Capital Employed) ist eine Weiterentwicklung der Gesamtkapitalrentabilität und zeigt die Verzinsung des langfristig gebundenen Kapitals. Er gibt an, wie erfolgreich ein Unternehmen mit dem Eigen- und Fremdkapital gearbeitet hat. Er bezeichnet das Verhältnis von EBIT in Relation zum Capital Employed. Dies entspricht der periodenbezogenen Verzinsung des eingesetzten Kapitals.

$$\text{ROCE} = \frac{\text{EBIT}}{\text{durchschnittliches Capital Employed (gebundenes Kapital)}} \times 100$$

Zur Berechnung nach der allgemeinen Formel wird das durchschnittliche Capital Employed zwischen zwei Geschäftsperioden herangezogen. Es setzt sich wie folgt zusammen:

	durchschnittliches Eigenkapital
+	durchschnittliche Pensionsrückstellungen
+	durchschnittliche Finanzschulden
=	**durchschnittliches Capital Employed**

Abb. 15.25: Ermittlung des durchschnittlichen Capital Employed

Ein steigender ROCE zeugt von Sicherheit am Kapitalmarkt und deutet auf eine profitable Zukunft hin. Ein Unternehmen erweist sich als erfolgreich, wenn die erreichte Vermögensrendite die Kapitalkosten übersteigt.[183]

Aufwandsstrukturkennzahlen

Hier werden die wichtigsten Produktionsfaktorgruppen, die einen produktiven Beitrag zum Unternehmensertrag leisten, analysiert. Als Bezugsgröße nimmt man beim Gesamtkostenverfahren (GKV) die Gesamtleistung und beim Umsatzkostenverfahren (UKV) die Umsatzerlöse.

Die erste Gruppe sind die Personalkosten mit der Kennzahl **„Personalintensität"**. Es werden die Personalkosten beim Gesamtkostenverfahren relativ zur Gesamtleistung und beim Umsatzkostenverfahren zu den Umsatzerlösen betrachtet.

$$\text{Personalintensität} = \frac{\text{Personalaufwand}}{\text{Gesamtleistung}} \times 100 \text{ oder } \frac{\text{Personalaufwand}}{\text{Umsatzerlöse}} \times 100$$

Bei der Personalintensität stehen die Personalaufwendungen (Löhne und Gehälter, Sozialabgaben sowie die Aufwendungen für Altersversorgung und Unterstützung) im Zähler. Es liegt nahe, dieser Kennzahl bei besonders personalintensiven Unternehmen hohe Priorität beizulegen.

---

183 Wöltje, J.: Bilanzen lesen, verstehen und gestalten, 2021, S. 460.

Die zweite Gruppe umfasst die Materialien. Der Materialaufwand zur Gesamtleistung oder zu den Umsatzerlösen ergibt die zweite Kennzahl **„Materialintensität"**. Die Materialintensität dokumentiert, ob ein Unternehmen material- oder lohnintensiv ist. Sie wird wie folgt berechnet:

$$\text{Materialintensität} = \frac{\text{Materialaufwand}}{\text{Gesamtleistung}} \times 100 \text{ oder } \frac{\text{Materialaufwand}}{\text{Umsatzerlöse}} \times 100$$

Die Materialintensität zeigt den Anteil des Materialaufwands an der Gesamtleistung. Der Materialaufwand kann aus der Gewinn- und Verlustrechnung (beim GKV) als „Aufwand für Roh-, Hilfs- und Betriebsstoffe" zuzüglich „Aufwendungen für bezogene Leistungen" oder gemäß § 285 Abs. 8a HGB aus dem Anhang (beim UKV) entnommen werden.

Die Materialintensität wird von vier Einflussfaktoren beeinflusst:

- **Umfang der Vorfertigung:** Je höher der Kennzahlenwert, desto höher ist für gewöhnlich der Anteil fremdbezogener Materialien und desto höher die Abhängigkeit von Zulieferern.
- **Produktionstiefe:** Je höher die Materialintensität, desto niedriger ist oftmals die Fertigungstiefe, d. h. die Zahl der unterschiedlichen Produktionsstufen, wodurch beispielsweise das Risiko von Beschäftigungsschwankungen an Zulieferer weitergegeben wird.
- **Preisniveau:** Eine Steigerung der Materialintensität kann mit Einstandspreisen zusammenhängen, die stärker als die Verkaufspreise gestiegen sind.
- **Wirtschaftlichkeit des Betriebsablaufs:** Bei einer geringen Ausschussquote ist die Materialintensität geringer als bei einer hohen Ausschussquote.

Des Weiteren sind die Betriebsmittel zu betrachten. Dabei sollte die Kennzahl **„Abschreibungsintensität"**, die die Abschreibungen zur Gesamtleistung ermittelt werden.

$$\text{Abschreibungsintensität} = \frac{\text{Abschreibung}}{\text{Gesamtleistung}} \times 100 \text{ (beim GKV) oder } = \frac{\text{Abschreibung}}{\text{Umsatzerlöse}} \times 100 \text{ (beim GKV)}$$

Die Abschreibungsintensität ist abhängig von der Investitionstätigkeit, der Intensität der Nutzung der Produktionskapazitäten (z. B. Mehrschichtbetrieb), der angewandten Abschreibungsmethode (linear oder degressiv) sowie der Nutzungsdauer des Anlagegegenstandes.

Zur Beurteilung der finanzwirtschaftlichen Verhältnisse wird gerne gefragt, inwieweit die Unternehmung in der Lage war, ihre Investitionen in das Sachanlagevermögen aus dem Cashflow zu finanzieren.

$$\text{Investitionsdeckung} = \frac{\text{operativer Cashflow}}{\text{Neuinvestitionen in Sachanlagen}} \times 100$$

Diese Kennzahl dient als Maßstab für die Investitionskraft des Unternehmens. Dabei wird als Investitionskraft das Ausmaß verstanden, in dem ein Unternehmen Investitionen durchführen kann, ohne den Geld- oder Kapitalmarkt in Anspruch nehmen zu müssen.

Übungsaufgabe 15.1: Bilanzanalyse

Die vorläufige Bilanz und die vorläufige Gewinn- und Verlustrechnung einer GmbH weisen die folgenden Werte aus (alle Angaben in T€):

Aktiva	vorläufige Bilanz zum 31.12.01		Passiva
Grundstücke	1.000	Gezeichnetes Kapital	500
Gebäude	1.200	Gewinnrücklagen	1.150
Maschinen	900	Jahresüberschuss	350
Fuhrpark	670		

Betriebs- und Geschäftsausstattung (BGA)	300	Pensionsrückstellungen	840
Roh-, Hilfs- u. Betriebsstoffe	80	langfristige Bankverbindlichkeiten	1.300
unfertige Erzeugnisse	70	kurzfristige Bankverbindlichkeiten	480
fertige Erzeugnisse	260	Verbindlichkeiten aLuL	930
Forderungen aLuL	950		
Wertpapiere	40		
Kasse, Bank	80		
Bilanzsumme	5.550	Bilanzsumme	5.550

Vorläufige Gewinn- und Verlustrechnung zum 31.12.01

	Umsatzerlöse	12.430
+	Bestandserhöhungen	+ 40
+	andere aktivierte Eigenleistungen	+ 60
=	Gesamtleistung	= 12.530
+	sonstige betriebliche Erträge	+ 320
=	**Betriebsleistung**	**= 12.850**
-	Materialaufwand	- 3.980
-	Personalaufwand (davon Zuführungen zu Pensionsrückstellungen = 35)	- 5.120
-	Abschreibungen	- 510
-	sonstige betriebliche Aufwendungen	- 2.620
=	**Betriebsergebnis (EBIT)**	**620**
	Zinserträge	10
-	Zinsaufwendungen	- 130
=	**Finanzergebnis**	**= - 120**
	Gesamtergebnis (Betriebsergebnis + Finanzergebnis)	**= 500**
-	Steuern	- 150
=	**Jahresüberschuss (Reingewinn)**	**= 350**

a) Berechnen Sie die folgenden Kennzahlen und geben Sie Formeln für die Kennzahlen an:

- (Sach-)Anlagenintensität
- Umschlagsdauer der Vorräte
- Kundenziel
- Eigenkapitalquote
- Statischer Verschuldungsgrad
- Liquidität 1. Grades
- Liquidität 2. Grades
- Eigenkapitalrentabilität
- Gesamtkapitalrentabilität

- Netto-Umsatzrentabilität
- Brutto-Umsatzrentabilität
- operativer Cashflow

b) Im Juli des Jahres 01 erwirbt die GmbH eine Laserbearbeitungsmaschine für 115.500 €. Die Transportkosten betrugen 2.000 € sowie die Kosten für die Aufstellung und Inbetriebnahme 2.500 €. Die Maschine hat eine Nutzungsdauer von 10 Jahren und wird linear abgeschrieben. Mit welchem Wert ist die Maschine am 31.12.01 zu bilanzieren?

Die Lösung finden Sie online.

Übungsaufgabe 15.2 und 15.3

Alle Aufgaben und Lösungen finden Sie online.

Übungsaufgabe 15.4: Bilanzanalyse

Von der Auto-Sport AG liegt Ihnen der Jahresabschluss des Geschäftsjahres 01 vor. Die schon teilweise aufbereitete Bilanz sieht wie folgt aus (alle Angaben in T€):

Bilanz des Geschäftsjahres 01

Aktiva			Passiva
Grundstücke	3.000	Gezeichnetes Kapital	12.500
Gebäude	9.000	Gewinnrücklagen	4.400
Maschinen	4.200	Bilanzgewinn	1.000
Betriebs- und Geschäftsausstattung (BGA)	3.500	Pensionsrückstellungen	3.500
Finanzanlagen (AV)	2.800	sonstige Rückstellungen	2.600
Vorräte	9.600	Hypothekendarlehen	7.000
Forderungen aLuL	5.250	Verbindlichkeiten aLuL	3.800
Wertpapiere (UV)	1.200	sonstige Verbindlichkeiten	350
flüssige Mittel	2.900	kurzfristiger Bankkredit	6.300
Bilanzsumme	41.450	Bilanzsumme	41.450

Vom Bilanzgewinn sollen 20 % in die Gewinnrücklagen eingestellt werden und 80 % an die Aktionäre ausgeschüttet werden.

a) Erstellen Sie die Strukturbilanz. Nutzen Sie dafür bitte die folgende Tabelle.

Strukturbilanz des Geschäftsjahres 01

Aktiva	**Passiva**
Sachanlagen	gezeichnetes Kapital
Finanzanlagen	Gewinnrücklagen
Anlagevermögen	**Eigenkapital**
Forderungen aLuL	**langfristiges Fremdkapital**
Vorräte	**kurzfristiges Fremdkapital**

liquide Mittel	
Umlaufvermögen	
Gesamtvermögen	**Gesamtkapital**

b) Ermitteln Sie die folgenden Kennzahlen:

- Liquidität 1. Grades und Liquidität 2. Grades
- Deckungsgrad A und Deckungsgrad B

c) Welche Möglichkeiten hat ein Unternehmen, die Liquidität 1. Grades zu verbessern?

Die Lösung finden Sie online.

Übungsaufgabe 15.5

Diese Aufgabe und die Lösung finden Sie online.

Übungsaufgabe 15.6: Bilanzanalyse

Von der ABC AG liegen Ihnen die folgenden Informationen vor:

Aktiva		**Bilanzen**			**Passiva**
Geschäftsjahr	**01**	**02**	**Geschäftsjahr**	**01**	**02**
immaterielle Vermögensgegenstände	300	330	gezeichnetes Kapital	600	600
Sachanlagen	1.980	1.800	Kapitalrücklage	650	650
Finanzanlagen	650	850	Gewinnrücklagen	400	400
Summe Anlagevermögen	**2.930**	**2.980**	Jahresüberschuss	200	240
Roh-, Hilfs- u. Betriebsstoffe	300	330	**Summe Eigenkapital**	**1.850**	**1.890**
unfertige und fertige Erzeugnisse	100	60	langfristige Rückstellungen	450	500
Summe Vorräte	400	390	kurzfr. Rückstellungen	450	500
Forderungen aLuL	365	610	Kredite über 5 Jahre	1.200	1.250
sonstige Vermögensgegenstände	200	220	Verbindlichkeiten aLuL	150	310
Wertpapiere	600	650	sonstige Verbindlichkeiten (davon verzinslich)	600 (400)	550 (450)
liquide Mittel	205	150	**Summe Fremdkapital**	**2.850**	**3.110**
Summe Umlaufvermögen	**1.770**	**2.020**			
Bilanzsumme	**4.700**	**5.000**	**Bilanzsumme**	**4.700**	**5.000**

(Alle Angaben in T€)

Ergänzende Informationen zur Bilanz

Geschäftsjahr	01	02
Umsatz	6.000	6.200
EBIT	390	440
Abschreibungen	300	270
Zugänge von Sachanlagen	365	315
Abgänge Sachanlagen zu Restbuchwerten	65	35
kumulierte Abschreibungen Sachanlagevermögen	3.500	3.400
Sachanlagevermögen zu AHK am Periodenanfang	5.300	5.480
Sachanlagevermögen zu AHK am Periodenende	5.480	5.400
Zuführung zu den langfristigen Rückstellungen	42	56

(Alle Angaben in T€)

Ermitteln Sie die folgenden Kennzahlen für die Geschäftsjahre 01 und 02:

- Anlagenintensität
- Umlaufintensität
- Vermögenskonstitution
- Umschlagshäufigkeit der Vorräte
- Umschlagsdauer der Vorräte
- Kundenziel
- Vorratsintensität
- Sachanlagenintensität
- Anlagenabnutzungsgrad
- Investitionsquote
- Wachstumsquote
- Abschreibungsquote
- Eigenkapitalquote
- Fremdkapitalquote
- statischer Verschuldungsgrad
- Liquidität 1. Grades
- Liquidität 2. Grades
- Liquidität 3. Grades
- Working Capital
- Net Working Capital
- Gearing
- Deckungsgrad A
- Deckungsgrad B
- Sachanlagendeckungsgrad
- Investitionsdeckung

- Entschuldungsgrad
- Dynamischer Verschuldungsgrad
- Eigenkapitalrentabilität (nach Steuern)
- Gesamtkapitalrentabilität (vor Steuern)
- Netto-Umsatzrentabilität
- Brutto-Umsatzrentabilität

Die Lösung finden Sie online.

Übungsaufgabe 15.7 und 15.8

Alle Aufgaben und Lösungen finden Sie online.

Literaturverzeichnis

Alter, R.: Cashflow-Management: Verbesserungshebel – Cockpit-Kennzahlen – Umsetzungsworkshop, Stuttgart, 2016

Baetge, J.; Kirsch, H.-J.; Thiele, S.: Bilanzen, 12. Auflage, Düsseldorf, 2012

Baetge, J.; Kirsch, H.-J.; Thiele, S.: Bilanzen, 16. Auflage, Düsseldorf, 2021

Bayer AG: Geschäftsbericht 2022, Leverkusen, 2023

Beck`scher Bilanz-Kommentar: Handels- und Steuerbilanz, 12. Auflage, München, 2020

Bertram, K.; Kessler, H.; Müller, S.: Haufe HGB Bilanz-Kommentar, 11. Auflage Freiburg, München, Stuttgart, 2020

Beyer, M.; Haug, I.; Heyd, R.; Zorn, D.: Bilanzierung nach HGB in Schaubildern – Die Grundlagen von Einzel- und Konzernabschlüssen, München, 2014

Bieg, H., Kußmaul, H., Waschbusch, G.: Finanzierung, 3. Auflage, München, 2016

Bieg, H. und Kußmaul, H.: Externes Rechnungswesen, 6. Auflage, München und Wien, 2012

Bieg, H. und Waschbusch, G.: Buchführung, 10. Auflage, Herne, 2021

Bitz, M.; Schneeloch, D.; Wittstock, W.; Patek, G.: Der Jahresabschluss – Nationale und internationale Rechtsvorschriften Analyse und Politik: 6. Auflage, München, 2014

Bordewin, A. und Tonner, N.: Leasing im Steuerrecht, 4. Auflage, Heidelberg, 2003

Bornhofen, M. und Bornhofen, M. C.: Buchführung 1 DATEV-Kontenrahmen 2022, 34. Auflage, Wiesbaden, 2022

Bornhofen, M. und Bornhofen, M. C.: Buchführung 1 DATEV-Kontenrahmen 2021, 33. Auflage, Wiesbaden, 2021

Bornhofen, M. und Bornhofen, M. C.: Buchführung 2 DATEV-Kontenrahmen 2021, 33. Auflage, Wiesbaden, 2022

Bornhofen, M. und Bornhofen, M. C.: Buchführung 2 DATEV-Kontenrahmen 2020, 32. Auflage, Wiesbaden, 2021

Bornhofen, M. und Bornhofen, M. C.: Lösungen zum Lehrbuch Buchführung 1 DATEV-Kontenrahmen 2022, 34. Auflage, Wiesbaden, 2022

Bornhofen, M. und Bornhofen, M. C.: Lösungen zum Lehrbuch Buchführung 1 DATEV-Kontenrahmen 2021, 33. Auflage, Wiesbaden, 2021

Bornhofen, M. und Bornhofen, M. C.: Lösungen zum Lehrbuch Buchführung 2 DATEV-Kontenrahmen 2021, 33. Auflage, Wiesbaden, 2022

Bornhofen, M. und Bornhofen, M. C.: Lösungen zum Lehrbuch Buchführung 2 DATEV-Kontenrahmen 2020, 32. Auflage, Wiesbaden, 2021

Britzelmaier, B.: Rechnungswesen, 2. Auflage, Herne, 2020

Brönner, H.; Bareis, P.; Hahn, K.; Maurer, T.; Poll. J., Schramm, U.: Die Bilanz nach Handels- und Steuerrecht, 11. Auflage, Stuttgart, 2016

Brösel, G.: Bilanzanalyse, 17. Auflage, Berlin, 2021

Buchholz, R.: Grundzüge des Jahresabschlusses nach HGB und IFRS, 8. Auflage, München, 2013

Buchholz, R.: Internationale Rechnungslegung, 16. Auflage, Berlin, 2023

Coenenberg, A. G.; Haller, A.; Mattner, G.; Schultze, W.: Einführung in das Rechnungswesen, 5. Auflage, Stuttgart, 2014

Coenenberg, A. G.; Haller, A.; Mattner, G.; Schultze, W.: Einführung in das Rechnungswesen, 7. Auflage, Stuttgart, 2018

Coenenberg, A. G.; Haller, A.; Mattner, G.; Schultze, W.: Einführung in das Rechnungswesen, 8. Auflage, Stuttgart, 2021

Coenenberg, A. G.; Haller, A.; Schultze, W.: Jahresabschluss und Jahresabschlussanalyse, 23. Auflage, Stuttgart, 2014

Coenenberg, A. G.; Haller, A.; Schultze, W.: Jahresabschluss und Jahresabschlussanalyse, 25. Auflage, Stuttgart, 2018

Coenenberg, A. G.; Haller, A.; Schultze, W.: Jahresabschluss und Jahresabschlussanalyse, 26. Auflage, Stuttgart, 2021

Deloitte: CSR-Richtlinie-Umsetzungsgesetz: Ausweitung der nichtfinanziellen Unternehmensberichterstattung, 2017. Abgerufen am 30. November 2021 von https://www2.deloitte.com/de/de/pages/risk/articles/csr-richtlinie.html

Deutsche Bank AG: Geschäftsbericht 2020, Frankfurt, 2021

Deutsche Telekom AG: Geschäftsbericht 2020, Bonn, 2021

Deutscher Nachhaltigkeitskodex: Glossar: EFFAS, 2021, Abgerufen am 20. November 2021 von https://www.deutscher-nachhaltigkeitskodex.de/Home/Services/Glossar#E

Deutsches Rechnungslegungs Standards Committee e.V.: CSR-Studie: Abschlussbericht zur vom BMJV beauftragten Horizontalstudie sowie zu Handlungsempfehlungen für die Überarbeitung der CSR-Richtlinie, 2021. Abgerufen am 6. Dezember 2021 von https://www.drsc.de/app/uploads/2021/02/210211_CSR-Studie_DRSC_final.pd

DEUTZ AG: Jahresabschluss 2020, Köln, 2021

DEUTZ AG: Jahresabschluss 2022, Köln, 2023

DMG MORI AG: Geschäftsbericht 2020, Bielefeld, 2021

Döring, U. und Buchholz, R.: Buchhaltung und Jahresabschluss, 16. Auflage, Berlin, 2021

Eisele, W. und Knobloch, A. P.: Technik des betrieblichen Rechnungswesens, 9. Auflage, München, 2019

Eiselt, A. und Müller, S.: Kapitalflussrechnung nach IFRS und DRS 21 – Darstellung und Analyse von Cashflows und Zahlungsmitteln, Berlin, 2014

Ellenrieder, J.: Lagebericht erstellen für den Jahresabschluss, 2012; abgerufen am 01.10.2015 von http://www.akademie.de/wissen/lagebericht-erstellen/was-steht-drin

Endriss, H. W. (Hrsg.): Bilanzbuchhalterhandbuch, 13. Auflage, Herne, 2021

ESRS – European Sustainability Reporting Standards. Abgerufen am 27.07.2023 von https://dfge.de/esrs-european-sustainability-reporting-standards/

Europäische Kommission veröffentlicht vorgeschlagene Richtlinie zur Nachhaltigkeitsberichterstattung von Unternehmen (iasplus.com): https://www.iasplus.com/de/news/2021/april/csrd (abgerufen am 05.12.2021 (abgerufen am 05.12.2021)

Falterbaum, H.; Bolk, W.; Reiß, W.; Kirchner, T.: Buchführung und Bilanz, 23. Auflage, Achim, 2020

Federmann, R. und Müller, S.: Bilanzierung nach Handelsrecht, Steuerrecht und IFRS, 13. Auflage, Berlin, 2018

Fink, C.; Kajüter, P.; Winkeljohann, N.: Lageberichterstattung: HGB, DRS und IFRS Practice Statement Management Commentary, Stuttgart, 2013

Fink, C. und Kajüter, P.: Lageberichterstattung: Erstellung und Prüfung nach HGB, DRS und IFRS, 2. Auflage, Stuttgart, 2021

Freidank, C.-C. und Velte, P.: Rechnungslegung und Rechnungslegungspolitik, 2. Auflage, München, 2013

FRoSTA AG: Geschäftsbericht 2020, Bremerhaven, 2021

Gräfer, H. und Wengel, T..: Bilanzanalyse, 14. Auflage, Herne, 2019

Grottel, B., Schmidt, S., Schubert, W. J., Störk, U., Deubert, M.; Beck'scher Bilanz-Kommentar – Handels- und Steuerbilanz, 12. Auflage, München, 2020

Grünberger, D.: IFRS 2021 – Ein systematischer Praxis-Leitfaden, 18. Auflage, Herne, 2021

Hahn, K.: BilMoG Kompakt, Weil, 2009

Hans-Böckler-Stiftung: Bilanzpolitik und Jahresabschlussanalyse, Düsseldorf, 2010

Hartau, J.; Lüdecke, M. u. Müller, S.: Umsetzung Nachhaltigkeitsberichtserstattung in mittelständischen Unternehmen – Klimabezogene Berichterstattung, BC 11/2021, S. 514-519

Hayn, S.; Benzel, U., Waldersee, G.: HGB und Steuerbilanz im Vergleich: Synoptische Darstellung von Handels- und Steuerrecht, 2. Auflage, Stuttgart, 2012

Heesen, B.: Basiswissen Bilanzanalyse: Schneller Einstieg in Jahresabschluss, Bilanz und GuV, 4. Auflage, Wiesbaden, 2020.

Helmold, M.; Dathe, R.; Dathe, T.; Groß, D.-P.; Hummel, F.: Corporate Social Responsibility im internationalen Kontext: Wettbewerbsvorteile durch nachhaltige Wertschöpfung, Wiesbaden, 2020

Henkel AG & Co. KGaA.: Nachhaltigkeitsbericht 2020, 2021. Abgerufen am 6. Dezember 2021 von https://www.henkel.de/resource/blob/1155336/a71ba2863d1896c4b1f24e2a4bc2bba0/data/2020-nachhaltigkeitsbericht.pdf

Henkel AG & Co. KGaA.: Nachhaltigkeitsbericht 2022, 2023. Abgerufen am 7. August 2023 von https://www.henkel.de/resource/blob/1804842/08a9eecec3730aabd2644ae8686de6dd/data/2022-nachhaltigkeitsbericht.pdf

Heno, R.: Jahresabschluss nach Handelsrecht, Steuerrecht und internationalen Standards (IFRS), 9. Auflage, Berlin, Heidelberg, 2018

Heyd, R.: Business Wissen A–Z. Bilanzierung, Wiesbaden, 2005

Heyd, R.; Beyer, M.; Zorn, D.: Bilanzierung nach HGB in Schaubildern, München, 2014

Heyd, R.; Beyer, M.; Zorn, D.: Bilanzierung nach HGB in Schaubildern, 2. Auflage, München, 2020

Hierl, L.: Quo vadis nachhaltigkeitsbezogene Berichterstattung? Entwurf der EU-Kommission zur Reform der CSRD-Richtlinie, BBK 20/2011, S. 969-976

Hoffmann, W.-D. und Lüdenbach, N.: NWB Kommentar Bilanzierung: Handels- und Steuerrecht, 12. Auflage, Herne, 2021

Hofmann, C.; Hofmann, Y. E.; Küpper, H.-U.: Übungsbuch zur Finanzbuchhaltung, München, 2004

Hufnagel, W. und Burgfeld-Schächer, B.: Einführung in die Buchführung und Bilanzierung – Kompakte Darstellung mit Übungen und Musterklausuren, 10. Auflage, Herne, 2022

Jacob, M.: Digitalisierung & Nachhaltigkeit: eine unternehmerische Perspektive, Wiesbaden, 2019

Jung, H.: Allgemeine Betriebswirtschaftslehre, 13. Auflage, Berlin, Boston, 2016

Kahle, H. und Kopp, N.: Grundzüge der Handels- und Steuerbilanz, 2. Auflage, München, 2021

Kluge, N., und Sick, S.: Geheimwirtschaft bei Transparenz zum gesellschaftlichen Engagement?: Zum Kreis der vom CSR-Richtlinie-Umsetzungsgesetz potentiell betroffenen Unternehmen, 2016. Abgerufen am 15. November 2021 von https://www.boeckler.de/pdf/p_mbf_report_2016_27.pdf

Krakuhn, J.; Gilles, E.; Cikanek, S. J.; Lenz, T.: Neue Wege in der Nachhaltigkeitsberichterstattung von Finanzinstituten, IRZ, Heft 3/2023, S. 129-135.

Kratzer, J.: Leasing kompakt, Köln, 2005

Kratzer, J. und Kreuzmair, B.: Leasing in Theorie und Praxis, 2. Auflage, Wiesbaden 2002

Küting, K.; Pfitzer, N.; Weber, C.-P.: Das neue deutsche Bilanzrecht, 2. Auflage, Stuttgart, 2009

Küting, K. und Weber, C.-P.: Die Bilanzanalyse – Beurteilung von Abschlüssen nach HGB und IFRS, 10. Auflage, Stuttgart, 2012

Küting, K. und Weber, C.-P.: Die Bilanzanalyse – Beurteilung von Abschlüssen nach HGB und IFRS, 11. Auflage, Stuttgart, 2015

Littkemann, J.; Holtrup, M.; Reinbacher, P.: Jahresabschluss – Grundlagen, Übungen, Klausurvorbereitung –, Norderstedt, 2014

Littkemann, J. und Krehl, H.: Krisendiagnose durch Bilanzanalyse, 2. Auflage, Köln, 2000

Matthiesen, S.: Bilanzierung für Einsteiger, Ilmenau, 2023

Mayer, K.: Nachhaltigkeit: 125 Fragen und Antworten: Wegweiser für die Wirtschaft der Zukunft. Wiesbaden, 2020

Meyer, C. und Theile, C.: Bilanzierung nach Handels- und Steuerrecht, 31. Auflage, Herne, 2021

Perridon, L.; Steiner, M.; Rathgeber, A.: Finanzwirtschaft der Unternehmung, 18. Auflage, München, 2022

Püttner, R.: Geringwertige Wirtschaftsgüter 2010, BBK 2/2010, S. 66–71

Quick, R. und Wolz, M.: Bilanzierung in Fällen – Grundlagen, Aufgaben und Lösungen nach HGB und IFRS, 7. Auflage, Stuttgart, 2022

Rat für Nachhaltige Entwicklung c/o Deutsche Gesellschaft für Internationale Zusammenarbeit (GIZ) GmbH. Leitfaden zum Deutschen Nachhaltigkeitskodex, 2020 (abgerufen am 29. November 2021) von https://www.deutscher-nachhaltigkeitskodex.de/de-DE/Documents/PDFs/Sustainability-Code/Leitfaden-zum-Deutschen-Nachhaltigkeitskodex-Orien.aspx

Rinker, C.: Bilanzen, 16. Auflage, Herne, 2020

Rinker, C.: Bilanzpolitik Bilanzkosmetik Bilanzfälschung: Gestaltungsspielräume nutzen und Manipulationen erkennen, München, 2022

Rollwage, N.: Bilanzen, 5. Auflage, Köln, 2006

RWE AG: Geschäftsbericht 2013, Essen, 2014

Scheffler, E.: Bilanzen richtig lesen – Rechnungslegung nach HGB und IFRS, 11. Auflage, München, 2022.

Schenk, G.: Buchführung schnell erfasst, 2. Auflage, Berlin und Heidelberg, 2007

Schierenbeck, H. und Wöhle, C. B.: Grundzüge der Betriebswirtschaftslehre, 19. Auflage, München, 2016

Schildbach, T.; Stobbe, T.; Brösel, G.: Der handelsrechtliche Jahresabschluss, 10. Auflage, Sternenfels, 2013

Schöttler, J. und Spulak, R.: Technik des betrieblichen Rechnungswesens, 9. Auflage, München und Wien, 2003

Schöttler, J. und Spulak, R.: Übungsaufgaben Technik des betrieblichen Rechnungswesens, 10. Auflage, München, 2010

Schröder N. I.: CSR-Richtlinien-Umsetzungsgesetz – Beurteilung aus Arbeitnehmerperspektive. Berlin/Heidelberg, 2021

Siegel, T.: Wahlrecht; In: Handwörterbuch unbestimmter Rechtsbegriffe im Bilanzrecht des HGB; Hrsg.: Leffson, U.; Rückle, D. und Großfeld; B.; Köln 1986; S. 417–427

Sopp, K.; Baumüller, J.; Scheid, O.: Nachhaltigkeitsberichterstattung: Nichtfinanzielle Berichterstattung nach dem CSR-RUG und Neuerungen durch die CSRD, 2. Auflage, Herne, 2022

Stibbe, R.: CSR-Erfolgssteuerung: Den Reformprozess verstehen, Reporting und Risikomanagement effizient gestalten, Wiesbaden, 2019

Vahs, D. und Schäfer-Kunz, J.: Einführung in die Betriebswirtschaftslehre, 7. Auflage, Stuttgart, 2015

Vieweg, W.: Nachhaltige Marktwirtschaft: Eine Erweiterung der sozialen Marktwirtschaft, Wiesbaden, 2019

Volkswagen AG: Geschäftsbericht 2020, Wolfsburg, 2021

Volkswagen AG: Nachhaltigkeitsbericht 2020, Wolfsburg, 2021

von Eitzen, B. und Zimmermann, M.: Bilanzierung nach HGB und IFRS, 4. Auflage, Weil im Schönbuch, 2020

Wehrheim, M. und Renz, A.: Die Handels- und Steuerbilanz, 3. Auflage, München, 2011

Weiss, M.: Praxishandbuch Leasingbilanzierung – Grundlagen und Praxis der Bilanzierung nach HGB und IFRS, Saarbrücken, 2006

Wöhe, G.; Döring, U.; Brösel, G.: Einführung in die Allgemeine Betriebswirtschaftslehre, 27. Auflage, München, 2020

Wöhe, G. und Kußmaul, H.: Grundzüge der Buchführung und Bilanztechnik, 10. Auflage, München, 2018

Wöltje, J.: ABC des Finanz- und Rechnungswesens, Freiburg, 2010

Wöltje, J.: Betriebswirtschaftliche Formelsammlung, 7. Auflage, Freiburg, 2020

Wöltje, J.: Bilanzen – lesen, verstehen, gestalten –, 15. Auflage, Freiburg, 2023

Wöltje, J.: Buchführung Schritt für Schritt, 6. Auflage, München, 2023

Wöltje, J.: Buchführung und Jahresabschluss, Rinteln, 3. Auflage, 2012

Wöltje, J.: Fit für die Prüfung: Finanzbuchführung: Lerntafel, Konstanz, 2014

Wöltje, J.: IFRS, 7. Auflage, Freiburg, 2017

Wöltje, J.: Schnelleinstieg Rechnungswesen, 2. Auflage, Planegg, 2017

Wöltje, J.: Schriftlicher Lehrgang „Bilanzierung nach dem neuen HGB" – Lektion 2 „Darstellung des Jahresabschlusses nach dem neuen HGB, 8. Auflage, Freiburg, 2023

Wulf, I. und Müller, S.: Bilanztraining – Jahresabschluss, Ansatz und Bewertung –, 15. Auflage, Freiburg, 2016

Wulf, I. und Rentzsch, N.: Lageberichterstattung von immateriellen Werten insbesondere in KMU, in: Fischer, T.; Wulf, I. (Hrsg.): Wissensbilanzen im Mittelstand, Stuttgart, 2013

Zdrowomyslaw, N.: Jahresabschluss und Jahresabschlussanalyse, München und Wien, 2001

Zimmermann, J.; Werner, J. R.; Hitz, J.-M.: Buchführung und Bilanzierung nach IFRS und HGB: Eine Einführung mit praktischen Beispielen, 4. Auflage, Hallbergmoos, 2020

Zschenderlein, O.: Buchführung 2 – Vertiefung, 5. Auflage, Herne, 2020

Index